"十三五"国家重点出版物出版规划项目

中国工程院重大咨询项目　国家食物安全可持续发展战略研究丛书

综 合 卷

国家食物安全可持续发展战略研究

中国工程院"国家食物安全可持续发展战略研究"

项目研究组　编

科 学 出 版 社

北　京

内 容 简 介

本书是中国工程院重大咨询项目"国家食物安全可持续发展战略研究"成果系列丛书的综合卷，是丛书的挈领之作。全书内容包括综合报告和课题研究报告两个部分。综合报告对重大咨询项目研究成果进行了全面提炼和总述，在分析我国食物生产发展成就及其基础支撑的基础上，针对食物安全可持续发展面临的国内外情势，揭示了全面小康生活条件下城乡居民的食物消费需求，对未来不同时段食物供需进行了定量预测和发展趋势的科学推断，系统提出了我国食物安全可持续发展的战略构想，以及确保食物安全可持续发展的工程措施和促进食物安全可持续发展的政策建议；课题研究报告主题鲜明，以翔实的数据分析、典型案例剖析、国内外比较等对国家食物安全可持续发展的各个方面进行了深入探究。

本书适合各级政府管理人员、政策咨询研究人员，以及广大科研从业者和关心国家食物安全战略的人士阅读，同时也适合各类图书馆收藏。

图书在版编目（CIP）数据

国家食物安全可持续发展战略研究/中国工程院"国家食物安全可持续发展战略研究"项目研究组编. —北京：科学出版社，2017.6

（国家食物安全可持续发展战略研究丛书：综合卷）

"十三五"国家重点出版物出版规划项目　中国工程院重大咨询项目

ISBN 978-7-03-053594-8

Ⅰ.①国…　Ⅱ.①中…　Ⅲ.①食品安全－安全管理－可持续发展战略－研究－中国　Ⅳ.①TS201.6

中国版本图书馆CIP数据核字（2017）第125926号

责任编辑：马　俊　郝晨扬 / 责任校对：张怡君
责任印制：肖　兴 / 封面设计：刘新新

科学出版社出版

北京东黄城根北街16号
邮政编码：100717
http://www.sciencep.com

中国科学院印刷厂 印刷

科学出版社发行　各地新华书店经销

*

2017年6月第　一　版　　开本：787×1092 1/16
2017年6月第一次印刷　　印张：21
字数：387 000

定价：180.00元

（如有印装质量问题，我社负责调换）

"国家食物安全可持续发展战略研究"
项目组

顾 问

宋　健　周　济　沈国舫

组 长

旭日干

副组长

李家洋　刘　旭　盖钧镒　尹伟伦

成 员

邓秀新　傅廷栋　李　宁　孙宝国　李文华　罗锡文

范云六　戴景瑞　汪懋华　石玉林　王　浩　孟　伟

方智远　孙九林　唐启升　刘秀梵　陈君石　赵双联

张晓山　李　周　白玉良　贾敬敦　高中琪　王东阳

项目办公室

高中琪　王东阳　程广燕　郭燕枝　潘　刚　张文韬

王　波　刘晓龙　王　庆　郑召霞　鞠光伟　宝明涛

丛 书 序

"手中有粮，心中不慌"。粮食作为特殊商品，其安全事关国运民生，维系经济发展和社会稳定，是国家安全的重要基础。对于我们这样一个人口大国，解决好十几亿人口的吃饭问题，始终是治国理政的头等大事。习近平总书记反复强调："保障粮食安全对中国来说是永恒的课题，任何时候都不能放松。历史经验告诉我们，一旦发生大饥荒，有钱也没用。解决13亿人吃饭问题，要坚持立足国内。"一国的粮食安全离不开正确的国家粮食安全战略，而正确的粮食安全战略源于对国情的深刻把握和世界发展大势的深刻洞悉。面对经济发展新常态，保障国家粮食安全面临着新挑战。

2013年4月，中国工程院启动了"国家食物安全可持续发展战略研究"重大咨询项目。项目由第九届全国政协副主席、中国工程院原院长宋健院士，中国工程院院长周济院士，中国工程院原副院长沈国舫院士担任顾问，由时任中国工程院副院长旭日干院士担任组长，李家洋、刘旭、盖钧镒、尹伟伦院士担任副组长。项目设置了粮食作物、园艺作物、经济作物、养殖业、农产品加工与食品安全、农业资源与环境、科技支撑、粮食与食物生产方式转变8个课题。

项目在各课题研究成果基础上，系统分析了我国食物生产发展的成就及其基础支撑，深入研究了我国食物安全可持续发展面临的国内外情势，形成了我国食物安全可持续发展的五大基本判断：一是必须全程贯穿大食物观、全产业链和新绿色化三大发展要求，依托粮食主区和种粮大县，充分发挥自然禀赋优势和市场决定性作用，进一步促进资源、环境和现代生产要素的优化配置，加快推进形成人口分布、食物生产布局与资源环境承载能力相适应的耕地空间开发格局；二是必须依靠科技进步，扩大生产经营规模，强化社会化服务，延长产业链条，让种粮者获得更多增值收益；三是必须推进高标准农田建设，以重大工程为抓手，确保食物综合生产能力稳步提升所需的投入要素和资源供给；四是必须采取进村入户的技术扩散应用方式，节水节肥节地、降本增效，控制生产及各环节的不当损耗，持续提高资源利用率和土地产出率，强化农业环境治理；五是必须坚定不移地实施"以我为主、立足国内、确保产能、适度进口、科技支撑"的国家粮食安全新战略，集中科技投入，打造高产稳产粮食生产区，确保口粮绝对安全、粮食基本自给；丘陵山地以收益为导向，调整粮经比例、种养结构，实现农村一、二、三产业融合发展。通过实行分类贸易调节手段，有效利用国外资源和国际市场调剂国内优质食物的供给。

基于以上基本判断，项目组提出了我国食物安全可持续发展战略的构想，即通过充分发挥光、温、水、土资源匹配的禀赋优势，科技置换要素投入的替代优势，农机、农艺专业协作的规模优势，食物后续加工升值的产业优势，资源综合利用和保育的循环优势，国内外两种资源、两个市场的调节优势等路径，推进食物安全可持续发展及农业生产方式转变。提出了八大发展思路，即实施粮食园艺产业布局区域再平衡、经济作物优势区稳健发展、农牧结合科技示范推广、农产品加工业技术提升、农业科技创新分层推进、机械化农业推进发展、农田生态系统恢复与重建、依据消费用途实施差别化贸易等。提出了十大工程建议，即高标准农田建设、中低产田改造、水利设施建设、旱作节水与水肥一体化科技、玉米优先增产、现代农产品加工提质、现代农资建设、农村水域污染治理、农业机械化拓展、农业信息化提升等。提出了7项措施建议：一是严守耕地和农业用水红线，编制粮食生产中长期规划；二是完善支持政策，强化对食物生产的支持和保护；三是创新经营方式，培育新型农业经营主体；四是加快农业科技创新，加大适用技术推广力度；五是加大对农业的财政投入和金融支持，提高资金使用效率；六是转变政府职能，明确公共服务的绩效和职责；七是完善法律法规标准，推进现代农业发展进程。

《国家食物安全可持续发展战略研究》是众多院士和多部门多学科专家教授、企业工程技术人员及政府管理者辛勤劳动和共同努力的结果，在此向他们表示衷心的感谢，特别感谢项目顾问组的指导。

希望本丛书的出版，对深刻认识新常态下我国食物安全形势的新特征，加强粮食生产能力建设，夯实永续保障粮食安全基础，保障农产品质量和食品安全，促进我国食物安全可持续发展战略转型，在农业发展方式转变等方面起到战略性的、积极的推动作用。

"国家食物安全可持续发展战略研究" 项目组

2016 年 6 月 12 日

前　言

　　21 世纪以来，我国食物综合生产能力稳步提高，有力支撑了国家食物安全和居民食物消费结构转型升级，为现代化的快速推进、社会和谐稳定奠定了坚实基础。研究认为：①我国食物生产发展取得巨大成就，是在"四化"同步推进、人口总量增加、农用水土资源不断减少的情况下，依靠对国土资源过度开发、高强度利用获得的；②高投入、低效益、高消耗的食物生产方式，不仅使国土资源超载严重、自然生态系统"透支"过多，而且引发了一系列生态环境问题；③凭借我国现有资源要素投入，已不足以支撑吃饱、吃好、吃得营养所需的食物总量供给，通过贸易调节国内食物供求、缓解资源环境压力，将是常态需要；④今后若不改变高耗低效的食物生产方式、不控制污染蔓延、不修复生态，发展将难以为继；⑤以谷物基本自给、口粮绝对安全为指针，着力提升我国食物综合生产能力，同时辅以国外资源及市场的充分利用，实现食物生产可持续发展，是当前我国经济进入新常态及未来我国人口、经济和资源环境相协调发展的必然要求。

　　研究提出，解决上述问题和矛盾要有新的视角：①必须全程贯穿大食物观、全产业链和新绿色化三大发展要求，依托粮食主产区和种粮大县，集中力量保谷物和口粮供给，稳步增强其绿色产出能力，充分发挥不同区域的自然禀赋优势，为非粮生产腾出农业结构调整空间，加快形成人口分布、食物生产布局与资源环境承载能力相适应的耕地开发格局；②加快推进高标准农田建设，以重大工程为抓手，确保食物综合生产能力稳步提升，为非农建设腾出发展空间，加快形成与现代城镇化协同推进的美丽乡村和现代农业；③依靠创新创业驱动，强化社会化服务，通过多种方式扩大生产经营规模，发挥"互联网+"把千家万户生产与市场消费有效对接起来的巨大作用，拓展农业生产、生态休闲及乡村文化传承等多种功能，加快农村一二三产业的融合发展，让务农者获得更多的就业机会及收入；④以效益为导向，采取进村入户的技术扩散服务方式，节水节肥节地、降本增效，控制生产及各环节的不当损耗，加快农业环境治理，持续提高资源利用率和土地产出率；以效率提升和服务强化为导向，推进涉农行政改革，整合县域"三农"资金投入利用方式，进一步加强农业农村基础设施建设及公共服务支撑；⑤必须坚定不移地实施"以我为主、立足国内、确保产能、适度进口、科技支撑"的国家粮食安全新战略，集中要素投入，打造高产、稳产粮食生产功能区，确保口粮绝对安全、粮食基本自给；丘陵山地以收益为导向，调整粮经比例、种养结构，实现农村各类产业协同发展；通过实行分类贸易调节手段，有效利用国外资源和国际市场调剂国内优质食物的供给。

研究认为：顺应全面小康生活新需求，到 2020 年、2030 年，我国人均谷物消费量将分别增至 419kg、456kg，人均粮食消费量将分别增至 510kg、550kg，国内谷物总产需分别达到 5.85 亿 t、6.5 亿 t（人均国内供给分别为 412kg、433kg），粮食总产量分别达到 6.4 亿 t、7.1 亿 t（人均国内供给分别为 451kg、473kg），养殖业（肉类、蛋类、奶类和水产）总产量分别达到 2.46 亿 t、2.87 亿 t，经济作物、园艺作物总产出保持持续增长；食物生产机械化程度不断提高，信息化技术应用领域不断拓展，农业生态与环境整体改善，科技创新和应用的支撑作用显著增强，最终形成生产技术先进、经营规模适度、市场竞争力强、产地环境良好的食物生产可持续发展格局。

上述预期目标是可以实现的，但是难度较大，必须采取切实可行的措施。

1）划定口粮安全、谷物安全、粮食安全的基准，稻谷、小麦口粮自给率在 98% 以上，谷物自给率在 95% 以上，粮食自给率在 85% 以上，其中玉米自给率在 90% 以上。按供需情景划分，本研究所确立的产品大体可分为 4 类：①基本自给产品。主要有水稻、小麦、蔬菜、水果、肉类、蛋类和水产品，这一类产品的国内自给率都能保持在 95% 以上。②少量进口产品。进口量占国内消费量的 10% 左右，主要是玉米，这类产品的国内自给率能够保持在 90% 左右。③部分进口产品。主要有食糖和奶类两类产品，这类产品的国内自给率在 60% 以上。④大量进口产品。国内产量仅能满足少部分需求，主要消费需求必须通过进口解决，其产品分别是大豆和食用油，这两类产品的国内自给水平都较低，其中大豆不到 20%，食用油不到 45%。

2）设定耕地、播种面积、水资源利用红线。①到 2020 年、2030 年，耕地面积分别要维持在 1.21 亿 hm^2、1.20 亿 hm^2。②粮食播种面积适当调减，但到 2020 年、2030 年必须分别保持在 1.09 亿 hm^2、1.05 亿 hm^2 以上，单产分别增至 5895kg/hm^2、6750kg/hm^2；谷物播种面积分别保持在 0.913 亿 hm^2、0.907 亿 hm^2 以上，单产分别增至 6405kg/hm^2、7170kg/hm^2。③农业灌溉用水总量实现有限的"负增长"，但必须维持在 3600 亿 m^3 以上；农田有效灌溉率持续提高，到 2020 年、2030 年分别增至 60%、65%，每立方米水的粮食产能分别提升至 1.8kg、2.0kg。

3）在推进适度规模经营、科技支撑强化、损耗控制及生态和环境治理方面，提出相应的、关键性的技术指标要求。

研究提出了实现食物安全可持续发展的 6 条路径：①充分发挥光、温、水、土资源匹配的禀赋优势；②充分发挥科技置换要素投入的替代优势；③充分发挥农机、农艺专业协作的规模优势；④充分发挥食物后续加工升值的产业优势；⑤充分发挥资源综合利用和保育的循环优势；⑥充分发挥国内外两种资源、两个市场的调节优势。

研究提出了实施可持续发展的八大战略：①实施粮食园艺产业布局区域再平衡战略；②实施经济作物优势区稳健发展战略；③实施农牧结合科技示范推广战略；④实施农产品加工业技术提升战略；⑤实施农业科技创新分层推进战略；⑥实施机械化农业和信息化农业推进发展战略；⑦实施农田生态系统恢复与重建战略；⑧依据消费用途实施差别化贸易战略。

研究提出了十大工程措施：①高标准农田建设工程；②中低产田

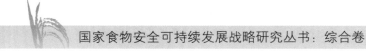

改造工程；③水利设施建设工程；④旱作节水与水肥一体化科技工程；⑤玉米优先增产工程；⑥现代农产品加工提质工程；⑦现代农资建设工程；⑧农村水域污染治理工程；⑨农业机械化拓展工程；⑩农业信息化提升工程。

围绕"稳保口粮，分类调控；产区依托，规模扩大；效益导向，补贴加强；工程推进，投入跟上；科技支撑，管理创新"总体要求，研究提出的措施建议是：①严守耕地和农业用水红线，编制粮食生产中长期规划；②完善支持政策，强化对食物生产的支持和保护；③创新经营方式，培育新型农业经营主体；④加快农业科技创新，加大适用技术推广力度；⑤加大对农业的财政投入和金融支持，提高资金使用效率；⑥转变政府职能，明确公共服务的绩效和职责；⑦完善法律法规标准，推进现代农业发展进程。

目 录

课题研究报告

综合报告

一、食物生产发展的成就及其基础支撑

本项目研究范围包括稻谷、小麦、玉米及豆类、薯类等粮食作物，油料、糖料等经济作物，蔬菜、水果等园艺作物，畜禽、水产品等养殖业产品，粮油、果蔬、畜产品加工业的供求状况，以及维系这些产品生产与加工的资源与环境、生产方式转变和科技支撑的可持续发展要求、战略及路径。

（一）食物生产发展的成就

21 世纪以来，我国食物综合生产能力稳步增强，不仅保障了食物总量供需基本平衡，使国民生活水平得到明显提高、营养健康状况得到改善，还为社会和谐稳定奠定了坚实的基础。

1. 食物生产能力稳步增强

我国粮食生产整体呈现出产量持续上升、单产不断提高的趋势。我国粮食产量从 1978 年的 3.05 亿 t 增加到 2013 年的 6.02 亿 t，增长了 97.4%，粮食作物单产从每公顷 2527.3kg 增加到 5376.6kg，增长了近 1.1 倍。同期糖料产量增加 4.8 倍，油料产量增加 5.7 倍，蔬菜产量增加 7.9 倍，肉类产量增加近 8.0 倍（1992 ～ 2013 年），奶制品产量增加 16.0 倍（1992 ～ 2013 年），水产品产量增加 12.3 倍，水果产量增加 37.2 倍（图 1），其中动物产品（包括肉类、蛋类、奶类和水产品）产量年均增长达到 7.1%。目前，我国养殖业总产值占农林牧渔业总产值的比例已达 39.2%，种植业（包括林业）与养殖业（包括渔业）总产值之比达到 59 ：41；小麦、稻谷、蔬菜、水果、肉类、蛋类、水产品等生产量均稳居世界首位，同时还带动了 1.53 亿农村劳动力的就业。

2. 食物加工产能快速增长

农产品加工业不仅是我国国民经济的支柱产业，也是工业化中发展最快的产业之一。农产品加工业的快速发展，日益显现出它对经济增长的显著拉动作用和对"三农"发展的巨大带动作用。2012 年，我国农产品加工业继续保持快速发展，总产值达 16.6 万亿元，比上年增长 19.36%，全国规模以上农产品加工企业 7.01 万家，从

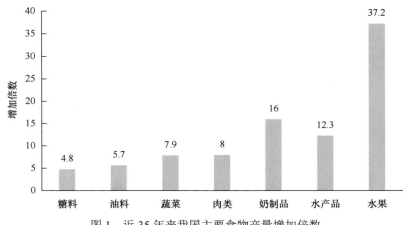

图 1　近 35 年来我国主要食物产量增加倍数

业人员 1540.98 万人，农产品加工业是我国国民经济中发展最快、最具活力的支柱产业之一，其总产值与农林牧渔业总产值之比达到 1.85∶1。作为农产品加工业重要组成部分的农副食品加工业，近年来发展迅速，2012 年完成工业总产值约 5.2 万亿元，比 2004 年增加了 4 倍多（图 2），是国民经济平稳较快增长的重要驱动力。以粮油、肉类、奶类、果蔬及特色食品为重点的产业集群式发展格局逐步形成，新兴方便食品、休闲食品、保健食品、绿色食品等市场份额继续扩大，调理食品、速冻食品、熟食制品等新型产品和产量逐年增加，基本满足了不同消费层次的市场需求。

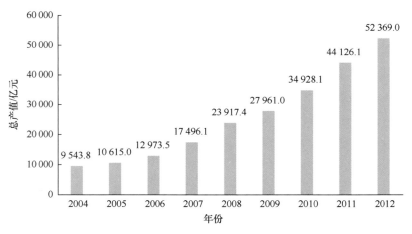

图 2　我国规模以上农副食品加工业总产值

3. 食物消费水平进一步提高

食物生产带动了农民增收和生活水平的改善。1978 ～ 2013 年，我国城镇居民家庭人均可支配收入从 343.3 元增长到 26 955.1 元，收入指数（1978=100）达到 1227.0，农村居民人均纯收入由 133.6 元增加到 8895.9 元，收入指数（1978=100）达到 1286.4。其间，城镇居民家庭恩格尔系数从 57.5 下降到 35.0，农村居民家庭恩格尔系数从 67.7 下降到 37.7。城乡居民膳食结构进一步改善，据项目组调研，2013 年居民全口径（含户外）人均消费口粮 166.0kg、食用油 15.0kg、肉类 50.5kg、蛋类 13.7kg、奶类 14.6kg、水产品 21.9kg、水果 85.8kg、蔬菜 132.7kg（图 3）。

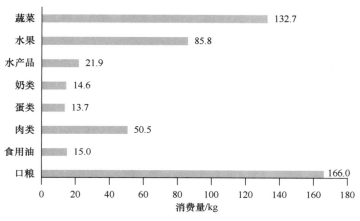

图 3　2013 年全国居民人均主要食物消费量（含户外）

4. 食物质量安全水平稳定提升

随着质量安全监控力度的不断加大，我国食用农产品质量安全状况正在逐年改善，抽检总体合格率连续多年稳定在 96.0% 以上，保持了总体平稳、持续向好的态势。2013 年，全年蔬菜、畜禽产品和水产品的监测合格率分别为 96.6%、99.7% 和 94.4%，比 2001 年"无公害食品行动计划"实施之前提高了 30% 以上；"三品一标"（无公害农产品、绿色食品、有机农产品、农产品地理标志）产品达 9 万余个，产品总量占全国食用农产品商品总量的 40% 以上。农产品及食品生产安全标准体系基本建立，标准化生产能力不断扩大，安全优质农产品上市量比例逐步提升。

5. 居民营养状况明显改善

整体分析，我国居民营养水平已居发展中国家前列。据项目组调研，2013 年，全国人均每日摄入热量 9271.3kJ，蛋白质、脂肪分别为 67.0g/（人·d）、84.3g/（人·d），每日热量、脂肪摄取量达到推荐量标准。低体重、生长迟缓等营养不良疾病发病率明显下降。居民健康水平不断提高，人均预期寿命 10 年来增加了 2.9 岁。按照年人均纯收入 2300 元的国家贫困标准,2012 年年末我国农村贫困人口数已下降至 9900 万人。

（二）食物生产发展的基础支撑

我国食物生产与加工取得的显著成就,是通过对国土资源过度开发、高强度利用而获得的,呈现高投入、高产出、高消耗特征。我国食物生产发展的基础支撑表现在以下几方面。

1. 耕地为食物生产奠定了基础

坚守耕地面积 1.2 亿 hm^2、粮食播种面积 1.1 亿 hm^2 的红线要求,依靠科技不断提高单位土地面积产出水平,是我国粮食总产实现连年持续增长的首要基础保证。据测算,2013 年,我国粮食单产提升、播种面积增加对总产的贡献作用分别为 67.3%、32.7%。也就是说,粮食总产的增长主要依靠单产水平的提升。并且,在目前的要素投入及技术水平条件下,达到上述食物总量还必须保持相对稳定的播种面积。2013 年,我国稻谷、小麦、玉米三大谷物播种面积为 0.907 亿 hm^2,与豆类、薯类、棉花、油料、糖料、蔬菜播种面积合计,总播种面积为 1.5 亿 hm^2,与 2002 年相比增加了 8.6%,年均增加 0.012 亿 hm^2。

2. 水利是农业的命脉

我国水资源总量 2.77 万亿 m^3,其中地表水 2.67 万亿 m^3。在工业用水、城镇生活用水急剧增长的同时,伴随着食物总量越来越高的产出要求,全国农业用水量快速增长,到 1990 年达到最高值 4367 亿 m^3;之后农业用水量缓慢下降,直至 2003 年降到最低值 3432.8 亿 m^3;近十余年来,农业用水量徘徊增长,2013 年达到 3921.5 亿 m^3（图 4）。每立方米水的粮食产出率,由 2003 年的 1.25kg 提升到 2013 年的 1.53kg。全国农田有效灌溉面积稳定在 0.60 亿 hm^2 以上,2013 年达到 0.63 亿 hm^2。尽管近年来每年都发生数次跨省市的、大面积的旱涝、病虫等灾害,但由于各地应急抗灾能力大幅提升,有效地抵御了自然灾害,为恢复和保障我国食物生产能力打下了一定基础。

3. 高投入是食物增产的关键

投入决定产出。我国每年巨量的食物产出,必须有非常高的投入才能达到。2013

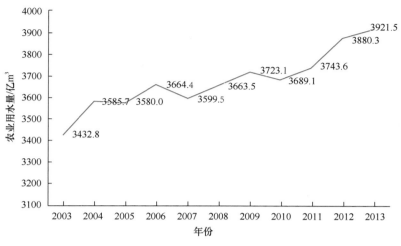

图 4　我国农业用水量变化

年，我国化肥用量、农药用量、农膜用量、农机总动力分别为 5911.9 万 t、146.1 万 t（农药原药总含量）、238.3 万 t（2012 年数据）和 10.4 亿 kW，前三项均居世界首位。其中农用化肥、氮肥、磷肥、复合肥每公顷耕地的施用量分别为 438kg、177kg、61.5kg、151.5kg，前两项都高于发达国家平均施用水平。2013 年，全国耕、种、收综合机械化水平达到 59.5%，其中机耕、机播、机收分别达到 76.0%、48.8% 和 48.2%（表 1）。农业生产正由千百年来以人力、畜力为主转入以机械作业为主的新阶段。

表 1　2013 年我国农作物耕、种、收机械化水平　　　　　　　　　　（%）

年份	综合	机耕	机播	机收
2013	59.5	76.0	48.8	48.2

4. 科技是第一生产力的作用加大

据测算，2013 年，我国农业科技进步对农业的贡献率达到 55.2%，科技进步已成为农业发展的决定性因素。我国养殖业的科技进步贡献率和成果转化率分别为 52% 和 30% ～ 40%（2011 年数据），规模化健康养殖水平显著提高。"十一五"期间，我国构建了 50 个农产品的产业技术体系，培育了主要农作物新品种 2600 多个，良种覆盖率达到 95% 以上；粮、棉、油、糖高产创建，测土配方施肥和土壤有机质提升行动及农业防灾减灾措施，支撑了粮食等主要农产品的稳产增产。研制推广的一批畜禽疫苗药物，使重大动物疫病得到有效控制。据项目组调研，以湖北监利县为例，2013 年，监利全县优化农作物栽培模式面积为 4 万 hm²、测土配方施肥面积为 14.7 万 hm²、农作物品种优良化为 90% 以上，水稻良种率达到 98%；全县畜牧健康养殖比例为 70% 以上，优化水产养殖面积为 1.3 万 hm²，科技进步对全县农业的贡献率达到 55%。

5. 强农惠农政策调动了农民的种粮积极性

21 世纪以来，为促进粮食生产，我国相继实施了以最低收购价为要求的粮食托市政策及粮食临时收储政策，并取消了农业税（2006 年）。2013 年，农民得到的粮食直补、良种补贴、农机具购置补贴和农资综合补贴等 4 项补贴，已达到人均 192 元左右。中央财政用于"三农"的支出，由 2004 年的 2625.8 亿元增加到 2013 年的 13 349.6 亿元。从 2012 年开始，中央和地方财政对"三农"的总投入已连续两年超过 3 万亿元。这些政策措施对稳定食物增长起到了重要推动作用。从项目组调研的 8 个县、66 个村的总体情况来看，60% 以上的农民都能了解农业补贴情况，70% 以上的农户对现有补贴政策比较满意。

总体来看，我国食物生产经过多年的发展积累，尤其是农田配套基础设施建设、良种良法配套、农机与农艺结合的推广应用，以及农业发展外部政策环境的进一步强化，使得食物生产方式正在发生积极转变，从过去主要依靠增加资源要素投入逐步转向主要依靠科技进步支撑。

二、我国食物安全可持续发展面临的国内外情势

我国食物生产发展的首要目标，就是要保障 13 亿多人口的食物有效供给，满足全面小康生活所需要的吃饱、吃好、吃得营养等多重要求。在工业化和城镇化推进、人口总量增加、农用水土资源利用不断趋紧的情况下，不得不大规模、高强度开发自然资源，面向整个国土广辟食物来源，以至于数千万公顷 25° 以上的山坡地及林地、草地、湖泊等都被垦殖为农田，以实现食物生产的高产出，即便这样，我国依靠现有的资源要素投入所产出的食物缺口仍然在拉大。据测算，2007 年以来我国大豆等农产品每年的进口总量，按照现有单产水平折算为播种面积，均超过 0.5 亿 hm²，比支撑吃好穿暖所需的播种面积约短缺 1/4。持续提升农业综合生产能力，保障国家粮食安全，有效管控食物供求缺口，是当前及今后较长一段时期内我国食物生产发展的大势。但不可否认的是，这一对大自然过度索取、掠夺式的食物生产方式，致使国土资源超载严重、自然生态系统"透支"过多，并引发一系列的生态和环境问题。

（一）国内生产面临的突出问题

1. 工业化、城镇化不断挤占食物生产用地和用水

目前我国正处于经济快速增长的工业化中期阶段，在资源分配上存在不利于食物生产的倾向。维系食物生产的耕地保障难度增大。国土资源部曾发布通报称，2011 年全国耕地保有量为 1.2 亿 hm^2，全国耕地净减势头得到基本控制，但与 2000 年相比，全国总耕地仍净减少 0.07 亿 hm^2，已逼近耕地红线。据《2013 中国国土资源公报》显示，2009 年以来，全国耕地保有量均保持在 1.33 亿 hm^2 以上，其中 2009 年为 1.354 亿 hm^2，2011 年与 2010 年持平，均为 1.353 亿 hm^2，2012 年下降至 1.351 亿 hm^2。近年来，每年城镇化、工业化占用 40 万 hm^2 耕地，耕地占多补少、占优补劣及非农化、非粮化态势进一步加大。2003 ～ 2013 年，我国工业用水、生活用水各增长了 229.2 亿 m^3、119.2 亿 m^3。农业用水所占比例不断下降，从 2003 年的 64.5% 下降到 2013 年的 63.4%，下降了 1.1 个百分点（表 2）。目前，我国农业用水供给缺口较大，季节性、区域性水资源供给不足，水资源利用方式不当，已引发诸多生态和环境问题，干旱退化、水土流失等问题趋于加重。

表 2　我国用水量及不同用途用水量所占比例

年份	用水总量 / 亿 m^3	农业用水		工业用水		生活用水		生态用水	
		总量 / 亿 m^3	比例 /%	总量 / 亿 m^3	比例 /%	总量 / 亿 m^3	比例 /%	总量 / 亿 m^3	比例 /%
2003	5320.4	3432.8	64.5	1177.2	22.1	630.9	11.9	79.5	1.5
2013	6183.4	3921.5	63.4	1406.4	22.7	750.1	12.1	105.4	1.7

资料来源：国家统计局，2014

2. 布局不当致使整体自然资源利用方式落后

1980 ～ 2010 年，粮食生产大省如浙江、福建、湖北、广东的耕地复种指数，分别由 2.53、1.99、2.00、2.07 下降为 1.29、1.67、1.56、1.56。按北方、南方、西部三个区域匡算，1998 年以来南方以 60% 的水资源生产了 30% 的谷物，而北方则以 20% 的水资源生产了 53% 的谷物。一方面，我国南方稻作区丰富的光、温、水资源的利用程度不断下降，优越的光、温资源被闲置，曾经是历史上粮食主产区的广东、浙江、福建等地的粮食产需缺口逐年扩大；另一方面，区域农业水分生产率与降水满足率不匹配。华北平原冬小麦 - 夏玉米一年两熟制的周年水分生产率达到 $2kg/m^3$，而降水满足率大约只有 70%，其中冬小麦季降水满足率为 25% ～ 45%，只能靠超采地下水维持，华北及其他部分地区出现了大面积的地面沉降；西北地区灌溉区（绿洲区）春玉米水分生产率为 2.03 ～ $2.74kg/m^3$，而降水满足率不到 50%。2013 年，全国铁路粮食运输量为 11 000 万 t，比 2000 年增加 38.6%，平均运输距离为 1800km 左右。大规模长距离的"北粮南运""南菜北运"，耗用了更多的国土资源、交通设施和能源，光、温、水资源构成的自然禀赋优势与产出不匹配、作物布局不合理致使食物生产及调运的资源环境代价增大。

3. 资源要素使用粗放、转化利用效率低

由于水利设施建设滞后，目前我国农田灌溉用水的有效利用率仅为 50%。每立方米水的粮食生产率、化肥有效利用率仅分别为发达国家的 65%、50%。与美国相比，我国生猪饲料转化利用率较低，每出产 1t 猪肉，我国比美国多消耗粮食约 0.3t。部分旱作区由原来单一依靠降水发展生产，加快转向加速利用地下水源的高耗水型农业。目前，华北平原地下水开采量占该地区总用水量的比例已上升至 69.8%，形成了超过 9 万 km^2 的世界最大地下水开采漏斗区，很多地方出现地面沉降、河道干枯等生态系统退化现象。但这些地区的降水利用率偏低，自然降水利用率仅为 55%，加上水利设施年久失修，渠灌区渠系水资源损失率高达 50%，实际农业用水利用率仅为 40% 左右。其结果是，雨养补灌区粮食的水分生产率低下，每立方米不足 0.7kg，比发达国家低 40% 左右。

4. 农业面源污染及重金属污染呈加剧之势

有关资料显示，我国土壤环境状况总体不容乐观，部分地区土壤污染较重，耕地土壤环境质量堪忧，工矿业废弃地土壤环境问题突出。全国土壤总的点位超标率为 16.1%；中重度污染耕地面积为 333.3 万 hm^2 左右。据监测，我国 17% 的畜禽粪便直接排放，对水体、土壤、空气等造成的立体污染加重。与美国相比，同样出产 5000 万 t 猪肉，我国多产废弃物 1650 万 t，多产化学需氧量 500 万 t。据估算，我国畜禽粪便沼气发电量可达 800 亿 kW，相当于三峡水库年发电量；若加工成有机肥，相当于我国年化肥施用总量的 65%。2000 年以来，我国农药施用量持续增加，其中施用的农药杀虫剂占 70% 以上，高于发达国家的比例约为 30%，农药利用率仅为 35% 左右。我国化肥施用量达 40t/km^2，远超发达国家 25t/km^2 的安全上

限，大量化肥和农药通过土壤渗透等方式污染地下水，使地下水氨氮、硝酸盐氮、亚硝酸盐氮超标和有机污染日益严重。目前，全国亟待治理的污染土地约为333.3 万 hm²，需还林还草的退耕面积约为 400 万 hm²，需退田还湿的面积达300 万 hm² 以上。从项目组调研情况看，与 1980 年相比，2012 年监利县的耕地质量明显下降，土壤肥力显著降低，有机质平均含量为 21.2g/kg，下降了 39.3%；碱解氮平均含量为 106.5mg/kg，下降了 17.9%；速效钾平均含量为 95.54mg/kg，下降了 12.8%。

5. 加工流通与消费环节的食物损耗较大

与工业产品不同，食物从田间到餐桌要经历收割（屠宰）、储运、加工、零售等多个环节，每一个环节都有损耗和浪费。综合项目组调研结果和国家粮食局统计数据分析，我国粮食产后损耗率约为 11%，水果与蔬菜产后损耗率为 25%～35%，肉类宰后损耗率为 5%～8%，与北美等的发达国家相比，分别高出 6.5%、7%～17% 和 4%～7%。根据 2013 年产消总量静态分析，我国每年浪费的粮食为8300 万～9000 万 t（含肉类产品折合成的饲料粮部分），全国每年浪费的粮食可养活约 2 亿人。

6. 食物生产成本升高、竞争力持续降低

城镇化和工业化持续推进，非农收入不断提高，大量农村优质劳动力向城市转移，人力成本攀升。2013 年，粮食作物、规模生猪养殖和大中城市蔬菜的人工成本分别为 6445.5 元 /hm²、159.2 元 / 头和 34 150.5 元 /hm²，分别比 5 年前增加了 145.5%、128.1% 和 152.2%。城镇化和工业化增加了对土地的需求，提高了土地成本。2013 年，粮食作物、规模生猪养殖和大中城市蔬菜的土地成本分别为2721 元 /hm²、2.5 元 / 头和 5290.5 元 /hm²，分别比 5 年前增加了 82.1%、31.6% 和84.1%，成本利润率分别为 7.1%、6.4% 和 70.4%，分别比 5 年前减少了 26.0 个百分点、17.7 个百分点和 14.5 个百分点（图 5），比较效益持续下降，加上为保护农民利益，逐年提高粮食最低收购价，从而使国内外食物价差不断扩大，出现在粮食连年增产的情况下食物低价进口与粮食储备同步增多的新情势。

7. 食物生产机械化和信息化程度不高，关键技术缺乏

不同作物、不同产业和不同地域间的机械化程度差异大，关键技术缺乏，粮食

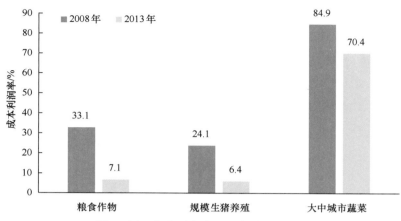

图5　近5年主要农产品成本利润率变化

播种和收获的机械化程度不到50%；蔬菜、水果生产仍以人工为主，生产作业效率低；养殖业机械化程度除奶牛养殖较高外，其他均不足20%。农产品产地初加工和产后深加工工艺水平落后，关键技术与装备缺乏，信息化技术应用水平普遍偏低。

（二）国际食物供求形势

目前，按照加入世界贸易组织的承诺，我国取消了所有非关税措施，平均关税水平仅为15%，仅为世界平均水平的1/4，是世界上最为开放的市场之一，食物生产、加工和消费与国际市场联系日益紧密，一方面为我国从国际市场调剂食物供给提供了更大的空间；另一方面国外农产品进口及价格波动传导，对我国食物产业和市场的冲击影响趋于加大。

1. 全球食物贸易总量有限

据联合国粮食及农业组织（FAO）统计，2012～2013年，全球大米、小麦、玉米、大豆的贸易量分别为3611万t、14 000万t、9780万t和10 000万t，我国进口量占全球贸易总量的比例分别为6.5%、2.6%、5.3%和58.4%。猪肉、牛肉、羊肉和禽肉的全球贸易量分别为735.3万t、803.8万t、75.7万t和1301.4万t，我国进口量占比分别为7.1%、0.8%、16.4%和4.0%。棉花和蔬菜的全球贸易量分别为986万t、1.29亿t，我国进口量占比分别为54.25%和7.2%。大豆、棉花是我国大宗进口的农产品（图6，图7）。

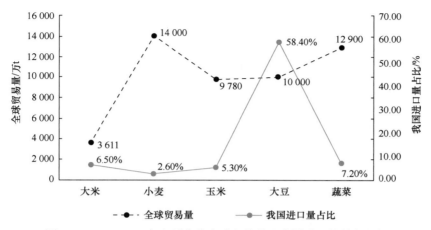

图6 2012～2013年主要作物全球贸易量及我国进口量所占比例

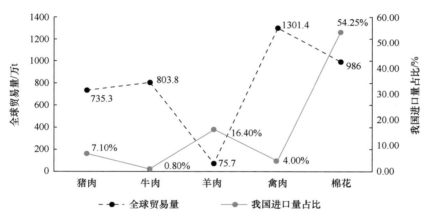

图7 2012～2013年肉类及棉花全球贸易量及我国进口量所占比例

2.世界粮食库存降到低位

20世纪90年代中期以来,全球主要粮食出口国的库存水平呈下降趋势,2012年和2013年主要出口国谷物库存量与消耗量之比降至16.9%,其中小麦降至14.1%、粗粮降至8.4%、玉米降至15.3%。油类和豆饼的库存情况在2007年中期开始恶化,库存量与消耗量之比分别由13%和17%降至目前的11%左右(图8)。FAO对2014年和2015年世界谷物贸易量的预报显示,与2013年度相比减少了约1.5%,其中玉米贸易量降幅最大,其次是大麦和小麦。2014年,美国棉花供应量降至23年来的最低水平。全球农产品库存水平下降,加剧了全球粮价的波动,我国依赖国际市场大量进口粮食的风险随之加大。

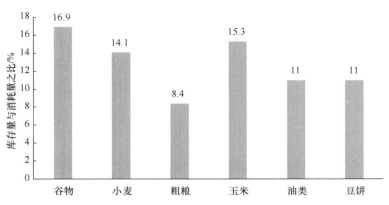

图8　2012年和2013年主要出口国主要作物库存量与消耗量之比

3. 粮食新的属性需求不断增加

随着石油价格攀升，近年来发达国家加大了对生物燃料生产的支持。1980年与1981年至2010年与2011年期间，美国用于生产乙醇的玉米消耗量由88.9万t增加到1.28亿t，占其玉米总产的比例从0.53%提升到40.3%，占全球玉米产量的25%。玉米能源的大量利用，使供全球人口消费的粮食贸易量减少。此外，粮食的金融属性凸显。由于金融炒作，国际资本进入农产品期货市场，引发粮价急剧震荡，反过来又会吸引大量资本进行投机，使粮食市场的波动陷入恶性循环。此外，跨国资本还向全球主要产粮国产前、产中及产后环节多方渗透，以控制全球粮食作物产业链条及贸易走向。

4. 国际粮食市场的风险加大

FAO数据显示，1961～2012年世界谷物出口量由0.79亿t增加到3.49亿t，增加了约3.4倍，其出口价格从每吨62.8美元提高到343美元，增加了约4.5倍，谷物贸易呈现量价齐涨的态势，价格攀升快于贸易量增长。2008年前后，全球出现了30年来前所未有的粮价波动。据报道，当时有18个国家降低了谷物进口关税，17个国家实施了出口限制；在消费政策方面，有11个国家降低了粮食税，8个国家实施了价格控制。2009年，由于金融危机和食品价格暴涨，全球饥饿人口上升到10.2亿人。2010年以来，全球粮价再次大幅上涨，一些国家先后限制粮食出口，中东地区多个国家在粮价上涨诱导下引发政治动乱，内部冲突加剧。俄罗斯进口食品约占其消费食品总量的35%，2014年受欧美制裁，俄罗斯经济遭受近230亿美元的损失，占俄罗斯国内生产总值的1.5%，同时食品进口禁令导致俄罗斯食物价格大幅上涨，其中奶酪上涨约 10%，肉类上涨 15%～26%，其中鸡腿肉上涨更是高达 25.8%～60%。

据预测，未来我国粮食缺口最大的饲料用粮，其主要品种是玉米，而玉米又是世界谷物贸易中的三大品种之一。如何判断今后我国玉米进口及其他谷物进口的状况，有待深入研究。

首先，全球谷物贸易量不大。在 FAO 食物分类中，谷物仅是稻谷、小麦、玉米及高粱、燕麦等，这些都是人们的基本食物来源，而大豆是油料作物，并不作为食粮。我国大量进口大豆，未引起缺粮国紧张，其主要原因在此。从国际市场看，目前全球谷物及玉米的贸易量分别为 2.7 亿 t 和 1 亿 t 左右，仅分别为我国谷物总产的 49%、玉米总产的 47.6%。今后我国扩大进口就是降低谷物自给率，若其降至 90%，则意味着我国在大量进口大豆等农产品的同时还需进口 5000 多万 t 谷物，玉米有可能成为"第二个大豆"，但与大豆所引发的国际效应完全不一样的是，进口玉米将加剧国际谷物市场的恐慌。

其次，国际谷物市场存在极大的不确定性。我国与全球 35 个缺粮国、9 亿多饥饿人口在国际市场争粮，势必引发"中国粮食威胁论"的政治风险。据分析，1960 年以来全球谷物减产年份有 13 年，其中有 9 年与我国谷物减产年份重合，我国缺粮时，国际市场谷物同时短缺，加上谷价飙升、出口国发布出口禁令，即便我国少量进口也会引发全球震荡，而且存在进口粮食转运时间长及成本增加等问题。

再次，依靠实施"走出去"战略获取谷物原料的难度大。据考察研究，国际四大粮商垄断了当今世界粮食贸易量的 80%、油料作物的 70%，控制了美国、巴西、阿根廷等国的主要粮食生产及其运输和仓储系统，并通过操纵期货市场价格牟取暴利。目前，国际粮商巨头凭借资本和品牌优势，从原料供应、期货贸易、储运加工到市场渠道，介入我国粮食市场的竞争中。目前，我国 80% 的进口大豆货源、70% 的进口棕榈油货源已被其控制。近年来，乌克兰、泰国等国政局不稳，我国与之协议的谷物进口贸易相继出现问题。我国援助非洲，通过优质高产农作物品种示范推广和科技培训合作，促进当地粮食生产，提高粮食产出水平，增加非洲粮食的有效供给水平，以缓和国际粮食市场的贸易压力。

最后，即便能够大量进口谷物，也应考虑对国内市场及生产的冲击。从国内看，解决好十多亿人的吃饭问题始终是治国安邦的头等大事。必须保持较高的谷物等食物自给率，这是稳步推进现代化所必需的根本条件。近年来，我国粮食连续增产、进口连续增加、储备连续增多相同步，形成"国货入库、洋货入市""边进口、边积压"的怪圈有其特殊原因：一方面是生产成本和收购价的提升使国内外食物价差拉大；另一方面是在市场供应充足的情况下，为减少资金占用，地方储备、社会企业和农户相继减少粮食储备，所减少的额度都相应地转到中央储备上，增大了国储压力，形成我国粮食库存水平比世界平均水平高出一倍多的新情势。因此，维持较高的国家粮食储备水平，将是我国保障粮食供给的必然趋势和要求。今后，我国农村仍有上亿劳动力，发展粮、油、肉、蛋、奶等食物生产依然是解决农村就业、增加农民收入的主要渠道之一，必须采取有效措施，控制谷物、牛羊肉等敏感性农产品的过多进口，以防止其对国内生产和农民就业造成冲击。

三、我国食物供需预测及发展趋势判断

（一）未来我国食物供需预测

从发展趋势上分析，随着我国人口数量刚性增长和人民生活水平不断提高，未来粮食等重要农产品的消费需求仍将持续增长，同时，这些产品的国内产量也将随着现代农业的进一步发展而稳步提高。已有研究表明，到 2020 年和 2030 年，我国总人口将分别达到 14.2 亿人和 15.0 亿人；未来若干年，我国经济增速将保持在 7% 左右，到 2020 年和 2030 年我国人均 GDP 将分别达到 1.1 万美元和 2.1 万美元，参考人均 GDP 0.7 万～2.1 万美元发展阶段典型国家与地区的食物消费变化，未来我国人均动物产品消费量仍将会持续增长，将带动粮食需求量不断提高。立足近期我国居民食物消费变化态势，参考国内外典型地区食物消费升级规律，综合各专题研究成果，借鉴联合国粮食及农业组织、美国农业部农产品中长期供需预测方法，采用 1980～2013 年国家统计局、国家粮食局等发布的统计数据，建立了食物多品种产需预测关联模型，对 2020 年和 2030 年我国水稻、小麦、玉米、大豆、蔬菜、水果、食用油、食糖、肉类、蛋类和奶类 11 类产品的生产、需求情况进行计量分析和情景推断（附表 1～附表 3），依据模拟结果，对未来主要产品的供需情势做出如下分析。

1. 谷物及粮食

综合分析，2013 年我国粮食产不足需，供需缺口约 3600 万 t，其中谷物能完全自给，大豆缺口较大，达 6200 万 t，人均粮食消费量接近 470kg。国家粮食局 2014 年的数据显示，2013 年，我国粮食总产量为 60 194 万 t，消费量为 63 791 万 t，供需缺口为 3597 万 t，自给率为 94.4%。

分品种看，稻谷产销基本平衡，产量为 20 361 万 t，消费量为 20 229 万 t，自给率为 100.7%；小麦产不足需，产量、消费量分别为 12 193 万 t、12 920 万 t，自给率为 94.4% 左右；玉米产大于销，产量、消费量分别为 21 849 万 t、18 335 万 t，自给率为 119.2%。

稻谷、小麦和玉米等谷物总产量为 55 434 万 t，消费量为 52 749 万 t，自给率为 105.1%。大豆产量、消费量分别为 1195 万 t、7398 万 t，产需缺口较大，达 6203 万 t，自给率仅为 16.2%（表 3）。

表 3　2013 年我国粮食产销情况

粮食种类	产量 / 万 t	国内消费量 / 万 t	自给率 /%	人均消费量 /[kg/（人·a）]
稻谷	20 361	20 229	100.7	149
小麦	12 193	12 920	94.4	95
玉米	21 849	18 335	119.2	135
谷物合计（含其他谷物）	55 434	52 749	105.1	388
大豆	1 195	7 398	16.2	54
粮食合计（含其他）	60 194	63 791	94.4	469

注：数据引自国家粮食局，2004

据测算，2013 ~ 2030 年，全国粮食消费年均增速为 1.5%，与 2003 ~ 2013 年年均 2.7% 的增速相比，低了近一半，由此预测 2020 年和 2030 年人均粮食消费量将分别增至 510kg、550kg，粮食需求重心将由口粮转向饲料用粮，其中小麦、水稻需求量变化不大，玉米、大豆（豆粕）需求量将大幅增长。模型模拟结果显示，到 2020 年，我国粮食总消费量将达到 72 500 万 t，与 2013 年相比，增长了 13.7%，人均粮食消费量达到 510kg，其中水稻、小麦、玉米、大豆消费量分别为 20 306 万 t、12 780 万 t、25 000 万 t、8747 万 t。到 2030 年，我国粮食总消费量将增长为 82 500 万 t，与 2020 年相比，增长了 13.8%，人均粮食消费量增至 550kg，其中水稻、小麦、玉米和大豆消费量分别为 21 000 万 t、13 500 万 t、31 745 万 t 和 9750 万 t（表 4）。2013 ~ 2030 年，粮食消费增长主要来自玉米和大豆，玉米和大豆的消费增量将分别占粮食消费增量的 71.7% 和 12.6%。

从消费用途分析，到 2020 年，我国饲料用粮将达到 41 890 万 t，超过口粮消费，占总粮食消费的 57.8%；预计到 2030 年，我国饲料用粮将增至 48 230 万 t，占粮食消费的比例将进一步提高，达到 58.5%。

表 4 2020 年、2030 年我国粮食及分品种预测消费量 （单位：万 t）

粮食种类	2013 年	2020 年	2030 年
玉米	18 335	25 000	31 745
水稻	20 229	20 306	21 000
小麦	12 920	12 780	13 500
谷物合计（含其他谷物）	51 484	59 486	68 345
大豆	7 398	8 747	9 750
粮食合计（含其他）	63 791	72 500	82 500

注：2013 年数据引自国家粮食局，2014；2020 年、2030 年为项目组预测结果

另外，受播种面积下降的影响，未来我国粮食产量增速将明显放缓，预计2013 ～ 2030 年我国粮食产量年均增速为 1.0%，与 2003 ～ 2013 年年均 3.4% 的增速相比，增幅下降较大。预测结果表明，到 2020 年，我国粮食产量将达到64 000 万 t（表 5），其中水稻、小麦、玉米、大豆分别为 20 706 万 t、12 994 万 t、23 500 万 t、1300 万 t，其他谷物为 1300 万 t，谷物产量合计为 58 500 万 t；2030年，我国粮食产量为 71 000 万 t，其中水稻、小麦、玉米、大豆分别为 20 900 万 t、13 355 万 t、28 745 万 t、1350 万 t，其他谷物为 2000 万 t，谷物合计为 65 000 万 t。未来粮食产量增量以玉米为主，2013 ～ 2030 年，玉米产量增长将占粮食产量总增量的 60% 以上。

表 5 2020 年、2030 年我国粮食生产量预测 （单位：万 t）

年份	水稻	小麦	玉米	谷物合计（含其他谷物）	大豆	粮食合计（含其他）
2020	20 706	12 994	23 500	58 500	1 300	64 000
2030	20 900	13 355	28 745	65 000	1 350	71 000

总体来看，2013 ～ 2030 年，我国粮食产量年均增速低于粮食消费量，粮食供需缺口加大，其中小麦、水稻继续保持自给，玉米和大豆缺口明显扩大。预计到2020 年、2030 年，我国小麦、水稻自给率均将保持在 98% 以上；玉米将由当前的供需盈余产品转为缺口较大产品，2020 年、2030 年的产需缺口将分别为 1500 万 t、3000 万 t，自给率将分别下降为 94.0%、90.5%；大豆供需缺口将继续拉大，2020 年、2030 年将分别达到 7447 万 t、8400 万 t，自给率也将分别降至 14.9%、13.8%。

综合测算,未来我国谷物可实现基本自给,供需缺口最高在3300万t左右(2030年),自给率将可保持在95%以上。但粮食供需缺口(含大豆)将进一步拉大,2020年、2030年将分别达到8500万t、11 500万t,自给率将分别减至88.3%、86.1%。

2. 动物性产品

2013年,我国蛋类和水产品供需基本平衡,肉类略有缺口,缺口为105万t,奶类缺口较大,在960万t以上,肉类、蛋类、奶类、水产品综合自给率在95%以上。2013年,我国人均肉类、蛋类、奶类、水产品年消费量分别为63.5kg、21.1kg、33.0kg、45.5kg,动物产品合计人均年消费量为163.1kg,明显低于膳食模式相似的亚洲发达区域平均消费水平。

2013～2030年,我国动物产品消费总量年均增速将为1.9%,将大幅低于2003～2013年年均3.8%的增速,消费增长以肉类和奶类产品为主。预测结果表明,到2020年,我国肉类、蛋类、奶类、水产品消费总量将分别增加到10 276万t、3045万t、6276万t、6525万t,动物产品合计消费总量提高为26 122万t。2013～2020年,动物产品消费总量年均增速将为2.4%,人均动物产品消费量将达到183kg;2020～2030年,我国动物产品消费量将继续保持增长态势,但消费增速将进一步减缓,预计年均增速将为1.6%。到2030年,我国肉类、蛋类、奶类、水产品消费量将分别达到11 878万t、3300万t、7880万t、7500万t,动物产品合计消费总量增加为30 558万t(图9),动物产品人均年消费量将增加到204kg。具体各类动物产品人均消费情况见表6。

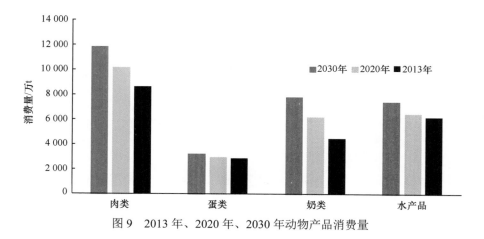

图9 2013年、2020年、2030年动物产品消费量

表6　2020年、2030年动物产品人均年消费量预测　　　（单位：kg/人）

产品	2013年	2020年	2030年
肉类	63.5	72	79
蛋类	21.1	21	22
奶类	33.0	44	53
水产品	45.5	46	50
合计	163.1	183	204

注：2013年消费量为表观消费量，计算公式为产量加上净进口量除以人口，产量、进出口量数据（除奶类）引自国家统计局统计数据库，奶类进出口量数据来自农业部农业贸易促进中心，各种奶制品统一折算为原奶计。2020年、2030年消费量为项目组预测结果

据测算2013～2030年我国肉类和奶类年均增速将分别达到1.8%、3.4%，与2003～2013年年均2.1%、6.7%的增速相比，其增速均将明显下降。综合考虑资源、要素、科技、区域等方面的潜力和空间，在专家咨询的基础上，预计2020年、2030年我国肉类产量将分别达到10 076万t、11 578万t。蛋类今后的增长幅度将会有所下降，预计在上述两个阶段中，蛋类产量的增长率将分别为0.8%、0.9%，2020年、2030年我国蛋类产量分别为3047万t、3324万t。奶类是我国将来重点支持发展的产业，预计2013～2020年、2020～2030年奶类产量的增长率将分别为4.8%、2.5%，2020年、2030年我国奶类产量将分别达到4909万t、6284万t。水产品生产能力不断增强，预计2013～2020年、2020～2030年水产品产量的增长率将分别为0.8%、1.4%，2020年、2030年我国水产品产量分别提高为6525万t、7500万t。预计2020年、2030年我国上述各类动物产品的生产总量将分别达到24 557万t、28 686万t（表7）。

表7　2020年、2030年我国动物产品生产量预测　　　（单位：万t）

年份	肉类	蛋类	奶类	水产品	合计
2020	10 076	3 047	4 909	6 525	24 557
2030	11 578	3 324	6 284	7 500	28 686

综合分析，未来我国动物产品的消费水平将不断提高，国内生产受资源环境制约将难以保持同步增长，奶类缺口将明显加大，肉类缺口将有所增加，蛋类和水产品将能实现自给，动物产品综合自给率将下降1%左右。预计2020年、2030年我国肉类缺口将分别为200万t、300万t，肉类自给率将基本保持在98%左右；奶

类缺口将不断扩大，2020 年、2030 年将分别达到 1367 万 t、1596 万 t，自给率将继续保持 2013 年的 78% 的水平。蛋类和水产品的供需将基本平衡，其中蛋类略有盈余。整体来看，2013 ～ 2030 年动物产品自给率将始终保持在 93% 以上。

3. 园艺产品

蔬菜、水果一直是我国具有国际竞争比较优势的农产品，也是出口创汇的重要来源，产量均居世界第一。2013 年，我国蔬菜、水果的自给率分别为 101.3%、100.6%。蔬菜、水果消费总量分别为 7.25 亿 t、2.49 亿 t，其中约 90% 用于食用，饲料、损耗等其他方面占 10% 左右。

据预测，2013 ～ 2030 年我国蔬菜消费年均增速将为 1.8%；水果消费增长较快，年均增速将达到 3.3%，是食物消费中增长较快的一类产品。预计未来人均蔬菜食用消费量将小幅上升，充分考虑技术进步带来的流通损耗降低、损耗消耗下降等有利因素，预计 2020 年、2030 年我国蔬菜消费总量将分别达到 7.69 亿 t、9.0 亿 t。未来人均水果消费量还将进一步提高，2020 年、2030 年我国水果总消费量将分别达到 3.1 亿 t、4.3 亿 t（图 10）。

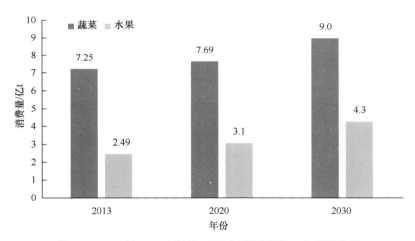

图 10　2013 年、2020 年及 2030 年我国蔬菜、水果消费量

据综合测算，2020 年、2030 年我国蔬菜、水果均能实现 100% 的自给，且供需盈余有所扩大（图 11，图 12）。我国是世界上最大的蔬菜生产国，20 世纪 80 年代中期实施蔬菜产销体制改革以来，全国蔬菜生产快速增长，种植面积逐年增加。综合行业专家判断，参考《全国蔬菜产业发展规划（2011—2020 年）》，未来我国蔬菜生产面积基本稳定，单产将逐步提高，2020 年、2030 年单产将分别达到

37 740kg/hm²、45 000kg/hm²。据此预测，2020 年、2030 年我国蔬菜总产量将分别增至 7.8 亿 t 和 9.3 亿 t。考虑土地资源日益紧缺，未来水果产量将以单产增长为主，预计 2020 年、2030 年水果单产将分别达到 25 830kg/hm² 和 43 995kg/hm²，全国水果总产量将分别增至 3.1 亿 t 和 4.4 亿 t。

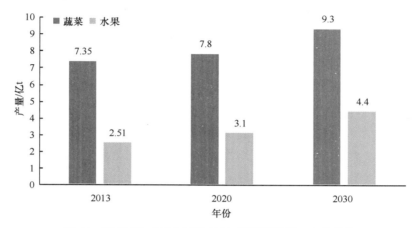

图 11　2013 年、2020 年及 2030 年我国蔬菜、水果产量

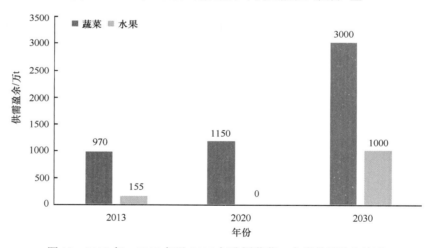

图 12　2013 年、2020 年及 2030 年我国蔬菜、水果供需盈余情况

4. 经济作物

（1）食用油

目前我国人均食用油消费已接近饱和，未来消费需求变动主要受人口增长的影响，食用油消费需求增速将逐渐放缓。预计 2013 ～ 2030 年，我国食用油消费量年均增速将不到 1%，国内食用油产能将稳步提高，食用油供需缺口将先增

后减。

2012年，我国人均食用油消费量接近25kg（含工业消费），高出世界平均水平25%，食用油需求量达3330万t，但国内产量有限，产需缺口主要通过大量进口大豆、油菜籽等油料产品来解决，食用油自给率较低，仅为34.5%。参照《中国食物与营养发展纲要（2014—2020年）》的消费推荐量，我国人均食用油消费水平已完全能满足基本营养需求，预计未来人均食用油消费量将保持稳定，预计2020年、2030年我国食用油总消费量将分别达到3550万t、3750万t。在生产方面，预计油料作物种植面积稳定，油料作物单产以2%的速度递增，预计2020年、2030年我国国产油料榨油量将分别为1300万t、1600万t。2020年、2030年国内食用油供需缺口分别为2250万t、2150万t，自给率分别为36.6%、42.7%。

（2）食糖

据测算，未来我国食糖消费需求增长较快，预计2013～2030年年均增速为3.2%，高于同期产量增速1%，国内产需缺口有所加大。

我国食糖生产具有一定的周期性，以5～6年形成一个大的生产周期。近年来，全国6个榨季的食糖生产量平均为1220万t，人均消费量不到10kg，不及世界平均水平的一半。未来全国食糖消费有较大增长空间，预计2013～2030年我国人均食糖消费量将保持约3.2%的年均增长水平，到2020年、2030年我国食糖消费总量将分别达到1850万t、2300万t。在生产方面，假定产糖率不变，单产稳步提高，糖料作物播种面积相对稳定，预计2020年、2030年全国食糖产量将分别达到1250万t、1550万t。未来食糖消费量将呈持续快速增长态势，食糖供需缺口将明显拉大，到2020年、2030年将分别达到600万t、700万t，自给率将分别下降至67.6%、67.4%。

（二）总体发展趋势判断

一是人口递增及营养改善使食物需求持续增长，受资源限制，大豆、玉米和奶类将成为产需缺口较大的产品。预测结果表明，未来粮食消费需求增长主要受人口增加和食物结构调整两方面因素影响，两者分别占粮食消费增量的35%、65%。2020年、2030年我国人均粮食消费量分别增至510kg、550kg，与2013年相比，分别提高了41kg、81kg左右；人均动物产品消费总量分别增至183kg、204kg，主要以肉类和奶类产品消费增长为主；人均蔬菜、水果、食糖消费量均有不同程度增加，食用油消费量相对稳定。国内各类食物产量将继续保持增长态势，但与近年相比，增速将有所下降，除蔬菜与水果以外，其他各类食物产需缺口均有所加大，其中大豆、玉米、奶类是产需缺口增幅较大的三类产品，2030 年三者产需缺口将分别达到 8408 万 t、3000 万 t、1596 万 t。

二是居民食物结构变化对粮食需求结构影响较大，未来饲料用粮消耗量将占粮食总消费量的一半以上。国际经验表明，进入工业化中期以后，人们膳食中的动物性食品消费比例增加，带动粮食消费结构发生重大变化。按照现有中等养殖规模饲料报酬率测算，2020 年、2030 年我国人均饲料用粮消费量将分别增长为 295kg、322kg，占粮食总消费量的比例将分别为 57.8%、58.5%。饲料用粮消费增长以玉米为主，玉米消费增量占饲料用粮消费增量的 90% 左右。居民口粮消费相对稳定，2020 年、2030 年人均口粮消费量分别为 145kg、140kg，国内口粮产出完全能满足消费需求，但稻谷产销区域平衡问题值得关注，1988 年、1994 年和 2004 年年初，粮食市场出现的三次较大波动，都是由粮食主销区的稻谷供求失衡而引发的。

三是区域食物生产格局正在发生新的结构性变化，未来粮食主产区增产将占我国粮食总产增量的 80% 以上。随着旱作节水农业技术的迅速推广，近年来我国西北地区已发展成为全国玉米第三大产区。2012 年，该区域玉米产量、粮食总产量占全国总产的比例分别为 17.8%、11.3%，比 1998 年分别增长 87.0%、32.4%，玉米的增产带动作用明显。水稻生产初步形成东北、长江流域和东南沿海三大优势产区，双季稻和中稻主要集中在长江中游、西南地区和东南地区。小麦生产已经形成黄淮海、长江中下游、大兴安岭沿麓三大优质专用小麦优势产区。2012 年，长江中下游地区油菜籽产量占全国总产的比例升至 55.2%。2013 年，全国 75% 以上的粮食产量、80% 以上的商品粮、90% 左右的粮食调出量来自主产区。预测结果表明，与 2013 年相比，2030 年我国粮食产量将净增加 10 806 万 t，其中 80% 以上来自主产区。

四是"谁来种地"的问题与粮食生产规模化态势同时显现，土地流转量占总承包地的比例将分别提升至 35%（2020 年）和 50%（2030 年）。随着工业化和城镇化的推进，农村加快劳动力转移，在种粮效益低的情况下，今后"谁来种粮"的问题日渐突出。从调研情况来看，目前，我国农业从业人员平均年龄为 42 岁，其中50 岁以上的约占务农人员的 40%；中小学及小学以下受教育程度的占 51.1%；而外出务工的平均年龄为 32 岁，其中 21 ～ 40 岁的青壮年劳动力所占比例高达 77%；初中及初中以上学历所占比例达 78.9%。留在农村务农的人员对新技术接受能力弱，普遍出现"种不动""种不好""种不了"等问题，使一些地方的粮食生产受到极大影响。与此同时，耕地流转及家庭农场等规模经营户加快兴起。据农业部统计，截至 2013 年年底，全国农村承包耕地流转面积为 0.2 亿 hm^2，流转比例达 26%。经营耕地面积在 3.3 hm^2 以上的专业大户超过 287 万户，家庭农场超过 87 万家，经营耕地面积达到 0.12 亿 hm^2，平均经营规模为 13.3 hm^2。

按现有趋势推断，到 2020 年、2030 年我国土地流转比例将分别达到 35%、50%。但随着一些地方土地流转进程加快，"被规模化"的失地农民大量出现，这些弱势人群进城后难以稳定就业，又丧失立足之本的土地依托，必然加大农村地区贫富两极分化。实践证明，农民实行土地入股经营，通过社会化服务走合作道路，虽然协商时限长，但纠纷矛盾小、进程稳妥，既可使农民获得土地收益，减少农业经营中不必要的流转成本，又能促进农村分工分业，使一大部分农民转入农产品加工、营销等环节，农村二三产业收入。建议对农业补贴调整试点，应审慎选择扶持对象，严格限制个人（国家认定的新型职业农民除外）和企业流转土地，鼓励农户开展土地股份合作，政府主要解决农业生产基本条件，改善农田水利、道路、电力、灌溉等基础设施，完善社会化服务。

五是食物生产的多功能性作用日益增强，未来农户来自农业经营的收入将缩减至 1/3、非农等其他收入将增加到 2/3 以上。目前，农业在发挥原有的经济、社会、政治功能的基础上，生态、文化功能也日益凸显。越来越多的地方在发展好农业、保障食物供给的同时，通过加工延长农业产业链条、打造农业自然景观、传承农耕历史文化、加快发展休闲农业，拓宽了农业增收渠道。以北京为例，2009 ～ 2013 年，北京都市型现代农业生态服务价值以年均 3.8% 的速度增长，2013 年年产值达到 3449.8 亿元，是当年农林牧渔业总产值的 8 倍以上。2000 ～ 2012 年，我国人均农民纯收入由 2253 元增至 7917 元，增加了 5664 元，其中农业经营收入只提高了 2020 元，农业经营收入占农户收入的比例由 63.3% 下降为 44.6%，平均每年减少 1% 以上，预计到 2020 年、2030 年农业经营收入占农户总收入的比例将分别减少到 33%、25%，非农等其他收入的比例将分别提升至 67%、75%。

◤ （三）若干重大问题讨论

从上述食物供需状况及变化分析中可以看出，在食物消费与生产持续增长趋势带动下，我国食物生产能力的演变及通过贸易弥补缺口的情势是不尽相同的，部分品种供需基本平衡，但有些品种的供需缺口相当大。保障未来我国食物安全供给及可持续发展，既要发挥市场在资源配置中的决定性作用，又要更好地发挥政府的作用，这就需要针对不同种类的食物产品供需走势，细分自给率基准线，形成宏观调控及进出口调节的杠杆，以实现食物生产和贸易"保得住、进得来、出得去"，并能有效保护国内食物产业安全，使市场导向下的食物生产者获得收益。

1. 自给率基准的设定

在当前及今后相当长的一段时期内，我国农业发展将逐步由满足居民单一的食物消费目标向兼顾食物营养改善、食物质量安全、维护生态环境等多重目标转变。目前，社会上对我国粮食自给要求有两种不同认识：一种认为当前国际农产品供需相对宽松，国内农业可持续发展要求日益迫切，应鼓励农产品大量进口，利用国内外两种资源、两个市场，保障食物的有效供给；另一种认为要延续过去的做法，尽可能保持较高的自给水平，在吃饭问题上不求人，粮食自给率要始终确保在95%以上。

本研究认为，自给率的划定必须坚持立足国内实现"谷物基本自给、口粮绝对安全"的新的国家粮食安全指导方针。应具体问题具体对待，按照我国居民食物消费的习惯、各类食物综合生产能力提升潜力、国际市场调节空间及未来食物营养改善的要求，突出重点、细分品种，多层次判别我国不同类别食物自给率的基准水平，在口粮、谷物、粮食三个层次上，分别研究其供需平衡变化及其自给率基准线，对今后食物的消费、生产与贸易进行统筹安排和布局。一是建议编制新的《中国粮食问题》白皮书，与国际通行指标接轨，厘清粮食、谷物及口粮范畴及国内自给基准，确立粮食供给目标及工程措施，对外发布，以消除"中国粮食威胁论"，形成公开透明、可预见的农产品进出口市场预期。二是分期、分品种对外开放国内市场，对我国需求缺口大的大豆、食用油、食糖、奶类、棉花等农产品实行多区域、多渠道的进口战略，与相关供应国、跨国粮企建立持续稳定的政府间合作及长期贸易关系。三是制定全球化食物协同发展与开发新战略，重点布局"一带一路"、南美洲、东南亚及非洲等区域的农业投资与合作，支持发展中国家改善粮食供应，缓解我国国际市场压力，有目的地构建起适应我国需要的全球食物进出口贸易通道及资源供应链。

2. 农业效率效益的提升

在市场导向下，我国食物生产的商品化程度大幅提高，农户在留存少部分食用农产品的同时，大部分都对外出售，以获取更多的经济效益。食物生产效益的高低，是生产者是否具有积极性的核心问题。目前社会上对"谁来种地"这个问题关注较多，其根本原因是种地经营规模小、收益低。近年来，1hm² 水稻、小麦纯收益仅为 3000 ～ 6000 元，农村一个青壮年劳动力一天打工的收入在 100 元以上，"种粮一季不如打工三天"。从未来趋势看，农业生产效益的提升将受到两个方面的挤压：一是随着土地流转费用和劳动力成本的上升，农业生产的高成本趋势不可避免。据预测，未来 10 年我国农业生产成本上涨幅度有可能超过 80%。二是目前我国主要农产品价格已高于国际农产品市场价格，发达国家资源性农产品到岸税后价已全面低于国内农产品批发价。

未来我国食物生产若要有收益，不外乎需要 5 种实现方式并重：一是加快农村劳动力的非农转移，扩大农业经营规模，通过规模效率的提升实现效益的递增，在粮食兼业化进程中走出专业化、规模化粮食生产经营的新路子。二是借鉴发达国家的做法，进一步强化对农业的保护和支持，给农民种粮补贴，由公共财政支持提供收入基本保障。加大对农民普惠式、不挂钩的收入补贴支持，使其保持略高于国民经济发展的增幅，使其占农民人均纯收入的比例达到 10% 并逐年递增。目前美国、日本农民收入中的 40% 来自农业补贴，而我国农业补贴仅占农民农业经营收入的5.1%。鉴于对生产贸易产生扭曲作用的"黄箱补贴"已逼近黄线，未来要创新农业的支持政策，必须用足用好"绿箱"支持，在农业基础设施建设、农业科技、保险、扶贫及农民直接收入支持等方面，继续加大补贴等政策支持力度，同时调整农业补贴结构，将更多的增量支持投向种粮大户、合作社和家庭农场，使种粮者有合理收益。三是加大对农业农村基础设施建设投资，特别是高标准农田的建设。四是加大对农业公共服务的投入，特别是新型经营主体的培育。五是改变生产方式，通过采用机械化和信息化技术，大幅度提高劳动生产率、土地产出率和资源利用率。

3. 管理体制机制的创新

现代化农业离不开现代化管理。随着国内农产品市场开放并与国际市场加深融合，实现中国特色农业现代化必须改革现行的农业行政管理体制。美国、日本、欧盟各国及新兴工业化地区，为适应市场需要、推进现代农业产业建设，已不断拓宽管理范围、强化管理手段，并依法对农业全产业链、乡村发展实现全方位管理。

近年来，我国农业管理体制虽经几次改革，部分管理职能得到加强，但由于多方制约，适应现代农业发展和世界贸易组织（WTO）规则的新型管理体制尚未形成。

据不完全统计，在农业产前、产中、产后管理上，共涉及 14 个国家部委（局）。其中，农产品质量安全管理涉及 8 个部委（局）；农业投资管理涉及 9 个部委（行）；农产品加工流通管理涉及 6 个部委（局）；农业生产资料管理涉及 5 个部委（局）。尤其是中央支农资金分属发改、财政、水利、农业、商务、国土等 20 多个部门，支农款项更达 100 多个。部门之间管理职能交叉，行政运转效率不高，正所谓"十多个大盖帽、管一顶破草帽"。以粮食为例，除粮食的生产、国内检疫、技术推广由农业部门管理外，粮食加工、流通、贸易、储备、检验检测、卫生监督、收购资金和农业生产资料流通等环节的管理则分别由计划、商务、质检、卫生、粮食、银行等部门担负。粮食生产科技的基础研究、应用研究和农业科技成果转化由科技部门管理，农业部门仅负责科技推广，致使研究与推广相脱节。

总体来看，现行的国家农业管理体制已不适应市场化、专业化及国际化需要。部门分割严重，形成政出多门、办事程序烦琐、交易成本高的低效境况，已到了非改不可的地步。应探索职能协同统一、流程简便有序的"大部制"，尽快构建权责一致、分工合理、决策科学、执行顺畅、监督有力的现代农业行政管理长效机制。

四、我国食物安全可持续发展战略构想

从我国国情农情、食物供求趋势、现代化推进势头及全球气候变暖带来的影响综合判断，我国必须实施食物安全可持续发展战略。这是因为，从总体上看，我国农业综合生产力水平还比较低。在工业化、城镇化、信息化和农业现代化进程中，为满足不断增长的食物需求，靠大规模增加新的资源，尤其是自然资源的投入显然是不现实的，有效途径在于提高资源利用率。并且，我国投入资源要素浪费、农业污染相当严重，化肥有效利用率、灌溉用水有效利用率等远低于发达国家水平。在资源要素投入和生态保护方面如果不改变这种高耗低效的生产方式，不控制污染的蔓延，不修复生态，不提升较低的农业科技水平和劳动者素质，未来发展将难以为继。当前我国经济进入新常态，主要农产品国际国内价格倒挂，"黄箱"政策接近上限，农业增效、农民持续增收难度加大，农业资源紧缺与生态环境约束趋紧，保障食物有效供给和质量安全压力增加。

在新的发展背景下，实现国家食物安全可持续发展必须要树立新的发展理念、量化发展目标、明确资源科技支撑要求，走出一条既可实现食物生产增长又能实现农业可持续发展的可行路径，实施好八大发展战略。

（一）发展理念

1. 坚持大食物观

当前，我国食物发展宏观环境明显改善，食物综合生产能力持续增强，居民食物消费和营养水平显著提高，呈现出两大转变：一是食物消费的形态由"吃饱吃好"逐步向"吃得营养、吃得健康"转变；二是食物发展的方式由过去"生产什么吃什么"逐步向今后的"需要什么生产什么"转变。研究我国食物安全可持续发展问题，必须要由以往的粮食观转变为现代的食物观，着眼于居民食物营养消费的多样化需求，在保障大宗粮、油、肉、蛋、奶、水产品、蔬菜、果品的同时，多途径开发具有地域特色的杂粮、木本粮油、食用菌等名优特色产品，因地制宜地推进生产及加工，应用电子商务及现代物流对小规模地域产品进行市场化开发，着眼于全部国土的可持续利用，广辟食物资源，既要向 1.2 亿 hm² 耕地要"粮"，又要向林地、草地、坡地、水域要"食物"，形成"一方水土养一方人"的区域化食物产销模式，加快推进以营养需求为导向的现代食物产业体系的建设，促进食物生产、消费与营养、健康的协调发展。

2. 坚持全产业链

全产业链的产生与发展是与食物观的变化紧密联系的。与过去的生产者导向存在根本不同，当前及今后的食物生产主要是以消费者为导向，也就是说，城乡居民一日三餐都能挑选出自己偏好的食物种类及优质食品，这就对食物生产与加工提出了新的更高的要求：一是必须有效实现食物的周年生产和均衡上市；二是形成快捷便利的从田间到餐桌的物流体系，并且要保障农产品的鲜活度和质量安全，运用以工业化生产及商业化营销为特征的食物全产业链条实现粮、油、果、菜、大田作物生产及畜禽养殖屠宰标准化、投入品使用规范化。由此，势必需要建立起两大体系：一是供给稳定、运转高效、监控有力的食物数量保障体系；二是标准健全、体系完备、监管到位的食物质量保障体系。同时，确保农户在食物全产业链中获得合理收益，通过股份合作等参与方式，让农民分享到食物加工乃至营销等各个环节的后续增值收益，提高初级产品生产者的积极性。

3. 坚持新绿色化

2004 年以来，我国粮食连续 11 年持续增产，综合生产能力迈上了 6 亿 t 新台阶，为促进改革开放、经济发展大局的形成做出了巨大贡献，但同时也累积了要素过量投入、资源浪费、环境恶化等诸多问题。尤其是在许多地方，过度开发农业资源，过量使用化肥、农药、农膜，滥用饲料添加剂，造成地力下降、生态环境不断恶化，严重危及农业可持续发展和农产品质量安全，已经到了农业发展难以为继、恶化状况必须治理的地步。

20世纪60年代的绿色革命，主要是高产品种和先进农业技术被广泛应用于亚洲、非洲和南美洲的部分地区，一方面促使粮食增产，但导致了化肥、农药的大量使用和环境退化；另一方面加速了传统农业的分化，有大量小农不在规模化农业之中。与传统的"绿色革命"不同，新绿色化不仅注重农业的合理投入及产出、要求节本增效，更加注重农田生态环境的改善、生态系统修复和污染治理。实现食物安全可持续发展，必须牢固树立生态文明理念，坚持绿色化和农业现代化、城镇化、工业化及信息化同步推进的要求，以绿色消费需求为导向，加快构建适应高产、优质、高效、生态、安全农业发展要求的技术体系，促进高效、生态、友好型农业发展，将过大的资源开发强度、过量使用的投入品、过多的污染物减下来，同时狠抓治理，让透支的资源环境逐步休养生息，在保障绿色安全农产品供给的同时，更加注重农业资源的永续利用、生态环境的保护建设和农民的持续增收与致富。

（二）原则要求与基准设定

1. 原则要求

（1）坚持新的粮食安全战略

坚定不移地实施"以我为主、立足国内、确保产能、适度进口、科技支撑"的新的国家粮食安全战略，以保障未来我国谷物基本自给、口粮绝对安全，确保饭碗牢牢端在自己手上。集中投入打造高产稳产的粮食生产功能区，调整粮经比例、种养结构，实现农村一二三产业协调发展。

（2）发挥科技增产的主导作用

依靠科技进步，提升单产和产品品质，采取进村入户的技术扩散应用方式，农机、农艺融合，机械化信息化融合，推行节水节肥节地、降本增效，控制生产及各环节的不当损耗，持续提高资源要素利用率和土地产出率。

（3）顺应自然和市场规律

充分发挥自然禀赋优势和市场引导作用，进一步促进资源、环境和现代生产要素的优化配置，加快推进形成与人口分布、食物生产布局与资源环境承载能力相适应的耕地空间开发格局。

（4）坚持资源底线，划定进口红线

我国在未来食物供不足需、缺口拉大的情势下，必须确保食物生产能力稳步提升的资源支撑，设定严格的水土资源利用底线；充分考虑各类食物国际市场风险和国内生产潜力，划定国内食物安全基准、进口类别和进口产品优先序。

2. 设定资源利用红线

1）到 2020 年、2030 年，耕地面积分别要维持在 1.21 亿 hm²、1.20 亿 hm²。

2）考虑到土地污染治理、生态退化、饲草种植等因素，粮食播种面积应适当调减，2020 年、2030 年应分别稳定在 1.09 亿 hm²、1.05 亿 hm² 以上。

3）农业灌溉用水总量实现有限的"负增长"，但必须维持在 3600 亿 m³ 以上。

3. 划定国内食物安全基准和进口类别

（1）划定安全基准

建议分别划定口粮安全、谷物安全、粮食安全的基准。

口粮包括稻谷、小麦。据预测，未来国内稻谷、小麦自给率均可达到 98% 以上，能够实现口粮绝对安全的目标要求。

谷物是指稻谷、小麦、玉米及大麦、高粱、燕麦、荞麦等其他谷类产品。本研究界定的谷物为稻谷、小麦、玉米，其中稻谷、小麦供居民口粮消费，玉米以饲用为主。综合测算的谷物安全指标为：国内谷物自给率保持在 95% 以上，其中玉米自给率在 90% 以上。

粮食包括谷物、豆类和薯类，依照大豆生产、进口及薯类生产、消费预测，考虑上述国内谷物自给率要求，未来我国粮食安全要求的国内粮食自给率应保持在 85% 以上。

按照我国加入世界贸易组织（WTO）的承诺，水稻、小麦、玉米的进口配额分别设定为 532 万 t、963.6 万 t、720 万 t，与 2020 年、2030 年的国内供需缺口相比，唯有玉米缺口超出进口配额，比配额分别高出 780 万 t、2280 万 t。据此测算，未来我国玉米进口量将占全球玉米贸易量的近 1/3。

（2）区分进口类别和优先序

从本研究涵盖的品种看，按供需情势划分，农产品未来大体可分为 4 类：一是基本自给产品。主要有水稻、小麦、蔬菜、水果、肉类、蛋类和水产品，这一类产品的国内自给率都能保持在 95% 以上。二是少量进口产品。进口量占国内消费量的 10% 左右，主要是玉米，这类产品的国内自给率能够保持在 90% 左右。三是部分进口产品。主要有食糖和奶类两类产品，这两类产品的国内自给率都将稳定在 60% 以上。四是大量进口产品。国内产量仅能满足少部分需求，主要消费需求必须通过进口解决，其产品分别是大豆和食用油，这两大产品的国内自给水平都较低，其中大豆不到 20%，食用油不到 45%。

从进口农产品的优先序与敏感性综合来考虑，玉米是发展中国家人口的重要口粮，大量进口玉米会引起国际恐慌，酒糟、苜蓿等作为玉米替代品，进口这类产品可减缓对国际谷物市场的冲击。牛羊肉作为我国少数民族地区重要的产业支撑和牧民收入来源，无限制地进口势必影响牧区产业发展和社会稳定。且一旦进口国发生严重的动物疫病，肉类进口必将受阻并引发国内市场动荡。项目组在吉林和内蒙古调研发现，走私和进口牛羊肉约占国内产量一半，同期相比，活牛羊交易数量减少 40%，交易价格活牛下降 10%、活羊下降 50%，养殖户收益受到明显冲击。因此，一是建议综合相关资源，建立覆盖国际国内的国家农业数据中心，运用遥感、大数据、云平台等现代信息技术，针对粮食等重要农产品的全球生产、库存、贸易及其交易信息，开展评估预测、分级预警与特殊保障措施规则研究等工作，提供信息发布和信息服务。二是加快构建农产品进口产业损害的应对机制，对玉米等谷物坚持进口配额管理，预判玉米、肉类等产品的贸易争端及救济措施。在未来突破玉米进口配额的情形下，确立我国玉米年度进口总量的上限，以不突破当年全球玉米贸易量 1/3 为要求，利用反倾销和技术壁垒限制进口，通过进口酒糟、苜蓿等替代品来解决国内饲料粮短缺问题。三是适度控制牛羊肉进口，严打走私，通过进口禽肉等满足国内肉类消费需求，重点扶持国内肉牛、肉羊产业。

（三）发展目标

为保障国家谷物安全、粮食安全和食物稳定供给，必须努力实现以下可持续发展要求。

到 2020 年、2030 年，我国谷物总产分别达到 5.85 亿 t、6.50 亿 t，播种面积分别降至 0.913 亿 hm²、0.907 亿 hm²，单产分别增至 6405kg/hm²、7170kg/hm²。其中，在 2020 年谷物总产增量中，北方谷物产量年均增速调低，增产份额降至 40%，南方和西部产量增速提升，增产份额各占 30%。

2020 年、2030 年粮食总产分别达到 6.4 亿 t、7.1 亿 t，播种面积分别降至 1.09 亿 hm²、1.05 亿 hm²，单产分别增至 5895kg/hm²、6750kg/hm²。

到 2020 年、2030 年，我国养殖业总产量分别达到 2.46 亿 t、2.87 亿 t，其中肉类总产量分别为 10 076 万、11 578 万 t；蛋类总产量分别为 3047 万、3324 万 t；奶类总产量分别为 4909 万 t、6284 万 t；水产品总产量分别为 6525 万、7500 万 t；同期，养殖业产值占农林牧渔业总产值的比例将逐步提高，分别达到 50.3%、53.5%，养殖业将成为我国农业的第一大产业。

未来园艺作物、经济作物总产出将保持持续增长态势，面积将基本稳定或有所缩减，主要依靠单产提升实现总量增加，供求基本平衡，产品自给有余。

未来经济作物总产出将稳步提升，随着进口加工增大和出口增多，供求缺口将呈现出先拉大再缩小的增长变化。

食物生产全程机械化和信息化技术体系基本形成，农业生态与环境整体改善，科技创新和应用的支撑作用显著增强，最终形成生产技术先进、经营规模适度、市场竞争力强、产地生态环境良好的食物生产可持续发展总格局。

（四）基础支撑和科技要求

1. 提高资源支撑能力

到 2020 年、2030 年，我国旱涝保收高标准农田应分别达到 0.5 亿 hm²、0.7 亿 hm² 左右，土壤有机质含量将在目前不到 1% 的基础上，分别提高到 1.05%～1.1%、1.2%；农机装备水平逐步增强，2020 年、2030 年农机总动力应分别达到 13 亿 kW、17 亿 kW（附表 4）。

2. 提高资源利用水平

逐步提升耕地产出水平和化肥农药投入资源的利用效率，到 2020 年、2030 年，每立方米水产粮分别达到 1.8kg、2.0kg；粮食单产应分别达到 5895kg/hm²、6750kg/hm²；农田有效灌溉率分别达到 60%、65%；农药利用率与化肥利用率逐步提高，2020 年、2030 年应分别达到 40%、45%，农作物秸秆综合利用率应分别达到 80%、90%。

3. 推进适度规模经营

在劳动力非农转移就业的同时，通过机械替代人畜力、培养职业农民，不断提高劳动生产率和专业化农户数量，扩大粮食经营规模，到 2020 年、2030 年每个劳动力平均产粮分别提高到 7320kg、14 500kg，家庭农场数量分别增至 110 万个、300 万个，其经营规模分别扩大到 10.7hm^2、13.3hm^2 左右；农作物耕、种、收综合机械化水平分别达到 70%、80%。

4. 加强科技支撑

增强科技对食物增产增收的支撑能力，到 2020 年、2030 年，良种覆盖率稳定在 98% 以上；农业科技入户率、农业信息化覆盖率均达到 100%；农业科技进步贡献率分别提升到 65%、70%。

5. 强化损耗控制

通过技术提升和设施完善，努力减少作物灾害损失，提高牲畜存活率，降低产后各环节损耗。到 2020 年，主要农作物病虫害损失率下降到 5%，猪、牛、羊、禽病死率分别下降到 5%、1%、3%、12%，水产品病害损失率下降至 12%。在产后环节，畜产品宰后损失率、粮食储运损失率、水果产后损失率、蔬菜产后损失率要分别控制在 4%、5%、12%、15% 以内。到 2030 年，作物灾害防治和动物疫病控制能力继续提升，粮食、畜产品、蔬果产品中间环节的损耗率进一步减少。

6. 加快环境治理

到 2020 年、2030 年，规模化养殖废弃物综合利用率分别提升至 75%、85%，农业用水功能区水质达标率大幅提高，应分别达到 80%、90%；农膜回收率应分别达到 80%、100%，废弃农药包回收率应分别达到 50%、80%。

（五）发展路径与战略

从以上预测看，未来我国每年食物需求总量将占世界生产总量的 1/4 ～ 1/3。我国的食物安全与食物保障体系是关系到中华民族乃至世界生存发展的重大问题。

因此，解决我国的食物问题，必须实施"以我为主、立足国内、确保产能、适度进口、科技支撑"及"谷物基本自给、口粮绝对安全"的粮食安全总战略，充分发挥粮食主产区的龙头作用，通过经营规模的扩大和科技、投入及政策等要素的集中投放，保障国家口粮供给安全，延长谷物生产加工营销产业链条，使种粮者获取更多收益，丘陵山地调整粮经结构，以农民增收为导向，节本增效，走出一条既可实现食物生产增长又能实现农业可持续发展的可行路径。

1. 充分发挥光、温、水、土资源匹配的禀赋优势

以粮食主产区为依托，以种粮大县（市）为重点，充分发挥地域特有的自然资源禀赋，直接减少生产要素的投入并降低成本。一是充分发挥南方光热资源丰富、雨热同季的自然优势，提高粮食复种指数；加速推进农业机械化，以弥补务农劳动力紧缺、难以实现规模化经营的难题。二是发挥城乡生产消费一体化的地理区位优势。针对主体功能区推进城镇化大发展的要求，调整大规模、长距离、高耗能的"南菜北运"的不合理格局，在蔬菜等园艺产品的生产布局上以城镇周边地区为主体。引导人口分布、食物生产布局与资源环境承载能力相适应，促进人口集聚、农业发展与资源环境的空间均衡。

2. 充分发挥科技置换要素投入的替代优势

以家庭农场和种植大户等土地经营规模化、分散小农经营服务社会化为推进方向，促进良种、良法、良田的综合利用，如杂交水稻品种，其单产是传统品种的数倍；测土配方施肥技术可降低化肥使用量10%～30%；病虫害统防统治可节省用药成本35%，节约用工成本10%，还可减轻环境污染。通过中低产田改造，一亩*好地可抵过去两亩差地的收成，改造后相当于增加了一倍的生产面积。因此，未来我国需要培育一大批适应机械化作业、设施化栽培、高产、优质、多抗、广适的新品种，突破应对生物灾害和自然灾害的重大关键技术，以及农机装备、节本增效、绿色农用投入品等关键技术，为粮食稳定增长提供科技支撑。也就是说，在不扩大食物耕地规模的情况下，通过推广先进技术，实现粮食生产面积内涵式增长和总产的提升，是未来我国食物生产的必然趋势。

3. 充分发挥农机规模化高效生产的优势

我国未来现代农业的发展以机械替代人畜力为主要特征，以适应农业劳动力非

---

* 1 亩≈666.7m²，下同。

农转移和种粮者减少趋势，通过扩大经营规模和实行标准化、专业化生产，大幅度提高农业劳动生产率。大力提高现代农业机械化和信息化装备水平，大面积推广精准耕整、播种、灌溉、施肥、施药和收获技术，从而节约要素投入，提高资源利用效率和生产效益。从整体上促进我国的农业机械化向机械化和信息化农业发展。

4. 充分发挥食物产后加工升值的产业优势

现代食物加工业和制造业，不仅可以延长食物产业链、提高食物附加值、增加就业，还能适应城乡居民对方便加工营养食品的多样化需求。在食物加工制造中，通过辐照、发酵、低温急冻冷藏、挤压膨化、非热杀菌等高新技术的应用，还可改变食品的营养组成、提高食品营养成分的生物利用率、改善食品的可口性、经济性及提高食品的安全性、储藏性、方便性，极大地丰富了城乡居民消费的食物种类，满足市场供求。

5. 充分发挥资源综合利用和保育的循环优势

在食物生产全程中要贯穿资源节约、循环利用和生态友好的原则，将绿色、无污染、安全、优质农产品作为产出目标，通过食物链加环和生态产业链延长，推进形成"丘陵山地综合开发""庭院生态经济综合利用""农业废弃物综合利用""立体农业种养"等具有地域特色的良性循环增值的发展模式；通过与传统农业技术结合运用，广泛使用免耕覆盖技术、立体种植技术、规模养殖技术、清洁生产技术，尽可能地利用当地生态系统中的可再生资源；严格控制农业污染的蔓延并实行源头治理；保持农业生态系统及其周边小生境的生物多样性，使食物生产与农村生态环境的改善、生态文化建设协调发展，形成生态和经济上的良性循环。

6. 充分发挥国内外两种资源、两个市场的调节优势

随着农业资源与要素在全球各国间流动和重组的加快，国内支持农业"走出去"战略实施的政策日益强化，我国境外农业资源合作开发能力将不断加强。从对国际市场依存度看，我国进口量占全球贸易量比例在60%以上的为大豆；在40%以上的为羊毛、棉花；在16%以上的为棕榈油；在5%～10%的为奶粉、油菜籽、食糖；低于5%的有猪肉、鸡肉、牛肉；2%以下的是小麦、大米和玉米。并且，随着生产成本的提高，国内外农产品价格倒挂严重，未来我国进口压力激增。为确保食物有效供给，应分类实行贸易调节，按照需求层次和要求的不同，坚持进口控制有度

和走出国门能够获利的原则，确定相关产品的贸易优先序。

为突破食物生产约束瓶颈，挖掘食物增产增收增效潜力，实现食物生产发展预期目标，必须着重实施好以下八大发展战略。

（1）实施粮食园艺产业布局区域再平衡战略

粮食增产着眼于谷物供求基本平衡，通过"北方稳定性增长、南方恢复性增长、西部适度性增长、全国均衡性增长"总体布局的科学调整，确保"谷物基本自给、口粮绝对安全"的核心目标。一是稳北，北方应将生态维护放到优先位置，适当放缓谷物增长态势，着力缓解水资源紧缺压力，为农业生态系统恢复和农业生产能力稳定提升腾出空间。二是南恢，历史上南方一直是我国的鱼米之乡，具有光热资源丰富、雨热同季的自然优势，复种指数高，但难点是务农劳动力紧缺、种粮效益差、丘陵山地多、配套农机具缺乏，未来应重点通过耕地平整改造、土地股份合作和小型化农机作业等措施，保持现有播种面积不变，努力提高单产、增加总产。同时，进一步明确江苏、浙江、广东、福建等南方传统产粮区的粮食增产要求，强化该类地区的粮食生产责任，增大地方财政对粮农的收益支持和农业公共投入，确保本地区粮食耕地不被占用、粮食播种面积不缩减、粮食生产能力有提升。三是拓西，我国西部农业多为旱作农业和绿洲农业，未来谷物生产具有一定潜力，粮食生产宜采取适度性增长策略，但其开发前提是不破坏生态环境，以高效利用水资源为核心。大力推行高效旱作节水、覆膜及双垄沟播等技术，提高谷物单产。园艺产业着眼于周年供应均衡、产品质量安全的可持续发展要求，应在城市周边实行就近布局，扩大大中城市郊区"菜篮子"产品生产基地规模，采用高新技术装备并推行集约化设施栽培，既可调剂出部分优质耕地转用于粮经饲作物生产，又能减少远距离储运的产品损耗及能源消耗。

（2）实施经济作物优势区稳健发展战略

经济作物应以提高综合生产能力为根本出发点，在优先保证粮食生产的同时，以提高单产、实现综合生产能力稳步提升为目标，保持产品供求总量基本平衡，做到不与粮争地。棉花坚持"三足鼎立"，适当控制或降低西北特别是新疆棉花的比例；花生和糖料以稳定和恢复种植面积为主。充分利用空闲地和非耕地等土地资源，利用沙壤地发展花生产业，利用南方冬闲田发展油料产业，利用山坡地发展木本粮油产业。

（3）实施农牧结合科技示范推广战略

目前，我国农业生产存在饲料粮需求快速增加与秸秆浪费严重、土地肥力下降与畜禽粪便资源化利用率偏低等矛盾，在稳定能量饲料的基础上，应重点发展蛋白质饲料，尽快实施农牧结合科技示范工程，促进种养业循环发展。一要大力推进三元种植结构。大力发展农区草业，将农户牧草种植纳入粮食生产优惠政策予以支持，推进优质牧草和饲用玉米种植，鼓励南方冬闲田种植牧草，到2020年争取使耕地种植的饲料作物（牧草、青贮玉米等）面积比目前增加一倍，拓展饲料进口渠道，加强对玉米及玉米酒糟进口的监测预警，有效缓解国内饲料粮紧缺状况。二要按照"壮大龙头、适度规模、强化协作"的规模化推进思路，优化粮田和畜禽养殖场布局，合理控制不同区域养殖总体规模，配套建设畜禽养殖场，实行农田和养殖场布局一体化建设。三要对畜禽粪便有机肥使用实行补助，推广应用畜禽粪便无害化、能源化和资源化利用技术。构建集良种繁育、饲料加工、疫病防控、污染防治、现代加工于一体的动物科技创新体系，控制重大疫病及人畜共患病，加强动物源食品安全风险评估；推进品牌建设，提升养殖业综合效益和后续加工附加值。

（4）实施农产品加工业技术提升战略

一是加快研发和引进先进加工技术，促进农产品加工方式转变。研发各种新型生物的、低温的、温和的分离技术、灭菌技术、粉碎技术、成型技术等。大力发展环境友好型加工技术与装备，减少污染物排放。二是加快研发新型食品类型的创制技术，如大豆以外的淀粉质杂豆的系统开发。研制食品资源梯度增值开发技术，提高食品原料利用效率和附加值。重视食品营养保全加工技术的推广和应用，减少过度加工对食物营养物质的损耗和浪费。三是以"消费驱动"作为食品产业科技创新动力，大力推动中国传统食品现代化和工业化发展进程，弘扬中国传统饮食文化，振兴中国传统食品工业。四是加大对食品加工副产物资源高效再利用（生物转化）技术的研发力度。加快食品天然绿色加工技术、新资源食品开发利用新技术、天然绿色食品添加剂的制备技术和智能化、个性化食品加工技术和装备的研发及推广。

（5）实施农业科技创新分层推进战略

一是破解提高耕地效益的科技难题，加快选育突破性品种；合理利用耕地资源，优化作物布局，推行间套复种；研发作物生长监测调控技术，强化作物病虫害综合防治；破解作物生产全程机械化的共性关键技术，依靠科技推进农业副产物的循环利用。二是破解资源约束型农业科技难题，提高耕地利用效率，重点开发不同区域中低田治理技术、西北旱区水资源利用与节水技术、南方丘陵山区坡地利用技术等。三是破解非生物逆境干扰的重大科技需求，包括应对气象灾害、土壤污染等重大技术难题。

（6）实施机械化农业和信息化农业推进发展战略

一是针对我国不同区域地形地貌特点及农作物类型，加快推进水稻种植和玉米收获机械化，重点突破棉花、油菜、甘蔗收获机械化瓶颈，大力发展化肥农药减施机械与装备，积极推进养殖业、园艺业、农产品初加工机械化。二是进一步加强农机试验鉴定、安全监理、农机维修、教育培训等公共服务条件建设，进一步提升农业机械化公共服务能力；改善机耕道、机库及其保养条件。在规划、用地、投入等方面积极支持农机专业合作社。三是用信息化技术提升农业机械化水平，提高农业机械化生产作业监管、调度与服务能力。

（7）实施农田生态系统恢复与重建战略

近年来，我国化肥、农药不合理施用，农村生活垃圾和污水灌溉等，造成农业面源污染加剧和农村生态环境恶化。为此，首先应尽快实施农田生态系统保护与重建工程，采取减量、循环和再利用技术，加强对水土资源的保护，大力发展生态农业与循环农业，充分发挥农田生态系统对氮、磷的吸纳和固定作用等生态服务功能，减少农业面源污染。其次采用控源、改土、生物修复、加工去除等综合技术，加大对南方稻作区等地区重金属污染的综合治理，促进粮食的安全生产和可持续发展。最后积极探索农业生态补偿等政策措施。

（8）依据消费用途实施差别化贸易战略

针对不同粮食品种实行一揽子粮食贸易战略，按照 4 类贸易要求，确立依靠国际市场和国际资源供给的品种、供求缺口及进口来源。高品质强筋和弱筋小麦的进口应以满足国内不同层次多样化的消费需求为目的，应稳定贸易伙伴，继续保持现有的关税配额并予以保护；稻谷应适当进口亚洲国家的优质大米以满足国内消费需求。玉米作为审慎放开的品种，应制定优惠政策消化国内库存，放宽对民营企业玉米进口配额的限制，实施进口国多元化的战略，推进落实与阿根廷等南美洲国家的玉米贸易协定，分散进口以降低市场风险。鼓励国内大型企业通过参股与控股方式，参与国外农业综合开发和全球供应链建设。鼓励大型企业到资源丰富的国家，建立相对稳定的收购、仓储、加工、运输体系，以控制进出口渠道和定价权。同时，制定合理的进口储备制度，提高我国的贸易话语权。建立国际贸易生产风险预警与快速反应机制，减少进口对国内食物生产的冲击。

五、确保食物安全可持续发展的工程措施

未来实现国家食物安全可持续发展,其关键是要着力开展食物生产能力的建设,全面提升食物的综合生产能力、抗风险能力和市场竞争能力,将发展重点聚焦到重大工程、重大项目上来,实现重点突破。

（一）高标准农田建设工程

根据我国当前粮食生产水土资源和科技资源现状,考虑到我国未来粮食需求增长和耕地非农化及非粮化因素,建议逐步扩大高标准农田建成规模,2020 年、2025 年分别达到 0.533 亿 hm²、0.667 亿 hm²,主要用于水稻、小麦、玉米等谷物生产;播种面积稳定在 0.9 亿 hm² 左右,平均单产增至每公顷 6750 ～ 7500kg,形成5.85 亿～ 6.50 亿 t 的粮食（谷物）综合产能,有效保障谷物基本自给和口粮绝对安全。合理设立新标准,细化高标准农田产出标准,建立两个大类多个档次类型,建议分为单产量 7500kg/hm²、6750kg/hm² 左右的高产田和中产田,其中按照干旱、半干旱和湿润地区确立相应大类中的不同产出档次,以及相应的投资标准及量化要求。设立新建地块规模标准,南方最小地块原则上不低于 0.7hm²,北方不低于 2hm²。提高保水保肥能力标准,建议水田和旱地的土壤耕层深度应分别提高到 15 ～ 20cm和 30 ～ 40cm。农田水利配套设施设计标准为十年一遇,灌溉保证率为 90% 以上。提高工程效能标准,田间基础设施效能时限至少达到 30 年,使农田防灾减灾能力及工程效能得以总体提升。

（二）中低产田改造工程

首先,以地力培肥和农田基础设施建设为重点,在耕地土壤退化、养分非均衡化、土壤污染等问题严重的地区,通过"增""提""改""防"措施,重点解决耕地水、肥、气、热不协调问题,全面改善土壤的物理、化学和生物性状。提高耕地等级 1 ～ 2 级,提高粮食单产 1500 ～ 3000kg/hm²,使其粮食综合生产能力稳定在每公顷 6000kg 以上,达到高产田水平。其次,以推广测土配方施肥技术为重点,提高肥料利用率。大力推广测土配方施肥技术,开展肥料肥效区域试验,制订不同区域作物施肥指标,

培训和指导农民科学施肥。最后，加强盐碱化、沙化和严重干旱"三田"综合改造与治理。在盐碱地严重地区，采取秸秆还田、增施石膏、增施有机肥、扣压绿肥、施用草炭及排涝排盐、灌水泡田等改良措施；在土壤沙化严重地区，采取造林育草、防风固沙、客土掺沙、粮草轮作、种植绿肥、增施有机肥等治理措施；对于严重干旱耕地采取兴修中小型农田水利设施、实施坡耕地治理等工程措施并推广旱作农业、节水灌溉、保护性耕作、农田保墒等措施。通过实施"三田"治理，提升粮食单产 2250kg/hm^2，使其综合生产能力提高到每公顷 5250kg 以上，达到中产田水平。

（三）水利设施建设工程

推进灌区重点水利工程建设。继续完成黄河中下游、黄淮海平原等大中型灌区续建配套和节水改造，进一步提高农田水利工程抗御干旱等自然灾害的能力。注重小型农田水利基础设施的配套、改造和完善。明确将水泵、水管、喷灌机、坐水播种机等抗旱机具列入国家农机具购置补助范围，确保小型农田水利工程的功效。在区域农田水利基础设施建设中，应明确灌区重点水利工程，将目前实施的危险水库除险加固、大中型灌区续建配套与区域节水改造、农业综合开发土地治理和国土整治等项目相结合，发挥"水源-骨干工程-田间工程"系统改造的综合效益。明确农田水利基础设施建设的重点内容，如在粮食主产区已经进行骨干工程续建配套与节水改造的大中型灌区田间工程改造，已经完成除险加固的水库灌区的节水改造，以及水资源紧缺地区、高效经济作物种植区的高效节水灌溉和贫困丘陵山区的雨水集蓄利用等。

（四）旱作节水与水肥一体化科技工程

近年来的生产实践表明，在我国西北适宜地区实施地膜覆盖、土壤培肥、保护性耕作等旱作农业综合措施，可使粮食产量大幅增加。北方旱作区如采用全膜双垄沟播、膜下滴灌等旱作节水技术，可使现有覆膜种植的玉米每公顷增产 3000kg、露地玉米每公顷增产 6000kg，这对稳定北方旱作农区粮食供给、支撑西部养殖业发展和保障国家粮食安全具有重要战略意义。建议以膜下滴灌、全膜双垄沟播及农膜回收、梯田建设技术为重点，在生态稳定恢复的情况下，力争使西北地区成为我国粮食生产的重要基地之一。海河流域包括北京、天津、河北、山西、山东等 8 个省（自治区、直辖市）的全部或者部分地区，面积为 31.8 万 km^2，总人口为 1.5 亿人，光热条件良好，农业发展潜力大，若能解决水资源短缺问题，可使谷物单产水平均提高 1500kg/hm² 左右。建议实施海河流域水肥一体化科技工程，通过发展现代节水灌溉系统等措施，对作物水肥需求进行有效管理。到 2020 年，使该技术覆盖海河流域的 333.3 万 hm² 耕地，小麦、玉米增产 10%～30%、节水节肥 30% 以上，在大幅提高水肥资源有效利用率的同时，有效改善农业生产对水资源的需求压力。

（五）玉米优先增产工程

目前我国已进入玉米消费快速增长阶段，玉米贸易在 2010 年发生逆转，且净进口数量不断增加。从发展趋势来看，玉米将是我国需求增长最快、增产潜力最大的粮食品种，抓好玉米生产，就抓住了粮食持续稳定发展的关键。根据玉米供需长期趋势，在坚持立足国内保障基本供给、充分利用国际市场资源的原则下，建议提升我国玉米综合生产能力，实施玉米优先增产工程。首先，应加快培育玉米新品种：通过玉米种质资源引进、挖掘和创新利用，着力培育抗逆、高产、优质、适于密植和适于机械化作业等具有重大应用价值和自主知识产权的突破性新品种。其次，积极推进机械化技术：大力推广玉米机械化深松整地和精量播种，推广农机、农艺融合模式化作业；将发展玉米籽粒直收机作为推进玉米生产全程机械化的重点，组织开展玉米收获关键技术和机具研发。

（六）现代农产品加工提质工程

一是实施关键食品加工装备创新工程，重点开发方便化主食品（米饭、馒头、面条、水饺等）加工关键技术与成套装备，以及新型节能环保谷物与豆类干法分离核心装备。二是实施薯类作物利用创新工程，完善薯类贮藏技术，推动薯类制品标准化，力争在薯类方便食品、主食品应用、健康食品与食品配料及深加工开发等方面形成产业化。三是研发健康全谷物食品，开展全谷物营养与代谢、全谷物食品与配料加工新技术的新工艺、谷物营养品质改良等方面的研究，提出适合我国国情的谷物消费健康标准，制定全谷物食品的产品标签、标识和标准，开发系列营养、健康且适口性好的糙米与发芽糙米及其制品、全麦粉及其制品、特色杂粮食品等全谷物食品。四是发展食品加工副产物再利用技术创新工程。改变食品过度精细加工，减少加工不合格产品的数量，制订合理的废弃物形成目标控制值，并根据废弃物的种类实施再利用创新工程。

（七）现代农资建设工程

加强种子工程建设。构建商业化育种体系，促进种子企业逐步成为商业化育种的主体；开展农作物种质资源普查、搜集、保护、鉴定、深度评价和重要功能基因发掘，建设种质资源共享平台，加强种业基础性、公益性研究；加强种子生产基地、基础设施建设，建设现代化种子加工中心和配送体系；加强种子市场监督，健全种子质量监测机制。以发展农资连锁经营和物流配送为重点，构建以现代流通方式为支撑、以先进实用技术为手段的农资现代经营服务网络。利用供销合作社农资经营网络资源，培育全国性和区域性农资经营龙头企业，采取"龙头企业＋配送中心＋经营网点（连锁店、加盟店、农家店、综合服务社）"的经营模式，规划建设区域物流配送中心和服务中心。依托专业合作社开展统一配方施肥、统一病虫害防治等专业化服务。

（八）农村水域污染治理工程

开展农村河道治理工程建设。推进农村小河道、小排水沟、小坑塘的疏浚和清淤，实现水系连通，恢复水流的自然流动状态，提高水体的自净能力。扩大生态清洁小流域建设，强化生态修复、生态治理、生态保护、增添水污染治理、垃圾清运、厕所环境治理等内容，统筹解决水土保持、水污染防治、环境美化等治理目标。建设一批标准化、规模化、设施配套化的生态清洁小流域，建立综合防护体系，显著改善小流域水质和人居环境。实施水土保持试点工程，以水土流失综合治理和监测为切入点，开展小流域综合治理、生态修复、农村生活污水及畜禽污染物处理和绿色农业示范等工程建设。

（九）农业机械化拓展工程

一是加快推进种植业生产全程机械化，包括产前种子精选，产中耕、种、管、收，产后干燥、储藏、加工等生产环节，突破水稻种植、玉米收获、马铃薯种植与收获、棉花采摘、油菜种植与收获、甘蔗种植与收获、水果种植与蔬菜种植和田间管理机械化等薄弱环节的关键技术，推进设施园艺机械化，发展基于清洁能源的设施园艺设备。实现作物品种、栽培技术和机械装备的集成配套。二是大力拓展不同产业领域生产机械化。推进畜禽与水产养殖业机械化，重点解决饲草料生产与加工、智能饲喂、疫病防控、废物处理、环境控制等机械化和信息化管理技术。促进大宗粮食作物和鲜活农产品初加工机械化，重点发展粮食烘储和果蔬商品化处理等产地加工技术，提升农产品初加工机械装备重大关键技术的创新能力和推广应用能力。三是加强丘陵山地机械化发展，重点研发适宜丘陵山地机械化作业的轻便农业机械。四是完善种植业和养殖业机械化标准及统计规范。

（十）农业信息化提升工程

一是建立国家农业信息基础数据库。综合利用卫星遥感等现代技术手段，建立1：5万大比例尺农业基础地理信息数据库，以及耕地数量和质量、土壤重金属、气象因子、种植养殖、农业机械、人口劳力等方面的基础数据库，建立农业资源管理信息系统，为指挥农业生产和农业宏观决策提供基础信息支持。二是建立和完善农情信息监测体系。基于现代信息技术，建立农作物长势、病虫害、灾害，动物重大疫病，农产品质量安全和农产品产销信息等方面的动态监测体系，提高农情调度、植物重大病虫害监测、畜禽重大疫病监管、农产品质量监测和趋势预测能力，建立全国农机跨区指标调度系统和安全事故监管系统。三是加快信息与农业生产的深度融合。大力开展现代物联网、精准农业、农业智能装备技术等集成应用，实现种植业耕整、播种、施肥、灌溉、喷药的精准投入和科学管理，实现养殖业动物精细饲养、疫病动态监测预警与科学防治，提高农业生产信息化、智能化水平。建立农机田间作业工况监测和优化调度系统，提升农机田间作业质量和效率。四是大力发展农产品电子商务。充分发挥"互联网＋"带动农产品销售的巨大优势作用，推动千家万户小生产与大市场的有效对接，强化农产品网购投诉处置、质量监管及农产品品牌推介，加强农产品质量标准建设，完善农产品物流基础设施，加强农产品批发市场和农产品物流配送点信息化建设，以农业企业、农民合作、专业大户为重点，大力发展农业电子商务，建设农产品跨境电子商务通关服务平台和外贸交易平台。五是建立国家农业信息服务云平台。完善农村信息通信基础设施，大力发展农村移动互联网技术应用，加强现有农业信息服务系统整合和各类涉农信息资源深度开发，构建国家农业信息服务云平台。加快推广适合农民和农村基层农技人员使用的低成本信息终端，建立以信息化为支撑的新型农技推广网络，提高综合信息服务能力和个性化服务水平，繁荣农村社区、支撑现代农业、培育新型农民、普惠城乡民生。

六、促进食物安全可持续发展的政策建议

综合以上研究结论，未来促进我国食物安全可持续发展的总体思路及总要求是：稳保口粮，分类调控；产区依托，规模扩大；效益导向，补贴加强；工程推进，投入跟上；科技支撑，管理创新。由此提出的保障措施及政策建议如下。

▌（一）严守耕地和农业用水红线，编制粮食生产中长期规划

一是严格落实耕地数量与质量保护责任制，严禁占用优质耕地，对严重污染和地下水严重超采区的耕地进行治理或调整其用途。二是建议国务院成立专门领导小组对粮食安全进行统筹管理，明确将播种面积及粮食产量，尤其是单产纳入省长"米袋子"考核指标；在维护生态的基础上，通过盐碱地开发和荒山荒坡治理等途径，适当增加耕地；积极探索"先补后占、质量相等、谁补谁占"的长效机制，确保耕地生产能力占补平衡，禁止异地占补；严格耕地红线制度和土地变性审批制度的督查，将实施高标准农田建设的地块划入永久粮田。三是设立农业灌溉用水总量不低于 3600 亿 m³ 的农业用水总量红线，研究"北粮南运"的水资源向南方转移的区域补偿机制。四是科学编制全国粮食生产功能区规划，明确界定各区的战略目标及方向，将"北方稳定、南方恢复、西部适度、全国均衡发展"作为"十三五"时期我国粮食生产的总体战略。

▌（二）完善支持政策，强化对食物生产的支持和保护

一是强化保障措施，继续加大对粮食主产区的倾斜力度。建议按照粮食产量比例分配全国农业补贴资金，将补贴资金与粮食保障责任和粮食生产成本（包括潜在环境成本）挂钩；增加对商品粮生产大省和粮、油、猪生产大县的奖励补助，建议设立粮食生产功能区，启动国家口粮安全计划，对纳入计划的粮农，国家给予目标收益补贴，对参与计划的县级政府，中央财政按照不低于全国人均财力水平的标准，给予均衡性转移支付支持，力争到 2020 年使产粮大县人均财力水平达到全国和全省平均水平；要求主销区到主产区投资建设粮食生产基地，承担国家粮食储备任务；

对地方财力较强的粮食非主产区，降低其粮食风险基金的中央比例。二是按照增收增产与可持续发展并重的要求，完善补贴制度。维持种粮直接补贴和部分地区到户的良种补贴等普惠性补贴规模不变、标准不降低，强化对新型经营主体的补贴力度；建立并完善农资综合补贴动态调整机制；农机购置补贴优先支持农机合作社和农机大户，扩大农机重点作业环节补贴；整合病虫害防控补助政策；加大经济作物生产环节的补贴力度，扩大园艺作物补贴范围。三是构建农业面源污染控制的生态补偿机制。在严重污染和地下水超采严重地区实施休耕补贴。在水源涵养地和江河源头区，规划生态敏感区、畜禽禁养区和生态养殖区；对退耕还林（草地、湿地）的农户，由国家和流域下游分摊其建设费用及经济补偿。

（三）创新经营方式，培育新型农业经营主体

一是鼓励农民开展多种形式的股份合作经营，积极推进土地股份合作，加快集体资产股份化改革。支持农民合作社兴建加工储藏、冷链运输等服务设施，开展农机、植保资料、生产资料配送等社会化服务，培育"代育、代种（栽）、代管、代收"服务模式。二是规范发展专业种养大户和家庭农场，通过项目重点倾斜，提高家庭经营规模化、集约化水平，改善生产设施条件。三是通过税收、贷款等优惠政策，吸引各类人才到农村创办现代农业企业，加快形成从种植到销售的市场化、专业化的粮农、菜农和果农等。四是强化新型职业农民教育，继续大力实施新型职业农民培育工程。恢复和扶持农机职业教育，加快农机类中等职业教育免费进程，鼓励涉农行业兴办农机职业教育，广泛开展基层农技推广人员分层分类定期培训，加大农村教育投资力度，建立对农业生产、技术指导、市场营销等农村实用人才培训补助制度。

（四）加快农业科技创新，加大适用技术推广力度

一是实施项目驱动，推动整建制大面积均衡增产，以市（县）为单位构建种植业产业技术体系，形成从种到收的"套餐式"技术组合。二是加强抗旱作物品种的选育。挖掘作物自身节水潜力，大力研发节水灌溉设备；加强旱地农业技术集成攻关，提高自然降水利用率；鼓励企业技术创新，推动节水农业技术服务社会化。三是加快制定园艺作物良种苗木繁育技术规程。重点建设一批优势园艺作物良种苗木

繁育基地，逐步形成资源保存、育种繁育场、繁育基地相配套的良种苗木繁育体系。进一步加强园艺产品贮藏保鲜和深加工技术的研发。四是推广经济作物节水灌溉技术、深耕技术、秸秆还田技术和农田残膜清理技术，开发农艺替代地膜技术，研发工厂化育苗，机械化移栽、管理、采收，病虫害测报和喷防等现代农业装备。推行政府购买农业技术推广服务，鼓励支持各类企事业机构参与农技推广。

（五）加大对农业的财政投入和金融支持，提高资金使用效率

一是加大国家财政对农业和粮食生产的投入，确保财政支农资金对农业基础设施建设投入增量明显高于上年，大幅增加财政对高标准农田建设、农田水利建设的专项资金投入，以及对农业科技的投入。尤其要按照新思路、新要求、新标准、新机制，加快实施 10 亿亩高标准农田建设重大工程，到 2025 年建成 10 亿亩高标准农田，10 年总投资 54 500 亿元，平均每公顷投入 81 750 元。统筹支农资金配置管理，不断完善和提高支农资金使用效率。二是设立专项基金，加强中低产田改造和农田水利基础设施建设。建议从土地出让金的收益中提取不低于 15% 的资金用于中低产田改造和标准粮田建设，提取 10% 用于农田水利建设；各级财政每年从预算中安排不少于 3% 的专项资金，用于当地中低产田的治理、开发和利用。高标准农田建设的总体布局要向全国 800 个产粮大县倾斜，并优先支持家庭农场、种粮大户、农民合作社等新型农业经营主体。三是拓展农产品加工融资渠道，设立以农产品加工高新技术改造为宗旨的社会产业投资基金。对农产品加工企业研发新产品、新技术、新工艺所发生的成本费用给予税收优惠。对进口国内不能生产的农产品加工装备和先进技术，免征进口关税和进口环节增值税。以财政补贴的方式鼓励金融机构积极发展小额信贷和专项贷款，促进农业产业化发展。

（六）转变政府职能，明确公共服务的绩效和职责

一是加快建立城乡统一的建设用地市场，缩小政府征地范围，规范征地程序，完善对被征地农民合理、多元化的保障机制；在规划和用途管制下，允许农村集体经营性建设用地出让、租赁、入股，与国有土地平等进入非农用地市场，形成权利平等、规则统一的公开交易平台，实行与国有土地同等入市、同权同价的政策；通过公共设施、民生服务项目的投入带动，激发农户、合作社、村集体等市场主体在

农村经营二三产业的积极性。二是落实农田水利基础设施建设中的政府职责。将农田水利建设纳入公共财政支持范围，以财政补助为引导，带动农民出资投劳开展农田水利建设。加快建立"产权明晰、责任明确、管理民主"的农田水利工程产权制度，确立农田水利基础设施维护、保养和使用的权责。农村用水工程的建设与改造由农民用水合作组织或村组、农户负责，但要纳入国家农田水利建设或灌区建设规划，并安排一定的资金，通过"以奖代补"或"民办公助"的方式给予补助。三是采取严厉措施遏制食物浪费。通过科技、政策等手段对食物各个环节的浪费进行监管，对社会餐饮浪费进行监督和处罚。采用多种途径和方式加强公民节约食物教育，推行可持续饮食，倡导健康饮食行为及文化。

（七）完善法律法规标准，推进现代农业发展进程

一是制定发布《基本农田保护法》，将建成的高标准农田确定为"永久粮田"并划定红线予以保护；同时，把高标准农田落实到地块和农户，实行权属登记管理，确保用途不改变、质量稳步提升。二是健全我国农业面源污染防治的制度化体系。制定土壤及农产品重金属污染和农药残留的安全标准。推行高毒农药购买实名登记制和农产品生产销售的可追溯制度。三是构建农产品加工业新型管理体制及运行机制，加快建立农产品加工标准化体系和全程质量控制体系及监督机制；加强农产品加工原料基地的标准化建设，促进科技成果转化。四是推进农村金融改革及法规完善。构建农村合作金融体系，加快组建农村信用社市（地）联社进程，提升农村金融服务的效率和效能。尽快出台《合作金融法》《合作金融监管条例》等法律法规。支持金融机构扩大对农民拥有的林权、土地流转承包经营权、住房财产权的抵押贷款试点，拓展农村融资渠道。开放农村金融服务市场，发展并允许民营金融组织参与现代农业和农村二三产业建设。

附表 1　当前我国主要食物供需平衡表

	品种	产量 /万 t	面积 /亿 hm²	单产 /（kg/hm²）	消费量 /万 t	人均消费量 /（kg/a）	供需缺口 /万 t	自给率 /%
粮食	水稻	20 361	0.303	6 720	20 229	149.0	−132	100.7
	小麦	12 193	0.241	5 055	12 920	95.0	727	94.4
	玉米	21 849	0.363	6 015	18 335	135.0	−3 514	119.2
	其他谷物	1 031	0.031	3 360	1 265	9.0	234	81.5

续表

	品种	产量 /万 t	面积 /亿 hm²	单产 /（kg/hm²）	消费量 /万 t	人均消费量 /（kg/a）	供需缺口 /万 t	自给率 /%
粮食	谷物合计	55 434	0.938	5 910	52 749	388.0	−2 685	105.1
	大豆	1 195	0.072	1 665	7 398	54.0	6 203	16.2
	薯类及杂豆	3 565	0.133		3 644	27.0	79	97.8
	粮食合计	60 194	1.138	5 289	63 791	469.0	3 597	94.4
园艺 作物	蔬菜	73 512	0.207	35 565	72 542	533.0	−970	101.3
	水果	25 093	0.127	19 815	24 938	183.0	−155	100.6
经济 作物	食用油	1 150	0.140		3 330	25.0	2 180	34.5
	食糖	1 080	0.020		1 350	10.0	270	80.0
动物 产品	肉类	8 535			8 630	63.5	95	98.9
	蛋类	2 876			2 867	21.1	−9	100.3
	奶类	3 531			4 496	33.0	965	78.5
	水产品	6 172			6 193	45.5	21	99.7

注：粮食、园艺产品和动物产品为 2013 年数据，经济作物为 2012 年数据

附表 2　预计 2020 年我国主要食物供需平衡表

	品种	产量 /万 t	面积 /亿 hm²	单产 /（kg/hm²）	消费量 /万 t	人均消费量 /（kg/a）	供需缺口 /万 t	自给率 /%
粮食	水稻	20 706	0.280	7 395	20 306	143	−400	102.0
	小麦	12 994	0.240	5 415	12 780	90	−214	101.7
	玉米	23 500	0.360	6 525	25 000	176	1 500	94.0
	其他谷物	1 300	0.033	3 900	1 400	10	100	92.9
	谷物合计	58 500	0.913	6 407	59 486	419	986	98.3
	大豆	1 300	0.067	1 950	8 747	62	7 447	14.9
	薯类及杂豆	4 200	0.107		4 267	30	67	98.4
	粮食合计	64 000	1.087	5 888	72 500	510	8 500	88.3
园艺 作物	蔬菜	78 000	0.207	37 740	76 850	541	−1 150	101.5
	水果	31 000	0.120	25 830	31 000	218	0	100.0
经济 作物	食用油	1 300	0.140		3 550	25	2 250	36.6
	食糖	1 250	0.020		1 850	13	600	67.6

续表

品种		产量/万 t	面积/亿 hm²	单产/（kg/hm²）	消费量/万 t	人均消费量/（kg/a）	供需缺口/万 t	自给率/%
动物产品	肉类	10 076			10 276	72	200	98.1
	蛋类	3 047			3 045	21	−2	100.1
	奶类	4 909			6 276	44	1 367	78.2
	水产品	6 525			6 525	46	0	100.0

附表 3　预计 2030 年我国主要食物供需平衡表

品种		产量/万 t	面积/亿 hm²	单产/（kg/hm²）	消费量/万 t	人均消费量/（kg/a）	供需缺口/万 t	自给率/%
粮食	水稻	20 900	0.267	7 845	21 000	140	100	99.5
	小麦	13 355	0.213	6 255	13 500	90	145	98.9
	玉米	28 745	0.387	7 425	31 745	212	3 000	90.5
	其他谷物	2 000	0.040	4 995	2 100	14	100	95.2
	谷物合计	65 000	0.907	7 170	68 345	456	3 345	95.1
	大豆	1 350	0.060	2 250	9 750	65	8 400	13.8
	薯类及杂豆	4 650	0.087		4 405	30	−245	105.6
	粮食合计	71 000	1.053	6 750	82 500	550	11 500	86.1
园艺作物	蔬菜	93 000	0.207	45 000	90 000	600	−3 000	103.3
	水果	44 000	0.100	43 995	43 000	287	−1 000	102.3
经济作物	食用油	1 600	0.140		3 750	25	2 150	42.7
	食糖	1 550	0.020		2 300	15	750	67.4
动物产品	肉类	11 578			11 878	79	300	97.5
	蛋类	3 324			3 300	22	−24	100.7
	奶类	6 284			7 880	53	1 596	79.7
	水产品	7 500			7 500	50	0	100.0

附表 4　未来我国食物安全可持续发展指标要求

指标领域	指标名称	2013 年	2020 年	2030 年
资源支撑	耕地面积/万 hm²	13 513.3	12 133.3	12 000
	旱涝保收高标准农田/亿 hm²		0.533	0.667

续表

指标领域	指标名称	2013 年	2020 年	2030 年
资源支撑	土壤有机质含量 /%	< 1	1.05 ~ 1.1	1.2
	农业灌溉供水量 / 亿 m³	3 921.52	3 600.00	3 600.00
	粮食播种面积 / 万 hm²	11 195.6	10 866.7	10 533.3
	农机总动力 / 万 kW	103 906.8	130 000.0	170 000.0
资源利用	每立方米水产粮 /（kg/m³）	1.53	1.80	2.00
	粮食单产 /（kg/hm²）	5 370	5 895	6 750
	农田有效灌溉率 /%	52	60	65
	化肥利用率 /%	33	40	45
	农药利用率 /%	35	40	45
	农作物秸秆综合利用率 /%	75	80	90
规模经营	劳均粮食产量 /（kg/ 人）	3 830	7 320	14 500
	综合机械化水平 /%	57	70	80
	家庭农场 / 万个	87.70	110.00	300.00
	家庭农场规模 /hm²	5.267	10.667	13.333
科技支撑	良种覆盖率 /%	96	98	98
	科技入户率 /%	90	100	100
	农业科技进步贡献率 /%	55.2	65.0	70.0
	农业信息化覆盖率 /%	90	100	100
损耗控制	主要农作物病害损失率 /%	8	5	
	猪病死率 /%	8	5	
	牛病死率 /%	2	1	
	羊病死率 /%	4	3	
	禽病死率 /%	18	12	
	水产品病害损失率 /%	20	12	
	畜产品宰后损失率 /%	5 ~ 8	4	
	粮食储运损失率 /%	8 ~ 10	5	
	水果产后损失率 /%	15 ~ 20	12	
	蔬菜产后损失率 /%	20 ~ 25	15	
环境治理	农业用水功能区水质达标率 /%	47.4	80.0	90.0
	规模化养殖废弃物综合利用率 /%	< 50	75	85
	农膜回收率 /%	< 60	80	100
	废弃农药包回收率 /%	< 20	50	80

注释

1. 粮食

在我国，粮食（grain）按生产季节归类，可分为夏收粮食、早稻和秋收粮食；按品种大类划分，可分为谷物、豆类、薯类。①谷物包括稻谷、小麦、玉米、谷子、高粱及其他谷类（如大麦、燕麦、荞麦等）；②豆类包括大豆、绿豆、红小豆等；③薯类作为粮食统计的只包括马铃薯和甘薯，木薯作为其他农作物统计，其他薯类作为蔬菜统计。各类粮食作物，一律按脱粒、晒干后的原粮折算为国家标准含水量后计算产量，薯类（马铃薯和甘薯）以鲜薯5∶1折算成粮食。

联合国粮食及农业组织（FAO）在其发布的相关信息数据中，粮食通常是指谷物（cereal），具体包括小麦、粗粮（coarse grain）和稻谷三个类别，其中，粗粮包括玉米、大麦、高粱、燕麦、荞麦及其他谷类等。

食物是比粮食更为宽泛的一个概念。按照《中国居民膳食指南》提出的分类，食物分为五大类：第一类为谷类及薯类，谷类包括米、面、杂粮，薯类包括马铃薯、甘薯、木薯等，主要提供碳水化合物、蛋白质、膳食纤维及维生素 B；第二类为动物性食物，包括肉、禽、鱼、奶、蛋等，主要提供蛋白质、脂肪、矿物质、维生素 A、维生素 B 和维生素 D;第三类为豆类和坚果，包括大豆、其他干豆类及花生、核桃、杏仁等坚果类，主要提供蛋白质、脂肪、膳食纤维、矿物质、维生素 B 和维生素 E；第四类为蔬菜、水果和菌藻类，主要提供膳食纤维、矿物质、维生素 C、胡萝卜素、维生素 K 及有益健康的植物化学物质；第五类为纯能量食物，包括动植物油、淀粉、食用糖和酒类，主要提供能量，动植物油还可提供维生素 E 和必需脂肪酸。

2. 粮食安全

作为国际通行概念，粮食安全是在 20 世纪 70 年代由于世界性粮食危机而被正式提出的。随着时间的推移，其内涵和外延不断得到丰富和发展。

20 世纪 70 年代初到 80 年代初，国际社会较为认同的粮食安全的基本含义，是指一个国家应确保本国的粮食供应。1974 年 11 月，FAO 在其举办的第一次世界粮食首脑会议上，呼吁各国重视"国家粮食安全"问题、建立粮食储备、保障粮食供应、发展粮食贸易，提出了"保证任何人在任何时期都能得到为了生存和健康所需要的足够食物"的粮食安全标准。

20 世纪 80 年代开始，家庭获得粮食的能力逐渐成为粮食安全的重要内容。但是，在发展中国家，不同家庭获得粮食的能力并不相同，落后地区居民和低收入人群的粮食安全问题并未得到解决。1983 年，FAO 根据世界粮食的新情况，将粮食安全的概念进行了调整，确定为"确保所有的人在任何时候都能够买到也能够买得起他们所需的基本食物"。之后，粮食安全政策的着力点之一随之转到如何改善低收入人群的粮食获得能力上。

20 世纪 90 年代以后，粮食安全的含义进一步得到完善，营养安全成为粮食安全的主要问题。虽然贫困人口获得粮食的能力显著提高，但发展中国家居民的食物构成并不合理，食物营养中的蛋白质摄入量不足。同时，在发达国家则出现了营养过剩的问题，人群中超重、肥胖、高血压、血脂异常等慢性疾病高发。1996 年 11 月，在第二次世界粮食首脑会议上，FAO 对粮食安全内涵作了新的表述："只有当所有人在任何时候都能在物质上和经济上获得足够、安全和富有营养的粮食，来满足其积极和健康生活的膳食需求及食物爱好时，才实现了粮食安全。"因此，在居民摄入能量充足的状况下，满足不同年龄人群的各类营养素供应，使粮食安全具有了全新的含义，人们既要吃饱又要吃好、实现营养安全成为粮食安全的主要问题。

在我国，一般认为，粮食安全的基本内涵应包括三个方面：一是物质保障能力和水平，包括粮食生产自给能力、进口能力和储备能力等；二是消费能力和水平，包括粮食的有效需求总量，以及与经济发展水平及收入水平相适应的消费结构和消费偏好等；三是保障粮食供给的途径和机制，包括粮食流通体制和供应机制，以及与收入水平相适应的价格政策等。

此外，按照产业链条的各个环节划分，粮食安全还可分为生产安全、流通安全、消费安全、储备安全和质量安全。

其中，粮食生产安全一般包括生产的稳定程度和生产潜力及其对需求的满足程度几个方面；粮食流通安全强调的是如何通过规范有序的流通渠道，稳定供求关系、保障物畅其流；粮食消费安全意味着人们消费需求的满足和所有人都能够得到所必需的粮食供给，通常用人均粮食占有量、低收入人口的粮食满足状况和粮食在人口中的分配均衡程度等指标来衡量；粮食储备安全是为保证城乡人口对粮食消费的基本需求，调节国内粮食供求平衡、稳定粮食市场价格、应对重大自然灾害或其他突发事件而建立的一项物资储备制度。对于人口大国而言，建立并维持适度规模的粮食储备，是其实现粮食安全、保持国民经济持续稳定发展的必备手段；粮食质量安全则是指消费者能够获得卫生、安全有保障的粮食产品，具体包括粮食的安全指标、卫生指标，以及感官品质、营养品质及食用品质和储藏品质等多方面的要求。食物质量安全既是"产"出来的安全，又是"管"出来的安全。

3. 本书提出的我国南方、北方和西部的区域划分

北方指黑龙江、吉林、辽宁、山东、河北、内蒙古、河南 7 个粮食主产省（自治区）和北京、天津 2 个主销区；南方指湖南、湖北、江西、安徽、江苏 5 个粮食主产省和上海、广东、浙江、海南、福建 5 个主销区；西部指宁夏、甘肃、西藏、新疆、山西、陕西、青海、云南、广西、贵州、重庆 11 个粮食平衡区和四川 1 个粮食主产省。

课题研究报告

第 1 章　粮食作物产业可持续发展战略研究

1. 我国粮食作物产业发展状况

1.1　我国粮食生产状况分析

出于对粮食自给水平的重视和我国粮食消费刚性增长的客观现实，我国对粮食生产一直极为重视。因此，我国粮食产量和生产水平不断上升，为我国粮食安全水平的提高奠定了坚实的基础。

1.1.1　粮食生产不断跨越新台阶

新中国成立以来，我国粮食的生产整体呈现产量大幅上升、播种面积基本稳定和单产不断提高的趋势（图 1.1），粮食产量从 1949 年的 11 318 万 t 上升到了 2014 年的 60 709.9 万 t。从生产角度看，新中国成立以来，中国粮食作物产业发展大致可以分为以下阶段。

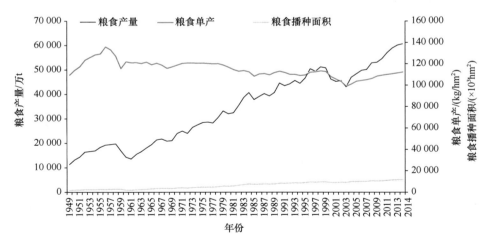

图 1.1　我国粮食产量、播种面积和单产变动图（1949～2014 年）
资料来源：《新中国六十年统计资料汇编》《中国统计年鉴 2014》

第一阶段为 1949～1958 年。这是我国粮食产量跨越 2 亿 t 的阶段。这一时期的粮食增产主要是由于播种面积的增加。在这 10 年间，由于土地改革和战争之后恢复性生产等，我国粮食的播种面积增加了 16.06%，拉动了我国粮食产量向 2 亿 t 接近。

第二阶段为 1959～1977 年。这是我国粮食产量跨越 3 亿 t 的阶段。这一时期，我国粮食产量虽然总体呈现增长趋势，但由于受政治和气候等因素的影响，这一阶段的粮食生产出现了非常明显的波动，增产速度较慢。

第三阶段为 1978～1984 年。这是我国粮食产量跨越 4 亿 t 的阶段。在这一阶段，得益于家庭联产承包责任制，我国粮食生产能力得到了极大的释放，仅 7 年时间，粮食产量就增加 1 亿 t，年均增长率达到 4.95%。

第四阶段为 1985～1996 年。这是我国粮食产量跨越 5 亿 t 的阶段。这一时期，技术水平的提高拉动了我国粮食单产水平的明显增长，带动了我国粮食产量的增加。

第五阶段为 1997 年至今。这是我国粮食产量跨越 6 亿 t 的阶段。这一时期，我国粮食产量呈现徘徊上升趋势，单产增长变慢，粮食总产在 5 亿 t 上下波动。其中，1999～2003 年出现了新中国成立后史无前例的粮食总产"五连跌"，下跌幅度达到 15.28%；在随后的 2004～2008 年，在"五连跌"的教训下，我国开始出台各种支持政策和鼓励粮食生产，使粮食总产量实现了恢复性增长，2008 年粮食产量达到了下跌前（1998 年）的水平；之后的 2009～2014 年，我国粮食产量出现了新的稳定增长。

1.1.2 播种面积波动中略有上升

从播种面积来看，30 多年来，我国粮食总播种面积波动中有微小的增加（图 1.2）。从总体上看，播种面积的变化情况可以分为 3 个阶段。

第一个阶段是 1999 年之前。该阶段粮食播种面积相对稳定，基本保持在 10 000 万 hm² 以上，于 1999 年达到高点。

第二个阶段是 1999～2003 年。该阶段粮食播种面积出现了较为明显的下滑，这主要是由于自然灾害的发生、农业种植结构调整及粮食价格低迷引起的其他作物对粮食播种面积的挤占。2003 年，我国粮食播种面积一度跌落到历史最低水平。

第三个阶段为 2003 年至今。播种面积在经历了 2003 年的最低点后，受粮食生产支持政策、粮食价格升高和需求拉动刺激，粮食播种面积开始缓慢平稳上升。2014 年，我国粮食播种面积达到 11 273.83 万 hm²。

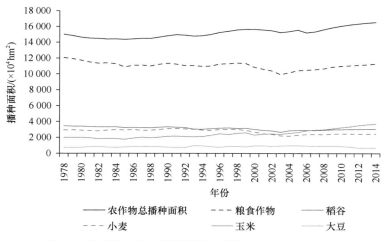

图 1.2　我国粮食作物播种面积变动图（1978 ～ 2013 年）
资料来源：《中国统计年鉴 2014》《中国农村统计年鉴 2014》

　　2014 年，我国稻谷播种面积达到 3030.92 万 hm²，基本达到 1996 年的峰值水平（3140.7 万 hm²）。稻谷播种面积占农作物播种面积的比例变动情况与粮食基本一致，即波动中缓慢下降。小麦的播种面积也出现了逐步下降的趋势，从 1978 年的 2918.3 万 hm² 下降到 2014 年的 2406.39 万 hm²，但下降幅度并不明显。在三大作物中，只有玉米的播种面积呈现较为稳定的上升趋势，除了播种面积在 20 世纪

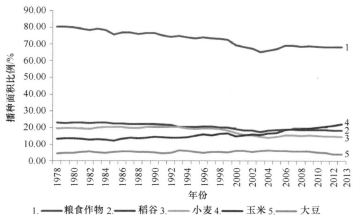

图 1.3　各粮食作物播种面积比例变动图（1978 ～ 2013 年）
资料来源：根据《中国统计年鉴 2014》《中国农村统计年鉴 2014》资料计算

初有轻微波动外，我国的玉米播种面积稳步上升，到 2014 年达到 3707.61 万 hm²，比 1978 年增加了 85.74%。我国大豆播种面积的变化并不具有明显的一致趋势，播种面积一直在较低的水平（600 万～1000 万 hm²）上波动。这在很大程度上是由于大豆的食用比例较低，更多的是被作为油料或饲料使用，播种面积缺乏稳定机制，更多的是由国际和国内市场供求情况决定的。

1.1.3 粮食单产水平稳步提升

通过以上分析可以看出，我国的粮食总产量在播种面积基本稳定的趋势下仍然能保持增长，其中粮食单产提高起到的重要作用不容忽视。图 1.4 和图 1.5 分

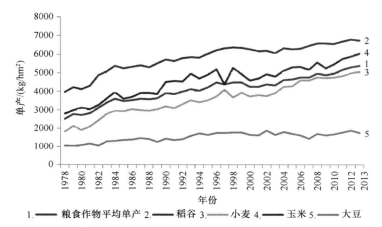

1.━粮食作物平均单产 2.━稻谷 3.━小麦 4.━玉米 5.━大豆

图 1.4　我国粮食作物、稻谷、小麦、玉米及大豆年均单产变化（1978～2013 年）

资料来源：根据《中国统计年鉴 2014》《中国农村统计年鉴 2014》资料计算

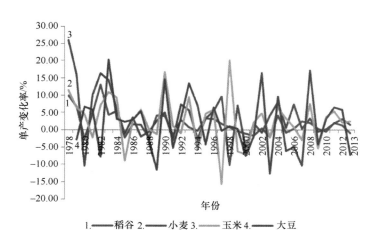

1.━稻谷 2.━小麦 3.━玉米 4.━大豆

图 1.5　我国稻谷、小麦、玉米和大豆的单产变化率（1978～2013 年）

资料来源：根据《中国统计年鉴 2014》《中国农村统计年鉴 2014》资料计算

别显示了 1978 年以来，我国粮食单产和单产变动率的情况，从图中可以得到以下两点特征。

第一，我国粮食的平均单产增长趋势明显。到 2014 年，粮食单产达到 5385kg/hm²，为 1978 年的 2.1 倍。这与我国农业科技进步水平的不断提高、农业技术推广体系的完善和农业基础设施的逐步改善是密切相关的。

第二，我国粮食单产增速放缓，短期内难以出现大幅度提高。2003～2007 年，我国稻谷、小麦、玉米和大豆的年均单产增幅分别为 2.3%、1.5%、4.0% 和 1.8%；而 2008～2013 年，年均增速分别为 1.7%、0.5%、1.2% 和 1.6%，都呈现放缓趋势。

考察不同粮食作物的单产变化趋势得出，稻谷的单产水平最高，高于其他三类粮食作物；小麦单产的年均增长速度最快，1978～2013 年，小麦的年均增长速度达到 2.92%，远高于稻谷的 1.51%，高于玉米的 2.21% 和大豆的 1.46%。如果考察不同粮食作物的年度单产变化（图 1.5），则可以发现，玉米和大豆的单产变动率振幅最大，其次是小麦，稻谷的单产变动率最为平缓。这主要是因为 20 世纪 90 年代以来，稻谷和小麦成为我国主要的粮食产品，消费和生产量都较高，对它们的科技研究也相对普遍，增产技术成果更为丰富，推广应用受到了更多的重视，单产也更加稳定。由于近年来玉米的饲料用粮和工业用粮的消费需求增加，带动了对玉米生产技术的重视，稳定了玉米单产，减弱了玉米单产变动率的振幅。

1.1.4 品种结构变动较大

整体来看，我国各粮食作物的产量和播种面积都有增加，但是 30 年间，不同作物产量和播种面积的比例仍出现了明显变化。从图 1.3 和图 1.4 可以看出，不论是从播种面积还是从产量上看，玉米后来居上，已成为我国第一大作物，而稻谷所占比例则有所降低。另外，从图 1.3 和图 1.4 还可以看出，不同阶段拉动我国粮食增产的作物品种不同。20 世纪 90 年代，稻谷增产能力较强，是我国粮食增产的主要拉动力。进入 21 世纪后，玉米播种面积于 2002 年超过小麦，2007 年超过稻谷，总产量在 2012 年超过稻谷，成为第一大粮食作物，也成为粮食"十连增"和粮食产量成功跨越 6 亿 t 的主要动力。从图 1.3 中还可以发现，三大谷物占粮食总量的比例很高，直接决定了我国粮食的供给水平。2013 年，三大谷物播种面积占粮食总播种面积的 81.06%，总产量占 90.38%，达到历史最高水平。

1.1.5 生产布局发生明显改变

根据农业自然资源、生产条件、技术水平和增产潜力等因素,将我国划分为南方、北方和西部三部分*进行考察。整体来看,我国的粮食区域布局在过去的30年间发生了以下两点重要变化。

第一,我国的粮食生产中心逐渐北移,北方省份承担了更多的粮食安全保障责任。在改革开放之初,南方因光热、水土、气候等资源优势,粮食产量占全国总产量的40%以上;而西部由于水土资源相对贫瘠,粮食产量仅占全国总产量的25%左右。但是,随着南方工业化和城镇化的推进,其土地资源、水资源和人力资源等更多地向二三产业倾斜,因此,南方省份粮食产量在全国粮食产量中所占的比例越来越小,目前已不足30%,而北方各省份则承担了更多的粮食生产任务,粮食生产能力不断提高,在全国粮食产量中所占的比例也不断提高。2013年,北方粮食产量占全国粮食产量的47.18%以上(图1.6)。

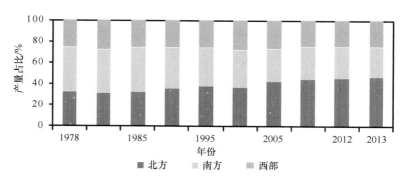

图1.6 北方、南方和西部粮食产量所占比例变动图(1978～2013年)
资料来源:根据《中国统计年鉴2014》《中国农村统计年鉴2014》资料计算

第二,我国的粮食生产集聚效应更加明显,主产区粮食生产能力越来越强。粮食主产区的粮食产量增长明显,在粮食产量中所占的比例也最大,1978～2013年,我国13个粮食主产区生产了全国70%～75%的粮食。近10年来,我国粮食的增产基本都源于主产区。1978～2013年,平衡区粮食产量翻了一番,但所占比例基本保持在16%～18%。粮食生产区域变化最大的是粮食主销区,其粮食产量降低,在全国粮食产量中所占的比例越来越小。到2013年,主销区粮食生产所占的比例

---

*北方指黑龙江、吉林、辽宁、山东、河北、内蒙古、河南7个粮食主产省(自治区)和北京、天津2个主销区。南方指湖南、湖北、江西、安徽、江苏5个粮食主产省和上海、广东、浙江、海南、福建5个主销区。西部包括宁夏、甘肃、西藏、新疆、山西、陕西、青海、云南、广西、贵州、重庆11个粮食平衡区和四川1个粮食主产省。

仅为 5.4%，与 1978 年相比下跌了近 10%（图 1.7）。

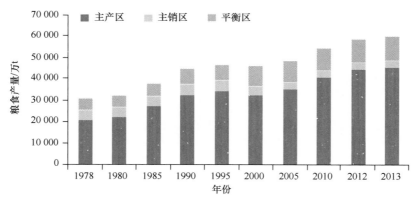

图 1.7　粮食主产区、主销区和平衡区粮食产量变动图（1978～2013 年）

资料来源：根据《中国统计年鉴 2014》《中国农村统计年鉴 2014》资料计算

2．我国粮食消费状况分析

2.1　消费数量呈现平稳上升趋势

作为生活必需品，粮食具有较强的不可替代性，需求弹性很小。粮食消费总量的增加主要来源于人口增加和居民消费结构变化引起的刚性需求增加。

考察总消费量可以发现，我国谷物的总消费量波动幅度不大，增长趋势明显，1978～2012 年，谷物消费量增长了 95.81%。我国谷物消费量在 1981～1984 年和 1992～1996 年出现过两次速度较快的增长。这两个阶段的平均增长率分别达到了 5.82% 和 3.59%，远远高于 1978～2012 年的平均增长率（1.96%）。对比这两个阶段的人均消费量的变动趋势可以发现，两者具有较为一致的变动趋势（图 1.8）。可以推测，这两个阶段谷物消费量的突然上升是由人均谷物消费量的上升引起的。考察人均消费量可以发现，1978～2012 年，我国粮食的人均消费量增长了 39.20%，远低于总消费量的增长幅度。因此，可以判断，我国粮食消费量的整体增长更多地受到了人口增长的影响。

2.2　不同消费用途变化趋势差异较大

从用途上看，我国谷物消费主要包括口粮消费（食用消费）、饲料用粮消费、工业用粮（加工）消费和加工消费。图 1.9 显示了 1978～2012 年，我国不同消费

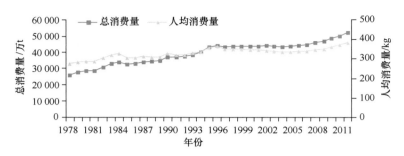

图 1.8　我国谷物消费总量和人均消费量变动图（1978～2012 年）

资料来源：根据国家统计局、中华粮网及联合国粮食及农业组织（FAO）数据库（http：//www.stats.gov.cn/tjsj/；
http：//datacenter.cngrain.com/；http：//faostat3.fao.org/home/E.）资料计算

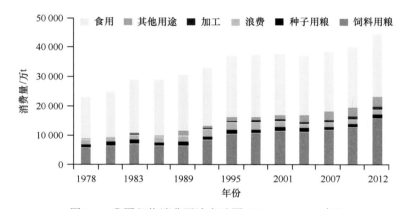

图 1.9　我国谷物消费用途变动图（1978～2012 年）

资料来源：根据国家统计局、中华粮网及联合国粮食及农业组织（FAO）数据库（http：//www.stats.gov.cn/tjsj/；
http：//datacenter.cngrain.com/；http：//faostat3.fao.org/home/E.）资料计算

类型的谷物消费变动情况。整体来看，口粮消费所占比例最大，饲料用粮消费增长速度最快，其他消费类型所占比例较小。

消费量所占比例最大的是口粮，但其近年来有逐渐减少的趋势。具体来看，口粮消费量经历了先增加后减少的过程。1978～1996 年，随着我国粮食供给的增加，口粮的需求完全转化为口粮消费，口粮消费量迅速增加，并于 1996 年达到峰值（21 376.2 万 t）。此后，由于居民生活水平的提高，越来越多地摄入蛋白质性食物，因此，我国口粮消费量逐渐减少，在谷物消费中所占的比例也迅速降低。2012 年，我国口粮消费量占谷物总消费量的 47.51%，比 1985 年的峰值（66.21%）降低了 18.70 个百分点。从图 1.10 可以看出，稻米是我国口粮的主要消费品种，其所占比例基本保持在 50% 上下。其次是小麦，在口粮消费中的比例虽然有一定波动，但也基本保持在 40% 上下。另外，口粮消费中还有少量的玉米和其他小杂粮，随着居民生活水平的提高和种植结构的改变，其他小杂粮的消费比例越来越小。

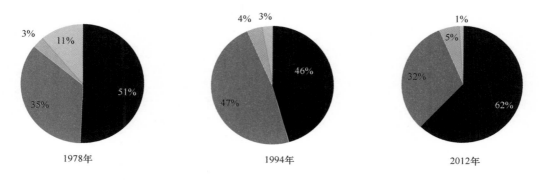

图 1.10　不同粮食作物在口粮消费中所占的比例（1978 年、1994 年和 2012 年）
资料来源：根据国家统计局、中华粮网及联合国粮食及农业组织（FAO）数据库（http：//www.stats.gov.cn/tjsj/；
http：//datacenter.cngrain.com/；http：//faostat3.fao.org/home/E.）资料计算

消费增长速度最快的是饲料用粮，其消费量呈现明显的上升趋势。2012 年，我国饲料用粮消费量约为 16 103 万 t，比 1978 年翻了一番。这说明，随着我国居民对动物性食品消费量的增加，作为引致需求的饲料用粮消费量也不断增加。值得注意的是，虽然饲料用粮在谷物消费中所占的比例呈上升的趋势，但是上升幅度并不大，2012 年饲料用粮消费量占谷物消费量的比例（36.10%）比 1978 年（25.48%）上升了约 10 个百分点。

另外一个不容忽视的消费途径就是粮食的浪费，其中包括储存浪费、加工浪费和餐桌浪费。其中，由于缺少科学的储存技术和完备的储存设施，我国农户家庭粮食储存平均损失率高达 5% ～ 8%，全国每年因此损失粮食 110 亿 ～ 175 亿 kg。餐桌浪费量同样不容忽视，据估计，2007 ～ 2008 年，我国仅餐桌浪费的食物蛋白质就高达 800 万 t，相当于 2.6 亿人一年所需；浪费脂肪 300 万 t，相当于 1.3 亿人一年所需。

2.3　人口增加、工业化和城镇化发展带动粮食消费激增

2.3.1　人口增加带动粮食消费数量增加、结构升级

人口数量的上升是拉动粮食消费量增加的最直接动力。虽然我国已基本消灭了饥饿问题，粮食供求实现了基本平衡。但是，人口增长仍然是我国粮食消费的巨大拉动力。从 1949 年新中国成立时的 5.4 亿人到 2013 年末的 13.6 亿人，我国人口增

长了约 1.5 倍。虽然我国人口的增长量和增长速度在 20 世纪 80 年代后期达到顶峰后开始回落，出现了稳步降低的趋势，但我国人口总量的增加趋势依然很明显。即使不考虑粮食消费结构的变化，每年净增人口的粮食消费量也都是一个相当大的数字。另外，随着居民生活水平的提高和健康意识的提高，城镇居民的人均口粮消费量在连续几年的下降后开始逐步回升。这意味着居民口粮的消费量不会一直减少，口粮增加对消费依然存在潜在的拉动力。另外，考虑到我国目前仍有部分处于营养不良甚至饥饿中的人口，彻底解决他们的吃饭问题也是我国粮食安全面临的任务，虽然这部分需求量并不突出，但也是拉动粮食需求量增加的一个重要部分。

人口对粮食需求的影响不仅来自于数量的增加，还来自于人口结构的变化。从产业分工来看，工业化的发展和服务业的壮大，使得二三产业就业人口的数量不断增加，农业就业人口的数量和比例不断减少。这意味着粮食生产者数量的减少和消费者数量的增加，即我国居民对商品粮的需求数量将会在未来的几年加速增加。从区域布局来看，人口结构变化的另一个特征就是城镇人口比例增加而农村人口减少，转移到城镇的农村人口不仅引起商品粮需求的增加，还会在消费结构上逐渐与城镇人口趋同，即口粮的消费量减少而肉、蛋、奶的消费量增加，这也会对我国粮食需求，特别是饲料用粮需求产生重要影响。

2.3.2　城镇化发展拉动膳食结构升级，改变粮食消费格局

我国不仅在生产方面存在城乡二元结构，在消费方面也存在明显的城乡二元结构，城乡居民在口粮、畜产品及水产品的消费上有非常明显的差异。城镇居民更倾向于选择肉、蛋、奶等动物性蛋白较多的膳食消费模式。作为生活习惯的重要组成部分，饮食结构会对转移到城镇的农村人口产生重大影响。它会使部分新进入城镇的农村居民选择与城镇居民趋同的消费结构，即口粮消费量减少，而肉、蛋、奶等畜产品和其他副食消费比例扩大。这种食物消费结构的变化对粮食总需求具有长期的显著影响。其直接结果就是口粮消费减少而饲料用粮消费增加，从而引起粮食消费量的迅速飙升。据统计，目前，我国饲料用粮消费在整个谷物消费中的比例已达 60% 以上，而城镇化率每增加一个百分点，粮食消费量将增加 50 亿 kg。而饲料用粮消费的增加将带动蛋白质型饲料和能量型饲料需求的增加。这就意味着我国的玉米，特别是青贮玉米的需求量和豆粕及豆饼的需求量还会进一步增加。

城镇化发展不仅拉动我国粮食消费，还影响了粮食消费格局。从口粮来看，我国东南沿海地区、华南地区、京津地区等由于城镇化水平高、人口密度大，商品粮

需求量很大，成为了我国粮食产品的净输入区，而东北地区和长江中下游地区则是我国口粮的净输出区。但是，饲料用粮的消费情况与口粮存在较大的差别。目前，我国饲料用粮主要输出区为东北地区和黄淮海地区，而长江中下游地区则是我国饲料用粮的主要输入区。这是因为，我国南方一些畜牧业较为发达的省份并不是玉米和大豆等主要饲料作物的主产区。因此，除依靠进口的部分外，南方部分省份的饲料用粮只能依靠北方粮食的调运，这种情况正是我国形成"北粮南运"粮食流通格局的重要动因。目前，随着畜牧业规模经济的进一步发展，已经具有养殖业规模优势的省份更容易因"涓滴效应"而继续扩大规模，因此，照目前的情况来看，如果我国粮食作物产业和畜牧业格局不出现重大改善，"北粮南运"的情况在短期内不会改变。

2.3.3 工业化发展带动工业用粮消费增加

我国的工业用粮从用途上主要分为三部分：①生物制药和食品工业等工业部门的用粮。随着居民生活水平的提高和可支配收入的增加，居民对食物多样性的需求增加，对加工食品的需求也越来越多，由此看来，我国食品加工业还有较大的发展潜力，对粮食的需求也会进一步扩大。而生物制药产业中，大量的玉米投入培养基的制作，也是我国工业用粮消费的重要组成部分。②纺织、化工、味精、啤酒和白酒等工业部门的用粮。这些部门属于传统的工业用粮部门，虽然总体的需求量不会在短期内发生明显的变化，但是这些工业由于基础较好、市场需求稳定，仍具有较大的发展空间。③新兴的生物乙醇制造用粮。虽然目前我国生物能源生产使用的主要是陈化粮或非粮食作物，并且确定了生物能源的开发要遵循"不与人争粮、不与粮争地"的原则。但是，从中长期来看，我国工业用粮的消费需求仍将快速增长。

整体来看，随着我国近年来经济的增长和工业化进程的加快，我国工业用粮涉及的范围较广，涉及的粮食品种较多，在粮食总需求中的份额一直呈现上升趋势，仅次于饲料用粮和居民口粮。从目前的发展趋势看，我国的工业用粮需求还会逐年增加。

2.4 收入增加带动膳食改善性消费增加

首先，粮食和其他食品的消费行为，实质就是在一定的预算约束下各种可能组合的集合。随着国民经济的增长，我国居民的可支配收入不断增加，意味着食品消费的预算约束曲线外移，能够消费的食品数量自然就更多，对粮食的需求也会随之增加。由于口粮需求的收入弹性较小，在满足温饱以后，收入的增加对于口粮的需求不会产生明显的影响。同时，由于畜产品和水产品需求对收入的变化更加敏感，因此，收入提高将更多地改变食物的消费结构。

其次，随着居民收入水平的提高和对饮食健康的追求，城乡居民的消费结构将逐渐向多元化发展，果蔬类农产品的需求将会增加。而这些经济作物需求的增加将会挤占我国粮食生产所需的耕地、水和劳动力资源，给我国粮食生产带来压力。由此可以看出，收入水平的增加，将会给我国粮食安全带来双重压力。

最后，随着收入水平的增长，粮食消费支出在收入中所占的比例越来越小，居民对粮食价格更加不敏感，人们食物消费需求从追求数量向追求质量转变，越来越重视食物质量安全，对高质量产品消费需求不断增长。一方面，消费者越来越倾向于消费绿色、有机的粮食产品，对粮食安全生产的重视程度增加；另一方面，收入水平的提高也使我国居民对粮食的口感和品质要求提高，消费者愿意在更高的价格水平上购买口感更好的粮食产品。

3. 我国粮食流通状况分析

3.1 粮食流通体制市场化改革趋势明显

经过 30 年的不断改革完善，我国粮食流通体制实现了由计划经济体制到社会主义市场经济体制的成功转型，实现了粮食供给由长期短缺到总量平衡有余。我国粮食流通体制改革大致经历了 6 个阶段。

第一阶段：1979～1984 年的计划为主、市场调节为辅阶段。在这一阶段，国家肯定了市场调节存在的必要性和积极性，明确了城乡集市贸易的合法地位。开始实行多种经济成分、多种经营方式并存，多渠道流通，少环节的"三多一少"的农产品流通体制，改变了长期以来国有粮食部门独家经营粮食的格局。

第二阶段：1985～1990 年的粮食流通双轨制阶段。在这一阶段，国家开始改革农产品统购、派购制度，按照不同情况分别实行合同订购和市场收购，即进入政府直接控制的市场、自由交换的市场并存的"双轨制"粮食购销体制时期。

第三阶段：1991～1996 年的两条线运行阶段。在这一阶段，国家推进粮食政策性业务与商业性经营分开两条线运行。实行"米袋子"省长负责制，明确了中央和省（市）政府的粮食工作职责和事权。

第四阶段：1997～1999年的深化完善粮食流通体制改革阶段。在这一阶段，国家重点实行"三项政策，一项改革"，即国有粮食购销企业按保护价敞开收购农民余粮，粮食收储企业实行顺价销售，农业发展银行收购资金封闭运行，加快国有粮食企业自身改革。

第五阶段：2000～2003年的放开销区、保护产区阶段。在这一阶段，国家确定了"放开销区、保护产区、省长负责、加强调控"的改革思路。销区省（市）及部分产销平衡区放开粮食收购市场，一些主产区放开了部分粮食品种的收购。

第六阶段：2004年以后的粮食购销市场化阶段。从2004年全面放开粮食收购市场，实行"放开收购市场、直接补贴粮农、转换企业机制、维护市场秩序、加强宏观调控"的政策，确立最低收购价制度并不断发展。

3.2 粮食区域供需不平衡加剧，流通格局发生重大改变

自然资源与经济发展的不匹配，导致中国粮食主产区和主销区位置变迁，由历史上的"南粮北调"变为"北粮南运"。历史上，我国粮食供应一直是"南粮北调"格局，江浙、两广、两湖一带的粮食生产和供应，在全国举足轻重。近十几年来，受自然条件、工业化和城镇化发展水平及科技进步等多重因素共同作用，适合农业生产的南方粮食主产区逐渐放弃具有比较劣势的粮食生产，转向工业等利润回报较高的产业，致使粮食产区不断北移，从江苏和浙江一直北移到河南、山东等中部地区和东北地区，至2008年，北方粮食生产已全面超越南方，面积和产量分别占全国的54.79%和53.44%，南方粮食面积与产量占全国的份额则分别减至45.21%和

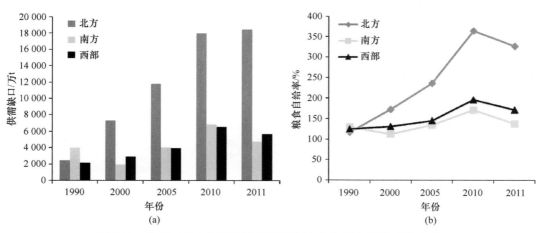

图1.11　北方、南方和西部粮食供需缺口（a）和自给率（b）对比

45.66%。我国粮食区域供需格局发生变化，出现了生产更加集中、产销加剧分化的局面，这种分化使得原省内和地区内部的产销衔接转化为跨省、跨地区的产销平衡，最终导致区域性粮食流通格局由"南粮北调"向"北粮南运"转变，并且这一格局在进一步增强。

表 1.1　我国北方、南方和西部粮食供需缺口和自给率

年份	北方		南方		西部	
	供需缺口 / 万 t	自给率 /%	供需缺口 / 万 t	自给率 /%	供需缺口 / 万 t	自给率 /%
1990	2 502	118.24	4 067	130.86	2 182	124.29
2000	7 375	174.14	2 026	114.11	2 931	130.61
2005	11 820	237.59	4 085	136.64	3 981	145.38
2010	18 024	365.91	6 922	172.40	6 538	195.80
2011	18 508	329.00	4 858	140.18	5 682	171.91

3.3　粮食流通区域基本形成，跨省物流通道保障区域产销平衡

与粮食产区和销区明显趋向集中相适应，全国粮食流通格局也发生了根本转变。传统的"南粮北调"已为"北粮南运"所取代，并在一定程度上显现"中粮西进"。省际粮食流通量增大，2009 年跨省流通量达到 1375 亿 kg，比 2004 年增加 225 亿 kg。

目前，全国已经形成三个类型的粮食流通区域：粮食净输出区，包括东北地区和黄淮海地区；稻谷输出区和玉米输入区，包括长江中下游地区（湖北、湖南、江西，以及江苏北部和安徽南部）；粮食净输入地区，包括东南沿海地区、华南地区、京津地区。我国粮食主要流向是东北的玉米、稻谷和大豆流向华东、华南和华北地区，黄淮海的小麦流向华东、华南和西南地区，长江中下游的稻谷流向华东、华南地区。

我国重点建设 6 条主要跨省粮食物流通道，保障区域间粮食产销平衡。粮食流出通道为：东北地区（内蒙古、辽宁、吉林、黑龙江）粮食（玉米、大豆和稻谷）流出通道、黄淮海地区（河北、河南、山东、安徽）小麦流出通道、长江中下游地区（四川、湖北、湖南、江西、安徽、江苏）稻谷流出通道，汇集了全国主要粮食主产省（自治区）的粮食。粮食流入通道为：华东沿海主销区粮食流入通道、华南主销区粮食流入通道、长江中下游玉米流入通道及京津主销区粮食流入通道。东北地区为

最大的粮食流出通道，每年流出量为 4000 多万 t（含出口 1000 多万 t）；华东、华南沿海地区为最大的粮食流入通道，每年流入粮食 5000 多万 t（含进口 1000 多万 t），形成"北粮南运"的流通格局。粮食运输主要以铁路、水路为主，分别占跨省运量的 48%（不含铁海联运）和 42%，公路运输占 10%（图 1.12）。

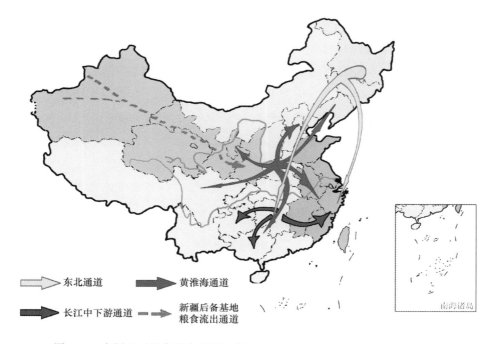

图 1.12　全国主要粮食物流通道示意图（彩图请扫描文后末页二维码阅读）

　　"十一五"以来，我国加快了跨省粮食物流通道建设，重点打通"北粮南运"主通道，完善黄淮海等主要通道，加强西部通道建设，强化产销衔接和粮食物流资源整合，实现跨省粮食主要物流通道的散储、散运、散装、散卸，优化和完善粮食物流供应链。2007～2012 年，国家共安排中央预算内补助投资 28.5 亿元，对六大粮食物流通道和西部主要节点上的 466 个项目进行重点投资扶持，带动地方和企业投资约 570 亿元。在主要跨省粮食物流通道上陆续建设了一批以大连北良港、上海外高桥粮食物流中心、舟山国际粮油集散中心等为代表的重大项目，东北各港粮食发运能力和东南沿海接卸能力显著增加，长江通道初步形成，黄淮海流出通道重要节点建设开始启动，陕西、甘肃、新疆等西部地区也初步形成了一批重要物流节点，上述项目建成后使全国新增中转能力 1.2 亿 t 以上，新增散粮中转设施接收能力 28 万 t/h，粮食物流效率明显提高。

4. 我国粮食供求平衡分析

4.1 数量平衡分析

虽然我国在全国范围内已经基本消除了饥饿问题，粮食消费正在由"温饱型"向"营养型"转变，但是，我国粮食供求紧平衡的状态还没有彻底改变，粮食供求数量上的平衡仍是我国粮食安全可能要长期面临的问题。

2003 年以来，我国的粮食生产和消费都呈现出了明显的增长趋势。2003 ～ 2012年，我国粮食生产的年均增长率为 3.55%，而消费的年均增长率为 2.13%。供求缺口从 2003 年的供给短缺 5555 万 t 转变为 2012 年的供给剩余 184.3 万 t，自给率由约 88.58% 改善为完全自给。这表明，2003 年以后，由于对粮食生产的重视和粮食生产能力的提高，粮食供求紧平衡的情况得到了一定改善，粮食供求压力趋缓（表 1.2）。

表 1.2 "十连增"期间我国粮食生产和消费平衡表

年份	产量 / 万 t	国内消费量 / 万 t	缺口 / 万 t	自给率
2003	43 070.0	48 625	−5 555.0	0.885 758
2004	46 947.0	49 090	−2 143.0	0.956 345
2005	48 402.0	49 775	−1 373.0	0.972 416
2006	49 746.9	50 800	−1 053.1	0.979 270
2007	50 160.0	51 250	−1 090.0	0.978 732
2008	52 871.0	51 700	1 171.0	1.022 650
2009	53 082.0	52 300	782.0	1.014 952
2010	54 647.7	55 000	−352.3	0.993 595
2011	57 120.8	57 250	−129.2	0.997 743
2012	58 976.3	58 792	184.3	1.003 135

数据来源：国家粮食局资料

4.2 品种平衡分析

在粮食供求趋势总体好转的形势下，我国各粮食品种的供求情况并不一致。另外，由于我国目前饲料用粮消费激增，引起饲用玉米消费增加，玉米的供求平衡面临严峻考验。长期来看，大豆的供求情况也会对我国的粮食安全，甚至整体的食物安全产生影响。因此，以下将针对各粮食作物的供求情况进行具体研究。

对于稻米来说，供求紧平衡的情况非常明显。虽然我国稻米产量一直呈现出稳步上升的趋势，但由于稻米是我国最重要的口粮，其消费量一直稳中有升，因此我国稻米的供求形势不容乐观。虽然"十连增"后我国粮食生产整体好转，稻米从2006年开始出现了供给剩余，但近年来稻米的供给剩余量正在逐步缩小，供求紧平衡的状态没有彻底改观（图1.13）。在这种情况下，一旦我国出现了较为严重的气象或病虫灾害，稻米这种脆弱的供求平衡将很容易被打破，给我国居民生活甚至社会稳定带来负面影响。

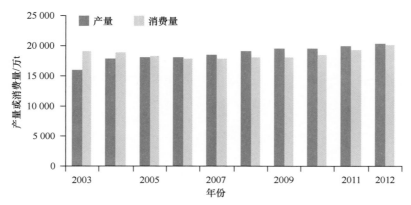

图1.13　我国稻米产量、消费量变动图（2003～2012年）

数据来源：《中国粮食发展报告》

20世纪90年代以来，我国小麦产量年均增长率为0.86%，消费量年均增长率为1.03%，产量的增长低于消费量的增长。小麦供求平衡一直处于波动状态。2011年和2012年，我国小麦的消费量增长速度突然加快（图1.14），同时小麦的播种面积没有明显的增加，总产量增幅不大，小麦的供求缺口有扩大的趋势。从长期来看，

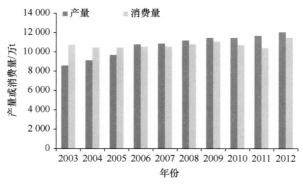

图1.14　我国小麦产量、消费量变动图（2003～2012年）

数据来源：《中国粮食发展报告》

中国人口数量仍呈增加趋势，消费结构逐步升级，小麦饲用消费等间接消费量仍将增加，今后保持小麦供求平衡的压力仍然较大。

　　对于玉米来说，由于饲料用粮需求的拉动，我国玉米供求数量的增长速度都非常快，30 年来，供给量和消费量都翻了一番，平均增长速度分别达到了 3.37% 和 2.84%，在三大谷物中最高。从生产量来看，虽然个别年份的生产量出现了波动，但是整体还是呈现波动中上升的趋势；同时，玉米的消费量则呈现出稳定的上涨趋势。从供求平衡程度看，由于我国玉米从口粮转变为饲料用粮的过程非常快，因此，玉米的消费量曾一度大幅超过生产量，引起了我国玉米的大量进口。此后，随着我国玉米生产的调整及对需求情况的适应，我国玉米供求缺口逐步缩小，2004 年以后基本能够保持较为稳定的供求平衡状态（图 1.15）。由于玉米栽培、育种等水平提高而引起的单产水平提高和玉米播种面积扩大的双重拉动力使得玉米生产能够满足不断增长的需求。

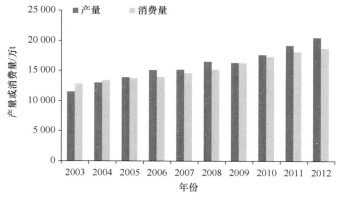

图 1.15　我国玉米产量、消费量变动图（2003 ～ 2012 年）

数据来源：《中国粮食发展报告》

　　从大豆来看，我国的大豆生产基本处于"失守"的状态。从图 1.16 可以看出，我国的大豆生产波动明显，食用油数量的增加和对豆粕、豆饼等饲料用粮需求的增加，导致我国大豆需求量一路飙升，10 年内翻了一番。为了满足我国大豆需求量的不断增加，扩大进口就成为了必然选择。图 1.17 展示了 1995 年以来我国大豆的进口情况，从图 1.17 可以看出，我国大豆在 1995 ～ 2012 年，进口量从 0.29 万 t 一路上升到了 58.38 万 t，年均增长率达到了 21.71%。在巨额进口的冲击下，我国大豆产业受到了严重影响，种植规模越来越小，机械化程度低，播种面积被高产竞争作物大量替代，整个产业面临边缘化的困境。

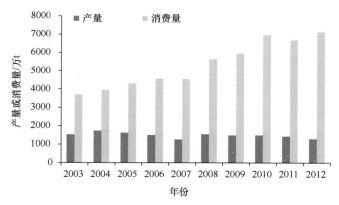

图 1.16 我国大豆产量、消费量变动图（2003 ～ 2012 年）

数据来源：《中国粮食发展报告》

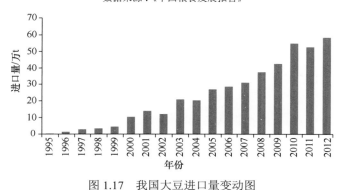

图 1.17 我国大豆进口量变动图

4.3 区域均衡分析

我国地域广阔，各地的发展水平和资源禀赋有较大差异，除了在国家层面了解我国粮食的供需平衡状态外，针对各地粮食供求状况的分析可以更加细致地了解我国粮食供求的具体情况，为下一步优化粮食生产布局提供依据。

首先，北方形成了中国粮食增长中心，西部粮食自给能力有所提升，南方粮食供求失衡日益严重。我国北方 9 个省级行政区中有 7 个粮食主产区，对粮食供给起到了决定性的保障作用。特别是东北地区和冀鲁豫地区在粮食外调、保障全国粮食安全中发挥了越来越重要的作用，东北地区成为我国最大的粮食流出地区。西部地区粮食的供求缺口在过去 30 年间逐步缩小，已经基本能够保证本区域的自给。我国粮食供需缺口逐步拉大的省份主要位于南方，在南方的 10 个省级行政区中，有 5 个粮食主产区和 5 个主销区，而其东南主销区供求失衡日益严重，自给能力不断下降，东南沿海成为最大的粮食流入地区。

其次，我国粮食自给率增幅较大的地区主要是东北地区的黑龙江、吉林、辽宁，冀鲁豫地区的河北、山东、河南，西北地区的内蒙古、宁夏、甘肃。其中，粮食自给率增长变动最大的是吉林，改革开放之前，吉林的粮食自给率不足100%，而目前吉林已经成为仅次于黑龙江的商品粮调出省。另外，虽然河北、河南和山东的粮食产量较高，但是由于人口众多，消费量大，能够调出的商品粮有限。宁夏、甘肃两个地区虽然产量较低，并非传统意义上的粮食主产区，但是由于人口较少，消费量也较小，粮食的供求平衡较为稳定，自给率较高。

最后，粮食供求失衡的地区主要是北方的京津地区和南方的东南沿海地区，包括广东、福建、浙江、上海等。这些地区中很多曾经是我国粮食的重要产区，但是，随着城镇化和工业化的发展，粮食生产资源大幅度减少，粮食产量一路下滑。同时，由于人口增多和其他消费的拉升，这些地区的粮食消费量一直处于上升趋势。因此，这些省（市）就成为了粮食的主销区，生产远远无法满足需求，粮食自给率很低。

总体来看，我国改革开放以来，特别是城镇化、工业化加速发展以来，我国各省份的供求平衡情况发生了明显改变。北方的吉林由供给不足地区演变为供给有余地区，辽宁由供需基本平衡区演变为供给有余地区，北京由供需基本平衡区演变为供给不足地区，其他省份基本保持供给有余，进一步表明北方的粮食生产主导地位长期比较稳定；南方的浙江由供给有余地区演变为供给不足地区，福建、广东由供需基本平衡区演变为供给不足地区，表明南方的粮食生产地位明显下降；西部的新疆由供给有余地区演变为供需基本平衡区，宁夏、甘肃、陕西、云南等地区粮食余缺和自给率均有一定增长，表明西部粮食生产地位有所上升。

5. 粮食作物产业可持续发展面临的主要挑战

5.1 粮食生产基础不牢，持续增产的长效机制尚未建立

*粮食作物产业发展的波动性、恢复性特点明显。*改革开放以来，我国粮食产量呈现长期增长并伴随有一定的周期性波动，大致经历了5个阶段，产量从3亿t增加到超过5亿t。其中1984年粮食产量首次超过40 000万t，1996年粮食总产首次超过50 000万t。进入21世纪后，粮食产量首次出现严重滑坡，总产由2000年的50 838.8万t减少到2003年的43 069.4万t。自2004年起粮食产量开始恢复性增长，2004～2006年粮食产量为46 000万～49 000万t，只恢复到1995～1997年的水

平；到 2007 年和 2008 年，产量达到 51 000 万～52 000 万 t，基本恢复到 1998 年和 1999 年的历史最高位；2009～2013 年的连续 5 年，粮食产量超过 53 000 万 t，高于历史最高水平，这 5 年与历史水平相比才是真正的增产。2004～2013 年，年均粮食产量为 51 629 万 t，1995～1999 年，年均粮食产量为 49 720 万 t，相差仅 1909 万 t（图 1.18）。因此，总体来说，目前的粮食"十连增"实际上是部分恢复性增长，10 年中只有 5 年实现真正的增产，另外 5 年属于恢复年，其粮食产量与 20 世纪 90 年代中后期的水平基本持平。

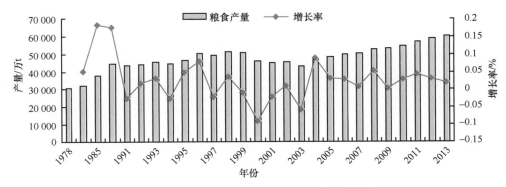

图 1.18　1978～2013 年我国粮食产量及增长情况

粮食作物产业发展基础脆弱性突出。 我国粮食产量实现"十连增"，但粮食增产基础不牢固，脆弱性突出，农业增产靠天靠化肥、农药的局面未得到根本改变，农业增产增效的长期机制还没有完全建立，抗灾能力比较薄弱。由于长期投入不足，我国农田水利等基础设施建设普遍滞后。1978 年，我国农业有效灌溉面积为 4493.33 万 hm²，2013 年达到 6426.67 万 hm²，30 多年间增加了 1933.34 万 hm²，仅增长了约 43%。2004～2012 年，有效灌溉面积增加 133.33 万 hm²，增长了 2.49% 左右。目前我国有效灌溉面积仅占全国耕地面积的 45% 左右，全国仍有 6000 万 hm² 耕地没有灌溉条件。水资源缺乏将成为 21 世纪中国农业的最大威胁，2005 年农田干旱面积为 3880 万 hm²，2007 年攀升到 4900 万 hm²，在得不到灌溉的情况下，这些地区的农业生产很脆弱，只能是靠天吃饭。

粮食作物产业发展的外延性依赖严重。 2004 年以来，粮食实现"十连增"，粮食单产对粮食增产起到重要作用，但 2005 年、2007 年、2009 年粮食单产对粮食增产的贡献率分别为 15%、9%、−375%，小于播种面积对单产的贡献率，总体来看，2004～2013 年，粮食播种面积的贡献率为 34%，粮食单产的贡献率为 66%，粮食增产对粮食播种面积的依赖性仍然很强，粮食单产贡献率仍然偏低。这说明我国农业科技整体水平与发达国家相比仍存在较大差距，科技贡献率由新中国成立初期的15%提高到目前的50%左右，但仍比发达国家低20多个百分点；我国一些主要农业生产资源利用率偏低，灌溉用水的有效利用率仅为30%～40%，而发达国家达70%以上，我国粮食生产目前仍处在主要依靠增加物质投入实现增产的阶段，科技进步缓慢，据测算，2003～2009年，我国粮食全要素生产率年均下降1.9%，科技对粮食增产的支撑作用有限，粮食生产具有外延性特征。

粮食作物产业发展替代性问题严重。一是粮食作物替代经济作物。我国粮食10年增产的一个直接原因是粮食播种面积的增加，在10年中粮食播种面积净增超过1.5亿亩。在农作物总播种面积增加幅度不大的基础上，粮食播种面积的增加意味着对油料、棉花等其他经济作物播种面积的挤占。2003～2013年，农作物总播种面积增加1100万hm²，粮食播种面积连续10年增加1254万hm²（图1.19）。油料和棉花播种面积下降，直接导致国内产量下滑、供需缺口加大、进口增加。如果未来非粮作物进口价格高或者进口受限制，或者国内价格过快上涨，就可能会引起经济作物播种面积增加、粮食播种面积存在被挤占的可能。二是高产粮食作物替代低产粮食作物。2003～2012年，三大主要粮食作物稻谷、小麦、玉米的产量几乎连年上升，增量分别达到4363万t、3409万t和9229万t，分别增长27.2%、39.4%和79.7%；而大豆和其他粮食作物的产量不升反降，9年共减产1114万t，降幅为19.7%。整体而言，玉米产量高速增长，成为促进粮食"十连增"的主力，对粮食增产的贡献率高达58.1%；稻谷和小麦次之，两者对粮食增产的贡献率分别为27.5%和21.5%。从播种面积的角度来看，"十连增"期间我国粮食总播种面积呈增长趋势，累计增加17 785万亩，增幅为11.9%。其中，高产的稻谷和玉米播种面

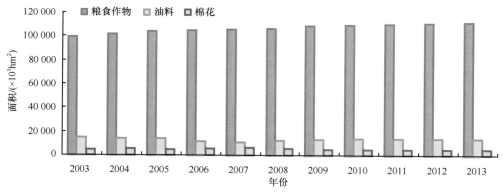

图1.19　2003～2013年我国主要农作物面积增长情况

资料来源：历年的《中国统计年鉴》

积分别扩大 5683 万亩和 16 321 万亩，分别增长 14.3% 和 45.2%，高于粮食总播种面积的平均增速，在粮食总播种面积中所占的比例分别提高了 0.5% 和 7.2%；而低产的小麦、大豆和其他粮食作物的播种面积增长则相对较慢，甚至出现了负增长。

5.2 粮食消费需求刚性增长，利用效率不高和浪费现象并存

人口数量上升拉动粮食消费增加。人口数量的上升是拉动粮食消费量增加的最直接动力。由于我国巨大的人口基数和一度过快的人口增率，世界上曾经出现过"谁来养活中国人"的质疑。虽然随着我国对粮食生产的重视和对人口增长的严格控制，我国已基本消灭了饥饿问题，但人口增长对我国粮食消费的巨大拉动力仍不容忽视。从 1949 年新中国成立时的 5.4 亿人到 2013 年年末的 13.6 亿人，我国人口增长了约1.5 倍。我国人口的增长量和增长速度在 20 世纪 80 年代后期达到顶峰后开始回落，而且出现了稳步降低趋势，但我国人口总量的增加趋势依然很明显。即使不考虑粮食消费结构的变化，每年净增人口的粮食消费量都是一个相当大的数字。根据国家卫生和计划生育委员会的预测，到 2020 年、2030 年，我国人口将分别增加到 14.5 亿人、15.0 亿人，进入人口数量最多的一段时期，特别是随着二孩政策的实行，人口年增长率下降的趋势将得到遏制，人口将继续保持增长态势。人口增长将导致粮食消费需求的刚性增长。另外，随着居民生活水平的提高和健康意识的提高，城镇居民的人均口粮消费量在连续几年的下降后开始逐步回升。这意味着居民口粮的消费量不会一直减少，口粮增加对消费依然存在潜在的拉动力。考虑到我国目前仍有部分处于营养不良甚至饥饿中的人口，彻底解决他们的吃饭问题也是我国粮食安全面临的任务，虽然这部分需求量并不突出，但也是拉动粮食需求量增加的一个重要部分。

消费升级拉动粮食需求激增。我国未来粮食需求仍处于较快增长期，消费结构升级是主要拉动力，虽然口粮消费将会明显减少，但饲料用粮和其他食物消费会明显增加。从图 1.20 可以看出，我国进入了居民口粮消费下降但肉、蛋、奶消费增加，消费结构加快转型升级的新阶段。1981～2012 年，我国居民膳食结构调整的趋势显示，居民口粮消费大幅减少，肉、蛋、奶、水产品和油脂类消费量都呈现上升趋势，只有果蔬类的摄入量变化不大。可以看出，我国正在经历食物结构的明显变化期，高价值、高营养食物更多地替代了粮食。

从图 1.20 还可以看出，我国的食物变化可以以 2000 年为节点分为前后两个时期，在 2000 年之前，口粮的降幅相对平缓，肉、蛋、奶和水产品人均消费量的增

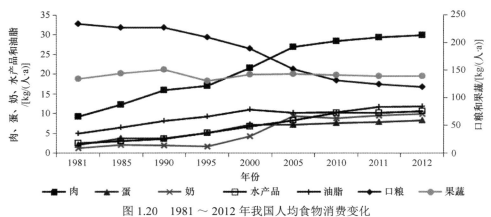

图 1.20　1981～2012 年我国人均食物消费变化
资料来源：根据《中国统计年鉴 2013》《中国农村统计年鉴 2013》资料计算

加也较为平缓；在 2000 年之后，蛋白质性食物的摄入量从稳定增长转变为较快增长，口粮消费量的减少也更加迅速。由于肉、蛋、奶等食物均需粮食转化，因此粮食消费总量仍呈增长趋势。借鉴国际经验，尤其是日本、韩国两国的经验，我国未来 10～15 年的蛋白质性食物消费量将继续增加。根据预测，到 2020 年和 2030 年，我国谷物消费总量将分别达到 5.7 亿 t 和 6.7 亿 t，结合以往经验，因消费结构升级产生的增长将会占需求总增量的一半以上。

损耗浪费现象加剧了粮食的供求失衡。虽然我国粮食安全现状并不乐观，但是由于粮食消费在居民日常支出中所占的比例较低，国家为了保证民生又将粮食价格控制在一个相对稳定的水平，因此，我国居民普遍缺乏珍惜粮食的观念，粮食损耗浪费现象较为普遍。一是农户储存损耗较大。由于农户储粮装具简陋，保管水平低，受鼠害、虫害和霉变等因素影响造成粮食大量损失的情况尤为突出。根据国家粮食局抽样调查，全国农户储粮损失率平均为 8% 左右，每年损失粮食约 200 亿 kg，相当于 6160 万亩良田的粮食产量。农户储藏的主要粮种中，玉米损失率最大，为 11%，稻谷平均损失率为 6.5%，小麦平均损失率为 4.7%，给我国粮食质量安全和食品安全带来了很大隐患。二是运输装卸方式落后，撒漏损失较大。目前我国东北地区的粮食运往南方销区一般需要 20～30 天，为发达国家同等运输距离所需时间的 2 倍以上。由于运输装卸方式落后，撒漏损失占 3%～5%，每年损失粮食 800 万 t（80 亿 kg）左右。三是成品粮过度加工损耗大。由于消费习惯误区，成品粮过度追求亮、白、精，低水平粗放加工，既损失营养又明显降低出品率，副产物综合利用率也很低，加工环节每年造成口粮损失 130 亿 kg 以上。四是食物浪费现象突出。中国科学院的调查数据显示，居民食物浪费现象突出，全国每年浪费的食物相当于 900 亿～ 1100 亿 kg 粮食。可以看出，我国的粮食消费中，有相当一部分的粮食并没有有效地被用于满足消费，这对于本来就不宽松的粮食供求状态来说无异于雪上加霜。

5.3 结构性矛盾不断加剧，地区供需失衡更加突出

粮食生产供需区域性矛盾突出。南方省份自古就是鱼米之乡，长期以来一直是我国粮食重要主产区，改革开放 30 多年来，由于产业结构调整，南方粮食主产区的地位逐步被北方代替，我国粮食生产重心持续北移。统计资料显示，北方粮食产量占全国的比例由 1980 年的 32.2% 增加到 2012 年的 46.4%；而同期南方粮食产量占全国的比例由 1980 年的 40.6% 下降为 29.4%（图 1.21）。目前，我国粮食的供求格局已大致形成：粮食供给有余的主要是东北地区（黑龙江、吉林和辽宁）和冀鲁豫地区（河北、山东、河南），长江中下游地区（安徽、湖北、湖南、江西）和西北地区（甘肃、内蒙古、宁夏、山西、陕西、新疆）供给平衡略有余，供给不足的主要有东南地区（福建、广东、海南、江苏、上海、浙江）、京津地区（北京、天津）、青藏地区（青海、西藏）和西南地区（广西、贵州、四川、云南、重庆）。其中，东北地区、冀鲁豫地区在全国粮食安全保障中发挥着越来越重要的作用，东南地区、京津地区则相反，供求失衡日益严重，自给能力不断下降。这种分化最终导致了"南粮北调"向"北粮南运"的转变，并且这一格局在进一步增强。

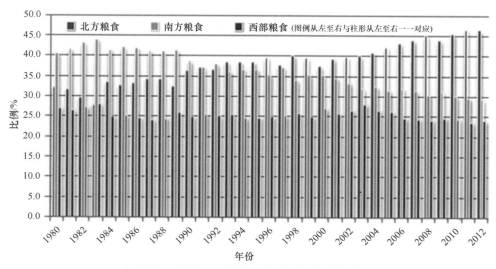

图 1.21　1980 ～ 2012 年我国粮食产量分布变化
资料来源：根据《中国统计年鉴 2013》《中国农村统计年鉴 2013》资料计算

我国粮食重心北移虽然在很大程度上解决了南方经济发展对耕地的需求，但其后果是加剧了我国水资源与耕地资源在粮食中空间分布不匹配的局面。总体而言，耕地资源南方占 40%，北方占 60%，但相应的，南方水资源占全国的 81%，北方只占 19%。北方的水资源瓶颈更加突出。我国小麦主要分布在北方地区，生长期一般处于干旱季节，需要利用水库和抽取地下水进行灌溉，小麦用水占北方农业总用水量的 70% 以上，加剧了缺水的危机。由于超量开采地下水，华北地区已形成了巨大的地下漏斗群，并成为世界 4 个严重缺水地区之一。而由于水稻的单产要远远高于大豆和小麦，而且由于东北大米一年一季，比南方的两季、三季稻米口感好、销量好，因此原先种小麦、大豆的东北地区，旱作耕地都改种水稻这种高耗水的作物，黑龙江已经由一个水资源大省变成水资源稀缺大省。据预测，在未来 10～30 年，黄河每年缺水将达到 40 亿～150 亿 m³，北方其他江河流域的缺水问题也逐渐加剧，地下水超采严重，湿地越来越少，资源保护与生态安全受到挑战。

粮食消费需求品种结构性矛盾加剧。随着我国居民生活水平的提高，我国粮食消费需求品种结构性矛盾也在不断加剧。一是口粮消费总体呈稳中有降态势，但粳稻的需求量上升较快。从近几年城乡居民的膳食结构来看，口粮消费总体已呈稳中有降态势。但值得注意的是，口粮消费中对粳稻的需求呈快速上升的趋势，特别是粳米在南方的消费比例越来越大。城乡居民的稻米消费出现由籼米向粳米转变的趋势。据统计资料显示，我国农村居民人均粮食消费量由 1981 年的 256kg 下降到 2010 年的 181.4kg，城镇居民人均粮食消费量由 1981 年的 145.4kg 下降到 2010 年的 81.5kg。城乡消费口粮总量也呈下降趋势，2000 年城乡口粮总消费量为 2.4 亿 t，2010 年下降为 1.77 亿 t。而随着居民生活水平的提高，人们对粳米的消费偏好增加。特别是进入 20 世纪 90 年代后，北方居民"面改米"和南方居民"籼米改粳米"，使粳米消费不断增加。据测算，近 20 年，粳米人均年消费量从 15kg 增加到 30kg以上，人均消费量每年增长 0.5kg 以上。二是饲料消费对粮食需求不断增长，玉米消费尤为突出。随着居民消费结构的改变，对动物性食品需求增加引发的饲料用粮消费迅速增长，饲料用粮已经成为我国粮食消费中增长最快的部分。我国每年饲料用粮消费占粮食消费的 40% 左右，总量约为 2 亿 t。其中，除豆类饲料大量依靠进口外，其他饲料用粮均应以国内自给为主。饲料用粮需求快速上升，成为推动粮食需求增加的最重要因素。此外，从地区平衡角度来看，我国饲料用粮主要输出区为东北地区和黄淮海地区，而长江中下游地区是我国饲料用粮的主要输入区。这是因为，我国南方一些畜牧业较为发达的省份并不是玉米和大豆等主要饲料作物的主产区。因此，除依靠进口的部分外，南方部分省份的饲料用粮只有依靠北方粮食的调运，这种情况正是我国形成"北粮南运"粮食流通格局的重要动因。目前，随着畜牧业规模经济的进一步发展，已经具有养殖业规模优势的省份更容易因"涓滴效应"而继续扩大规模，因此，照目前的情况来看，如果我国粮食作物产业和畜牧业格局不出现重大改善，"北粮南运"的情况在短期内将不会改变。

6. 制约粮食作物产业可持续发展的主要因素

6.1 资源短缺不可逆转，环境恶化进一步加剧

6.1.1 耕地资源不断减少，耕地质量明显下降

从长期来看，城镇化和工业化进程的推进，将会从以下三个方面给我国耕地带来长期的压力：①直接占用。城市的扩建、新城区建设、农村集体经济发展、交通发展都需要占用大量的耕地。②种植结构调整。由于城镇化发展和居民生活水平的提高，对农产品多元化的需求日益提高。转移到城镇中的居民对于蔬菜、水果、花卉等经济作物的需求日益增加，面对这种情况，种粮农民由于比较收益较低而将原本种粮的耕地投入其他农产品的生产中，减少了种粮耕地的数量。③质量降低。为了保证我国整体的粮食安全水平，我国东北、华北的粮食主产省面临着不断增产的压力，"北粮南运"成为我国粮食流通的主体趋势。在这种情况下，随着工业化和农业现代化的发展，我国粮食单产能力不断提高。但是，必须看到农业科技进步和高产作物增加作用下的粮食增产，在一定程度上"掩盖"了我国很多地区有效耕层日渐变薄、耕地质量下降的严峻现实。

6.1.2 水资源短缺且时空分布不均，粮食主产区用水矛盾愈加突出

首先，由于特殊的气候条件，我国水资源和粮食耕地资源分布错位，雨热不同季现象比较突出，影响了我国粮食生产中水资源的有效利用，水资源对粮食供给的制约问题日益突出。我国水资源人均占有量和单位面积国土水资源的拥有量都较低。根据《2011年中国水资源公报》，2011年我国人均水资源占有量仅为1726m³，不足世界平均水平的1/4。另外，如果考虑我国单位国土面积的水资源拥有量，情况也不容乐观。从《2011年中国水资源公报》来看，2011年，我国平均每单位国土

面积水资源的占有量仅为世界平均水平的 4/5。

其次，我国水资源和耕地资源错位利用，影响水资源利用效率。在我国，水资源分布南多北少，耕地资源也是南方优于北方。但是，20 世纪 90 年代以来逐渐出现了"北粮南运"的趋势，南方的粮食生产出现了较大的滑坡，粮食生产中心北移。南方一些水资源丰富的省份粮食生产规模却非常小，而北方一些水资源匮乏的省份却负担了极为重要的粮食生产任务，这无疑进一步加剧了缺水的矛盾。

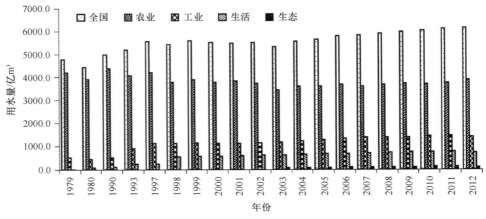

图 1.22　1979 ～ 2012 年我国水资源消耗用途变动图

资料来源：《中国统计年鉴 2013》

最后，大量的北方水资源"随粮南运"加剧了我国粮食生产可持续发展的风险。改革开放后，一些东南沿海水资源条件较好的地区出现了粮食生产能力下降快、粮食需求增长多的现象。延续了近千年的"南粮北调"格局发生了改变，粮食流通系统出现了规模越来越大的"北粮南运"情况，这意味着相当数量的北方水资源被转运到了本不缺水的南方省份。这种资源错位使得本就水资源紧张的北方面临更大的水资源供求失衡。

6.1.3　气候变化异常，加剧粮食生产的波动性

全球变暖，极端气候频发，粮食生产环境和条件恶化，粮食生产的自然风险不断加大，给粮食安全带来了极大的压力。气候变化使中国未来农业可持续发展面临三个突出问题：①极端气候事件频率的变化直接影响农作物产量，致使农业生产的不稳定性增加，产量波动加大；②极端气候变化一方面导致病虫害发生规律性变化，引起农业生产条件的改变，另一方面增加了未来农业生产的自然风险，导致农业成本和投资大幅度增加；③极端气候变化威胁水资源安全，水资源时空分布失衡的情

况更加突出，干旱和洪涝发生的可能性加大。

6.1.4 农业面源污染严重，工业污染对粮食生产的危害进一步凸显

近年来，我国化肥施用量达 $40t/km^2$，远超发达国家 $25t/km^2$ 的安全上限。秸秆焚烧、农膜残留、畜禽养殖粪便、农村生活垃圾和污水等已成为我国农业面源污染和农村生态环境恶化的主要因素。工业和城市对农业环境的污染有增无减，土壤重金属污染正进入一个"集中多发期"。多重污染累积叠加对粮食质量安全的影响不断凸显。2012 年，农业部针对北京、天津等 10 个省（市）工矿与城镇生活密集区的调查显示，小麦、玉米及水稻等 60 种 800 余个农产品样本中镉超标 13.29%、砷超标 19.34%、铅超标 12.72%、汞超标 5.34%、铬超标 1.5%。粮食质量安全事件给相关产业发展带来了巨大挑战。2013 年，湖南万吨大米镉超标事件直接导致湖南最大的米市——兰溪米市周边 70% 的米厂停工。

6.2 劳动力和土地成本不断提升，种粮比较效益持续偏低

6.2.1 劳动力投入严重不足

城镇化和工业化背景下，非农产业收入明显高于农业产业，导致农民从事农业劳动的机会成本增加，大量的优质劳动力从农村转移到城市，从事二三产业。另外，即使还有一部分农民仍然留在农业中，但由于种粮的比较收益远远低于种植其他经济作物或者从事养殖业，相当一部分农民放弃了粮食生产而转为种植其他作物甚至退出种植业。在我国很多农村，留在粮食生产中的劳动力被称为"三八六一九九部队"，即从事粮食生产的劳动力多为女性、儿童或者老人。可以看出，我国粮食生产的劳动力投入不仅面临着投入数量的减少，还面临着因劳动者自身劳动素质降低而导致的有效劳动投入不足。

6.2.2 土地租金进一步增高

城镇化和工业化对土地的需求增加及种植业内部不同作物的竞争，抬高了土地租金，增加了粮食生产的机会成本。根据黑龙江省肇东市的调研数据，2009～2012年，该市土地租金每亩每年增长 50 元左右，3 年间，每亩土地流转费在生产成本中所占的比例每年上升 1 个百分点。过去 10 年间，我国土地资源的机会成本年均上涨 10% 左右，成为制约粮食生产效益提高和影响农户种粮积极性的重要因素。

6.2.3 种粮比较效益低

现阶段，由于农资、土地与劳动力成本不断攀升，我国粮食生产的收益受到挤压，农户种粮积极性受到影响，缩减种植面积和减少种粮投入的情况较为常见。受国际石油价格上涨等因素的影响，种子、农药、化肥等农资成本居高不下，种粮收益始终偏低。2003～2010年，尽管粮食平均价格上涨了53.7%，但化肥价格指数上涨了60.2%，农药价格指数上涨了20.0%，农资成本的快速上涨较大程度地压缩了种粮收益的上升空间。伴随着农村劳动力的大量转移及土地流转需求的增多，农业生产的劳动力和土地成本也由隐性转为显性，且在总成本中所占比例不断攀升。在劳动力方面，农业生产季节性用工普遍增多，价格不断攀升。据分析，粮食生产成本中，人工成本所占比例在2011年已达44.1%。劳动力价格上升也是种粮收益递减的重要因素。

6.2.4 支持政策边际效益递减

2004年以来，中央重视农业支持粮食生产的政策对促进粮食增产发挥了至关重要的作用。从2004年开始，财政"三农"投入总量不断增加，各项补贴规模不断扩大，中央财政用于"三农"的支出由2004年的2625.8亿元增加到2010年的8183.4亿元，粮食直补、良种补贴、农机具购置补贴和农资综合补贴"四补贴"由2004年的144.6亿元增加到了2010年的1345.0亿元。同时，我国不断深化农村改革，从2001年开始试点农村税费改革到2006年在全国范围内取消了农业税，2004年出台并实施了以最低收购价为主要内容的粮食托市政策，2008年以来实行了粮食收储政策等，这些政策增加了种粮农民的收益，激发了其种粮积极性，对保持粮食生产增长起了关键作用。一旦政策支持强度减弱，或惠农政策不足以弥补市场波动给农民带来的效益损失时，粮食生产就可能会出现波动。

6.2.5 国内粮价高于国际市场，粮食安全风险进一步加大

近年来，我国农业正进入生产成本快速上涨期，劳动力成本不断增加，农资价格总体上涨、物流成本不断提高，加之在最低收购价、临时收储等政策的作用下，我国粮食价格总体呈上涨趋势，价格竞争力受到一定程度的削弱。而同期国际粮价高位回落。从2010年起，我国所有粮食品种价格全都高于国际市场离岸价格。在国内外市场联系越来越紧密的背景下，国际低价粮对我国粮食安全的风险进一步加大，不利于国内粮食安全和农业长期稳定发展。

7. 世界粮食安全形势及其对我国粮食作物产业可持续发展的影响

7.1 世界粮食安全状况

7.1.1 世界粮食安全总体形势不容乐观

近年来，受国际金融危机、气候变化和能源政策等因素的影响，世界粮食供求在总体平衡情况下不断趋紧，尤其是区域性紧缺不断加剧。根据联合国粮食及农业组织数据，2012年全球饥饿人口为8.7亿人，主要分布在发展中国家，以南亚、东亚和撒哈拉以南非洲国家为主。亚洲地区目前有5.6亿人吃不饱。据世界银行、联合国粮食及农业组织和美国农业部的分析，国际市场高涨的和动荡的粮食价格是粮食安全状况恶化的主要原因。今后粮食价格在高位上波动会成为国际粮食市场的"新常态"，加之国际上大国博弈、政局动荡不稳，都加剧了维持粮食安全的难度。

7.1.2 世界粮食供给长期低速增长且区域发展不平衡

联合国粮食及农业组织的数据表明，近50多年（1961～2011年），全球耕地面积从12.82亿hm²提高到13.96亿hm²，年均增长0.17%。在此期间，人口年均增长1.64%，远快于耕地的增长，人均耕地面积从3.12亩下降到1.50亩。全球谷物生产供给基本呈平稳波动增长，1961～2012年谷物增长1.9倍，略高于同期全球人口的增长（1.3倍），年均增长率维持在2.11%，见图1.23。

作为粮食安全基础保障的耕地，在北美洲和欧洲粮食安全程度较高的地区耕地面积在不断减少，粮食安全不稳定地区的非洲和南美洲耕地面积在不断增加，亚洲耕地面积变化呈现先减后增的趋势，拐点出现在1994年。从世界谷物生产增速来看（图1.24），亚洲谷物生产增长最快，1961～2012年的50多年间增长了近3倍（2.94倍），年均增长率高于世界平均水平，达到了2.72%，产量也远超其他4个地区。北美洲和欧洲谷物生产年均增长率分别为1.61%和0.91%。

7.1.3 全球粮食人均占有量和需求短缺呈现区域性特点

1961～2012年，世界人均谷物占有量从284.17kg提高到361.12kg，增长了27.08%。北美洲人均谷物占有量最高，虽然全球粮食波动较大，但从未影响到这

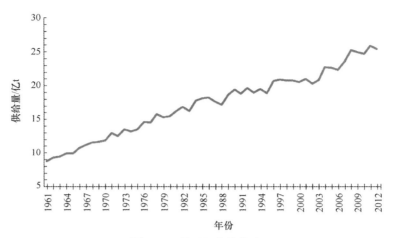

图 1.23　世界谷物的供给

资料来源：联合国粮食及农业组织（FAO）数据库（http：//www.stats.gov.cn/tjsj/；http：//datacenter.cngrain.com/；

http：//faostat3.fao.org/home/E.）

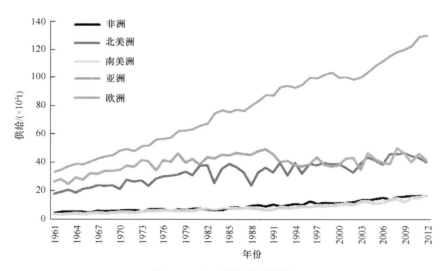

图 1.24　各大洲谷物的供给

资料来源：联合国粮食及农业组织（FAO）数据库（http：//www.stats.gov.cn/tjsj/；http：//datacenter.cngrain.com/；

http：//faostat3.fao.org/home/E.）

一地区的粮食安全，2012 年人均谷物占有量为 1161.0kg。欧洲人均谷物占有量为 566.05kg，也是粮食安全程度较高的地区之一。亚洲人均谷物占有量低于世界平均水平，2012 年为 305.29kg。中国人均谷物占有量从 321.89kg 增加到 783.97kg，为世界平均水平的 2.17 倍，年均增长 1.76%。1961 ～ 2012 年，非洲人均谷物占有量变化不大，基本徘徊在人均 150kg 水平，2012 年非洲人均谷物占有量为 156.50kg，仅为世界平均水平的 43.34%，是粮食最不安全的地区，见图 1.25。

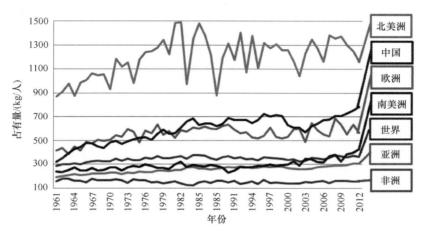

图 1.25　世界人均谷物占有量

资料来源：联合国粮食及农业组织（FAO）数据库（http：//www.stats.gov.cn/tjsj/；http：//datacenter.cngrain.com/；http：//faostat3.fao.org/home/E.）

7.1.4　全球粮价高位运行加剧粮食安全风险

21 世纪，粮食危机爆发后，世界粮食价格持续维持高位运行。据 FAO 统计，国际谷物价格指数于 2007 年跃升至 163 之上，且在波动中仍不断攀升，2012 年达到 236。与 21 世纪初相比，2012 年国际谷物价格指数增长 1.6 倍，国际食品价格指数增长 1.3 倍。世界粮食价格的攀升对粮食净进口国产生了巨大影响，在许多国家引发了不同程度的社会动荡和饥民抗议，甚至出现政权更迭。据世界银行统计，2010～2011 年，粮食价格上涨使近 7000 万人陷入极端贫困，而仅仅是 2010 年，全世界遭受饥饿的人口就高达 9.25 亿人。

7.1.5　格局趋于集中使全球粮食市场更加不稳定

20 世纪 90 年代以来，全球农产品贸易结构发生重大变化，谷物类农产品贸易额占总贸易额的比例不断下降，但是谷物出口更为集中，不发达国家对进口的依赖性迅速提高。2008 年，美国、澳大利亚、阿根廷、法国、德国、俄罗斯、乌克兰等少数国家谷物出口量占全球总出口量的比例达 71.3%。据 FAO 研究，2003 年最不发达国家 17% 的粮食依赖进口，比 1970 年提高了 9 个百分点。谷物出口国的集中和发展中国家对外依存度的提高使全球粮食市场风险加大。同时，由于粮食属于敏感产品，国际市场的任何风吹草动都容易造成恐慌，影响到各主产国的粮食政策，不利于全球粮食市场的稳定。

7.1.6 粮食需求快速增长及生物燃料开发影响全球粮食安全

伴随以中国为代表的发展中国家经济快速增长和收入提高，对畜产品的需求也越来越大，畜产品需求提高拉动了饲料用粮的快速增长。饲料用粮的需求增长必将进一步提高国际粮价，加剧国际粮食供求的紧张关系。

随着国际油价攀升，近年来发达国家加大了对生物燃料生产的支持。1980（1981）～2010（2011）年，美国用于生产乙醇的玉米消耗量由 88.9 万 t 增加到 1.28 亿 t，占玉米总产的比例由 0.53% 提高到 40.3%，达到全球玉米产量的 25%，能源用玉米的大量消耗，降低了全球粮食贸易量，加剧了全球粮食安全的严峻形势。

7.1.7 贸易政策不确定影响全球粮食安全稳定

2008 年前后，全球出现了 30 年来最大的粮价波动，据报道当时有 18 个国家降低了谷物进口关税，17 个国家实施了粮食出口限制；在消费政策方面，有 11 个国家降低了粮食税，8 个国家实施了价格控制。例如，阿根廷一直对玉米和小麦的出口实行配额限制；印度于 2011 年对小麦粉出口进行了限制；乌克兰于 2012 年 2 月暂时禁止运粮火车出境以确保国内供应充足。2009 年，由于金融危机和国际粮价暴涨，全球饥饿人口上升到 10.2 亿人。

7.2 对我国的影响及其中的机会

目前，我国按加入世界贸易组织的承诺，取消了所有非关税措施，平均关税水平仅为 15%，仅为世界平均水平的 1/4，是世界上最为开放的市场之一。粮食生产、加工和消费与国际市场联系日益紧密，一方面，我国可以从国际市场调剂粮食满足国内需求；另一方面，国际粮食市场供求和粮价波动也会给我国粮食生产和需求带来巨大冲击。

7.2.1 把握国际市场小麦价格波动周期，适当进口

据海关统计，2012 年中国进口小麦 368.9 万 t，2013 年进口小麦 550.7 万 t，创历史新高。进口猛增的主要原因是进口小麦价格和质量的优势明显。依据国际食物政策研究所的预测数据，中国未来几年小麦供给与需求将基本维持平衡，将只适量

进口优质强筋、弱筋小麦，到 2020 年我国小麦净进口将维持在 160 万 t 左右，占国际小麦贸易量的 1.38%。而且这一比例有不断增加的趋势，而国际市场小麦价格的可能变化趋势是先缓慢增加然后缓慢下降，与农业生产周期性变化有很大关系。从长远趋势看，对于国际市场小麦价格的周期性波动，应把握好波峰和波谷的变动规律，这对我国小麦进口是有利的。

7.2.2　玉米进口持续快速增长，适当挖掘国内生产潜力

中国是世界第二大玉米生产国，2009 年以前中国玉米长期供大于求，处于净出口状态。由于国内玉米供需偏紧，玉米价格不断上涨，2010 年中国第一次从玉米净出口国转变为净进口国。此时国际玉米丰收，贸易量猛增，进口玉米价格具有明显优势，造成中国玉米进口量激增。

据中国海关数据计算，2010 年、2011 年玉米净进口量分别为 157 万 t 和 175 万 t，2012 年净进口量猛增为 514 万 t，2013 年玉米净进口量为 330 万 t，比 2012 年有所下降。根据国际食物政策研究所的预测，未来中国玉米供需长期偏紧，玉米净进口将成为常态。尽管国际贸易所占比例并不高，但中国进口玉米增长较快，且这一比例还会逐步增长，到 2020 年可能会达到 3.1%。随着中国经济快速发展和居民收入提高，对肉制类需求高速增长，这也拉动了对饲料用粮和玉米的需求，未来我国粮食缺口最大的是饲料用粮，而饲料用粮中缺口最大的品种是玉米。如果我国玉米进口持续快速增长，将会改变原有的国际玉米市场甚至国际粮食市场的格局，带来玉米价格的大幅提高，对我国粮食安全产生不利影响，致使玉米可能成为"第二个大豆"。

7.2.3　保口粮，稳供给，合理引导稻米生产贸易

中国是世界最大的大米消费国，也是世界最大的大米生产国，产量占世界产量的 1/4。从 2004 年开始，我国水稻生产量逐年减少，2011 年由净出口转为净进口。2012 年，我国水稻生产量达到了 2.04 亿 t，同年大米进口量达到了 236 万 t，从越南、泰国进口占 7 成以上，东盟国家已成为中国最大的进口大米来源国。美国农业部（United States Department of Agriculture，USDA）的数据显示，2013 年中国大米进口量为 320 万 t，成为世界最大的大米进口国。近年来，中国大米由净出口转变成为净进口，并不是由于国内生产供给不足造成的，主要原因是东南亚水稻价格优势和区位优势，使净进口不会成为常态。

对中国未来几年国家粮食政策和水稻生产进行分析，根据亚洲银行的预测，中国水稻供需基本平衡。2014 年水稻出口会略大于进口，到 2020 年，约 30 万 t 的水稻净出口。由于国内需求增长迅速，政策会严格限制水稻出口，加之中国水稻出口量较低，占国际水稻的贸易量不足 1%，因此，国际水稻贸易对中国水稻生产影响很有限。

7.2.4　大豆进口持续增加，需要增强市场影响力

中国从 1996 年开始由大豆净出口国转变为净进口国，海关公布的数据显示，2013 年，我国大豆进口量为 6338 万 t，约为国内产量的 5 倍。国务院办公厅 2014 年 1 月 28 日颁布的《中国食物与营养发展纲要（2014—2020 年）》的发展目标要求"确保谷物基本自给，口粮绝对安全"。在耕地有限的情况下，为口粮的种植腾出耕地，放开大豆市场。中国政府粮食安全的战略决定了中国大豆消费高度依赖进口。

根据国际食物政策研究所的预测，未来中国大豆生产供给增长空间有限，而消费需求增长迅速，大量进口的局面难有改观，在国际贸易中所占比例还会不断增长，到 2020 年将会达到 67.6%。中国大豆进口占世界贸易 2/3 的市场格局会对国际大豆市场价格产生举足轻重的影响。可以说，近期和未来世界增产的大豆主要是为了满足中国市场的需求。

7.2.5　国内外市场发展趋势为充分利用两种资源、两个市场提供可能

中国的粮食安全状况面临的主要矛盾是：一方面，面临着人口增长、城乡居民收入增加和膳食结构改善带来的消费需求的刚性增长，特别是饲料用粮和工业用粮的增加；另一方面，中国城镇化进程加速使得守住耕地红线（18 亿亩）的难度加大、主要粮食作物增产遭遇瓶颈，从而增加了粮食安全的难度。

尽管国内粮食连续 10 年增产，2013 年中国粮食总产量达到 60 193.5 万 t，但粮食供给日趋紧张的基本国情没有得到根本的改善，要保障日益庞大的国内粮食需求市场，单纯依赖自给自足不仅成本高昂，而且不现实。国际农业分工和农业生产的比较优势为解决我国粮食安全问题带来了新机会。

一方面，我国应该充分利用国际粮食贸易，适当进口粮食；另一方面，应该利用比较优势，积极进行粮食种植结构调整，综合使用国际、国内两个市场来解决中国粮食安全问题。

8. 粮食作物产业可持续发展战略布局调整设想

8.1 我国粮食作物产业发展趋势预测

8.1.1 生产预测

影响产量的因素非常多，但可以归纳为单产和面积两类，本研究采用时间序列的 ARIMA 模型（autoregressive integrated moving average model），分别对单产和面积进行预测，最后将其相乘得到最后的预测结果。预计我国 2015 ～ 2030 年谷物单产将从 6035.98kg/hm² 增加到 6998.26kg/hm²。预计我国 2015 ～ 2030 年谷物播种面积变化不大，基本维持在 9160 万 hm² 左右。谷物总产量等于单产和面积的预测结果相乘，我国 2015 年、2020 年和 2030 年的谷物预测产量见表 1.3。

表 1.3　我国 2015 年、2020 年和 2030 年粮食产量预测结果　（单位：万 t）

不同粮食产量	2015 年	2020 年	2030 年
粮食产量	61 446.07	64 442.79	71 229.29
谷物产量	55 301.46	57 998.51	64 106.36
稻谷产量（胡培松的数据）	20 760	21 510	23 040
小麦产量（肖世禾的数据）	12 503	13 032	14 000
玉米产量（李新海的数据）	23 135	24 442	27 992
大豆产量（韩天富的数据）	1 390	1 500	1 800

我国未来粮食生产还是会逐步保持上升趋势，但年均增长率将放缓。2015 ～ 2030 年，谷物产量将从 55 301.46 万 t 增加到 64 106.36 万 t。近年来，我国连续保持谷物占粮食产量的 90%，按照此比例，2015 ～ 2030 年，粮食产量将从 61 446.07 万 t 增加到 71 229.29 万 t。与 2012 年相比，2020 年我国谷物生产总量的缺口近 3000 万 t。这也是今后一段时期我国谷物生产发展努力的方向及增产的目标要求。

8.1.2 消费预测

我国粮食消费受到各个层次的众多因素影响，如人口增长、国民经济发展水平、城镇化水平及政策因素等。而粮食总需求主要可以分为直接需求和间接需求，直接需求就是指城乡居民口粮的需求，间接需求主要是指饲料用粮、工业用粮、种子用粮、储运损耗和加工损耗等方面。粮食消费的影响因素相互作用，表面看来随机波动很大，但若对大量样本进行统计，则其中蕴含着一定的客观规律，具有明显的灰色特征。因此，本研究采用灰色模型来分析和预测我国未来粮食的消费情况。

根据灰色预测结果，我国的谷物消费量会呈现平缓的上升趋势，不会出现突然的明显上升，到2030年将会达到6.7亿t左右（表1.4）。

表1.4　我国2015年、2020年和2030年消费量预测　　　（单位：万t）

消费类型	2015年	2020年	2030年
粮食消费量	57 660.91	64 159.14	74 732.83
谷物消费量	51 894.82	57 743.23	67 259.55
口粮消费量	23 145.02	24 104.88	25 115.72
饲料用粮消费量	18 415.90	19 722.82	20 653.39
加工消费量	3 344.16	5 074.23	7 792.67
其他消费量	6 989.74	8 841.29	13 697.77

8.1.3　谷物和口粮的供需平衡分析

预计2015年、2020年和2030年我国能够达到口粮（主要指稻谷、小麦）完全自给，谷物自给率保持在95%以上。

按照生产和消费发展趋势预测，2015年和2020年的谷物生产总量大于消费总量，2015年我国谷物富余6001.38万t，2020年富余3142.44万t，2030年富余209.79万t，这也与之前部分学者的预测较为一致。

但是，如果按照我国"谷物基本自给，口粮绝对安全"的战略要求，我国谷物自给率要在95%以上，口粮自给率要基本达到100%，我国2015年、2020年和2030年的口粮和谷物安全都能够完全保障（表1.5）。这说明本研究认为我国粮食作物产业发展能够达到保障国家粮食安全的要求，表明了我国选择以保障谷物安全为支撑的粮食作物产业可持续发展战略目标具有重要的意义。

8.2 粮食作物产业可持续发展战略构想

8.2.1　总体思路

我国政府历来高度重视粮食安全和粮食作物产业可持续发展问题，确立了"主

表 1.5　我国 2015 年、2020 年和 2030 年口粮和谷物消费量预测　（单位：万 t）

口粮或谷物	项目	2015 年	2020 年	2030 年
口粮 （100% 自给率）	生产量	33 263	34 758	36 765
	需求量	23 145.02	24 104.88	25 115.72
	剩余	−10 117.98	−10 653.12	−11 649.28
谷物 （95% 自给率）	生产量	55 301.46	57 998.51	64 106.36
	需求量	49 300.08	54 856.07	63 896.57
	剩余	6 001.38	3 142.44	209.79

要依靠自己的力量解决吃饭问题”的粮食发展方针，并多次提出粮食安全和粮食作物产业可持续发展目标。1996 年，我国颁布《中国的粮食问题》白皮书，提出“粮食自给率不低于 95%，净进口量不超过国内消费量的 5%”的目标；2008 年颁布的《国家粮食安全中长期规划纲要（2008—2020 年）》，提出了 2020 年谷物自给率 100% 的目标；2014 年的我国政府工作报告又提出“确保谷物基本自给，口粮绝对安全”的粮食安全目标。为实现政府工作报告的目标，在粮食总量上，到 2020 年全国需要实现谷物总产 5.9 亿 t，人均谷物产量应不低于 415kg，才能实现把中国人的饭碗牢牢端在自己手上的目标。

为保障国家粮食作物产业可持续发展，需要坚持以下原则。

（1）五位一体原则

结合目前我国的经济发展水平和粮食生产消费状况，构建五位一体的中国特色粮食安全观，即数量安全、质量安全、生态安全、产业安全和营养安全。数量安全：指能够保障提供满足市场需求的粮食供给量，有效解决粮食的供给来源问题。质量安全：指既要保障产品具备足够的营养价值，又要保障产品无公害，进一步达到绿色、有机要求，达到安全使用标准。生态安全：指在粮食生产、运输、存储、加工、消费过程中保障生态系统的稳定、健康和完整，不造成生态破坏和环境污染。产业安全：指粮食作物产业在公平的经济贸易环境下平稳、全面、协调、健康、有序地发展，使我国粮食作物产业能够在公平的市场环境中获得合理的发展空间，从而保证国民经济和社会全面、稳定、协调和可持续发展。营养安全：指提供给居民基本、准确的健康膳食信息，保障居民拥有合理的膳食模式，引导科学饮食、健康消费，抑制粮油不合理消费，提高居民健康生活和营养水平。

（2）以我为主原则

必须坚持"确保谷物基本自给，口粮绝对安全"的目标，解决粮食安全问题要立足国内、适度进口。我国是谷物生产和消费大国，目前全球谷物贸易量（3.1亿t左右）为我国谷物总产的58%左右，大米贸易量为我国大米消费量的27%左右，靠国际市场调节空间有限。从全球供求看，由于谷物"产不足需"、区域发展不平衡，全球仍有35个处于危机的、需要外部援助的国家，有9亿多的饥饿人口。我国作为负责任的发展中大国，不应与缺粮国争粮。从进口可能看，国际谷物市场存在巨大的风险和不确定性。据对联合国粮食及农业组织资料的分析，1960年以来，全球谷物减产年份有13年，其中有9年与我国谷物减产年相重合，我国缺粮时国际市场谷物同时短缺，加上谷价飙升、谷物出口国发布出口禁令，即便我国少量进口都会引发全球震动。考虑到谷物进口配额2215.6万t及优质品种贸易调节等因素，要坚持国内实现谷物基本自给、口粮绝对安全、饭碗牢牢端在自己手里的方针。另外，在确保谷物基本自给的前提条件下，可有效利用国际市场，适度进口粮食。

（3）提能增效原则

为实现我国粮食生产的可持续发展，需要稳步提升粮食产能，持续增加生产效率。稳步提升粮食产能需要从两方面入手：①大力进行中低产田改造；②努力提高粮食单产。目前，我国现有耕地中，约12亿亩用于发展粮食生产，其中高产粮田面积仅为2.5亿亩左右，中低产田占80%左右，大部分中低产田分布在西北、西南及渤海区域的非主产省，可以通过开垦梯田、节水灌溉、治理盐碱地等大规模改造中低产田，建设成为高产稳产农田。因此，中低产田改造对提高粮食综合生产能力、保障粮食和主要农产品稳定供应非常重要。另外，我国与世界其他先进国家，如美国、埃及和比利时相比，玉米、水稻、小麦的单产差距分别是291kg/亩、221kg/亩和262kg/亩，这反映出我国主要粮食作物单产仍有较大增长空间。

近10年来，粮食全要素生产率增长下降，技术进步缓慢。相关研究表明，2000～2010年全国有21个省份的粮食生产全要素生产率是下降的；只有9个省份（除辽宁外均是粮食非主产省）的全要素生产率呈上升趋势。粮食主产省的粮食全要素生产率下降主要是由技术倒退引起的，非主产省的全要素生产率下降主要是由技术效率下降引起的。因此我国粮食生产加快科技进步的侧重点是：①对粮食主产区来说，关键要加快科技创新，开发增产新技术，提高综合生产能力；②对粮食非主产区来说，关键要加快科技成果转化推广，提高种植户的科技知识水平，因地制宜地采用适用技术，提高科技的应用效率，切实把生产技术转化为实际生产力。

（4）科技支撑原则

粮食作物产业可持续发展需要以创新作为驱动，科技创新对于食物保障的支撑作用十分突出。2013年，我国农业科技进步贡献率达55.2%。农业科技创新在提高土地产出率、资源利用率和劳动生产率方面发挥了重要作用，有效促进了农业发展方式的转变。同时，农业科技专业化、社会化服务能力不断增强，科技服务的质量和水平日益提高，有效满足了现代农业发展的科技需求。2013年，中央经济工作会议和中央农村工作会议提出了"以我为主、立足国内、确保产能、适度进口、科技支撑"的食物保障新战略。这个战略预期迫切需要强化农业科技的支撑地位，将科技支撑作为粮食作物产业可持续发展的根本支撑。

我国需要继续加大财政对粮食科技创新的投入，充分调动广大科技人员的创新积极性和主动性，重点在品种培育、耕作栽培、植物保护、土壤培肥、农机作业、生态保护、防灾减灾等领域形成一大批突破性成果。通过加强技术集成和示范，良种、良田和良法统一，农机、农田和农艺结合，把良种、良田、良法和良防集成为技术规程，最大限度地发挥资源和技术的潜能。依靠科技创新驱动，因地制宜地摸索出成熟配套的大面积均衡增产模式，并根据生产条件扩大示范，实行整县、整市推进，进一步挖掘我国粮食增产的潜力。

8.2.2　主要战略

从加快转变粮食生产方式的关键环节入手，重点加强事关粮食作物产业可持续发展全局、影响长远的八大战略建设。

（1）综合生产能力提升战略

我国推动粮食综合生产能力建设，需要加强农业资源保护、依靠科技及重点提升主产区生产能力。第一，转变粮食生产增长方式，强化耕地、水资源和生态环境保护，综合运用多种手段提高资源利用效率，走一条资源节约型、环境友好型的粮食发展新路子。第二，大力推进农业科技进步，增强科技创新和储备能力，围绕提高单产，加快品种改良并推广实用技术。第三，完善农业基础设施建设，加强中低产田改造和农田水利建设，提高土地资源和水资源的利用率，进一步提升粮食增产能力。第四，坚持向主产区倾斜的战略选择。根据区域特点和比较优势，调整和优化粮食生产区域布局和品种结构，提高粮食生产的集中度，培育有竞争力的粮食产业带。实施差别政策，加大对粮食主产区的投入，保护和调动主产区政府和农民"重农抓粮"的积极性，稳定全国粮食生产大局。

（2）区域均衡增长战略

在依靠单产水平提升、实现总产增长的目标下，考虑我国不同地区资源环境承载力及技术潜力，应以"北方稳定性增长、南方恢复性增长、西部适度性增长、全国均衡增长"为总体发展思路。第一，北方实行稳定性增长。努力缓解我国北方水土资源压力，放缓目前较快的谷物增长态势；降低对北方谷物年均增长率的要求，减轻北方地区农业用水和耕地资源的压力。第二，南方实行恢复性增长。与北方相比，南方更适宜发展谷物生产，应充分发挥南方光热资源丰富、雨热同季的优势，实现谷物产量恢复性增长。因此，南方省份应重视粮食生产，提高粮食生产效率，即使保持现有播种面积不变，仅依照全国平均的单产增速计算，未来南方主产区、主销区的增产能力仍然不容忽视。第三，西部实行适度性增长。充分利用水资源高效利用这一关键性技术，实行西部谷物大面积增产。目前，我国西部旱作农业多为雨养农业，大范围推广全膜覆盖技术、双垄沟播技术等高效用水技术，改变西部地区靠天吃饭的现状，可使其谷物单产水平迅速提高。

（3）资源高效利用与环境保护治理战略

为协调我国粮食生产与资源环境保护，缓解水资源与土地资源短缺、环境恶化等问题的约束，应遵循依靠科技进步，开展粮食产地环保工作、多环节防治的主体思路。第一，加强农业环境保护，重点是推广节约型技术，加大面源污染防治力度，改善农业生态环境。第二，深入开展粮食产地环境保护工作，推进农产品产地土壤重金属普查与分级管理，建立预警机制，创新修复技术，探索农产品禁止生产区划分，建立禁产区补偿机制。第三，从源头预防、过程控制和末端治理等环节入手，开展农业面源污染定位监测，实施农村清洁工程，推进农村废弃物资源化利用，重点发展生态农业、能源生态工程、休闲农业，整治乡村环境，培育农村生态文化，提高农业生产资源利用率。

（4）科技创新与支撑战略

加强粮食科技进步，不断提高农业科技的自主创新能力、成果转化能力和农业技术推广服务能力，应加大科研投入和力度、推进合作交流、加快科技转化和推广及知识产权保护，不断提高科技贡献率和资源利用率。第一，加大储藏、物流、加工、检测等关键技术和装备的研发力度，增强粮食科技创新能力，以高新技术为着力点，以节能环保技术为切入点，改造和提升传统产业，提高现代化水平。第二，强化粮食科技对现代粮食购销、仓储、物流、加工产业跨越发展的支撑作用，推进建立稳定的粮食行业科技创新资金支持机制，加强粮食科技国际合作交流，加快科技成果的转化和推广普及。第三，实施知识产权质押等鼓励创新的金融政策，加强知识产权的创造、运用、保护和管理，完善科技成果评价奖励制度，加强科研诚信建设。

（5）新型经营体系创新战略

加快构建新型农业经营体系，应以农村基本经营制度为根本，推动承包土地经营权流转，发展多元化的规模经营，加快要素的市场取向改革，营造农业创业就业环境，积极引导工商企业进入农业。第一，坚持和完善农村基本经营制度，坚定不移地维护农民的土地承包权，尊重农民意愿，切实保护农民的集体资产权益。第二，加快农业组织与制度创新，因地制宜地发展多种形式的适度规模经营。在严格保护耕地，特别是基本农田的同时，积极稳妥推进土地流转，按照依法自愿有偿的原则，采取转包、出租、互换、转让、股份合作等多种方式，使土地向种粮大户、种田能手、家庭农场、农民专业合作社流转。第三，要加快要素市场取向改革，创新体制机制，促进要素更多地向农业和农村流动，为新型农业经营主体的发展奠定物质、技术、人才基础。第四，投资农业的企业家、返乡务农的农民工、基层创业的大学生和农村内部的带头人是农村新型农业经营主体的主要来源，政府要加大对他们的培育和投入，营造农业创业和就业的良好环境，尤其是建立农业职业经理人队伍。第五，引导工商企业规范有序地进入现代农业，鼓励工商企业为农户提供产前、产中、产后服务，壮大社会化服务组织，投资农业、农村基础设施建设，但不提倡工商企业大面积、长时间直接租种农户土地，更要防止企业租地"非粮化"甚至"非农化"倾向。

（6）外向型发展战略

目前我国已成为世界最大的粮食进口国。为促进国内外粮食的互通有无、调剂余缺及资源转换，我国应加强国内外合作，加快实施农业"引进来"和"走出去"战略，充分利用国际和国内两个市场、两种资源，优化资源配置。第一，完善粮食进出口贸易体系，加强政府间合作，与部分重要产粮国建立长期、稳定的农业（粮油）合作关系，更加积极地利用国际农产品市场和农业资源调节国内供需。第二，在保障国内粮食基本自给的前提下，加强进口农产品的规划指导，优化进口来源地布局，有效调剂和补充国内粮食供给，建立稳定可靠的进口粮源保障体系，提高保障国内粮食安全的能力，未来净进口量不应超过国内消费量的5%。第三,加快实施农业"走出去"战略，扩大对外直接投资规模，培育并支持具有国际竞争力的粮、棉、油等大型企业到境外，特别是与周边国家开展互利共赢的农业生产和进出口合作。

（7）消费节约与引导战略

国情和粮情决定了我们在任何情况下都不能忘记节约粮食，即使在粮食充裕的时候，也没有理由去挥霍浪费，我国在农户储粮、物流运输、餐饮消费三个环节坚持粮食增产与节约的可持续发展战略。在农户储粮方面，粮食部门要加快研制推广适合农户使用的新型储粮装具和新药剂、新技术，通过示范推广的方式引导农民科学储粮。在粮食物流方面，各级粮食部门要继续按照《粮食现代物流发展规划》和《粮油仓储设施规划》，加快建设粮食现代物流体系，推广散粮运输和先进实用的仓储、装卸、运输技术和装备，提高粮食运输效率，降低粮食物流损失。在餐饮环节，党和政府在政策、资金、技术、信息、舆情等方面要加强引导，广泛开展爱粮、节粮等主题的宣传和普及，增强公众爱粮、节粮和健康消费的意识，抑制粮油不合理消费，提高居民健康生活和营养水平，促进全社会珍惜粮食、节约粮食风气的根本好转。

（8）品种决策战略

稻谷、小麦和玉米是我国最重要的谷物品种，三者产量占谷物总产量的85%以上，它们的安全水平直接决定着我国粮食安全的水平。第一，稻谷的战略选择上应着重引导"稳北增南"。着力建设东北平原、长江流域和东南沿海三个优势产区。在稳定南方籼稻生产的基础上，努力恢复双季稻，扩大粳稻种植面积，适度推进东北地区"旱改稻"、在江淮适宜区实行"籼改粳"。第二，小麦的战略选择上应遵循"稳中调优"的原则。重点在黄淮海、长江中下游、西南、西北、东北5个优势区大力发展优质专用小麦种植，确保全国小麦播种面积保持稳定。第三，玉米的战略选择上应遵循"两增一稳"原则。随着我国消费结构升级，玉米将是今后一个时期消费需求增长最快、自给难度最大的主粮品种。受国际贸易环境影响，玉米的进口风险远大于其他农产品。进一步挖掘玉米增产潜力是实现更大程度的自给水平的重要途径。以东北、黄淮海和西北三个优势区为重点，在东北和黄淮海地区推进结构调整，适当扩大玉米的种植面积；在西北积极发展覆膜种植，提高玉米单产，强化饲料用粮的保障。

8.2.3 重大工程

围绕重点建设任务，以最急需、最关键、最薄弱的环节和领域为重点，组织实施一批重大工程，全面夯实粮食可持续发展的物质基础。

（1）高标准农田建设工程

加强高标准农田建设对提高我国粮食综合生产能力作用重大。要以可持续提升全国粮食综合生产能力为目标，因地制宜地加大中低产田改造，力争到 2030 年建成 10 亿亩、亩产达 500kg 以上、使用年限达 30 年以上的高标准粮田。建设内容应为两部分：①在土肥条件较好的粮食核心产区，主要以提升土壤有机质含量，培肥地力，改善土壤养分结构，逐步提高耕地质量，持续加大建设力度，力争在"十三五"期间建成 4 亿亩高标准农田，确保现有粮食主产区稳定增产。②重点对农业潜力较大的地区进行中低产田改造，通过亩均 5000 元左右的财政投入开展土地整理改造，在保留耕层熟土、保持土壤质量的前提下，在南方丘陵等地区逐步推进机械化，通过盐碱地综合治理，使环渤海地区低产田综合生产能力提升，在原有单产基础上，谷物产量亩均提高 100kg 左右。

（2）旱作节水与水肥一体化科技工程

近年的生产实践表明，我国西北适宜地区实施地膜覆盖、土壤培肥、保护性耕作等旱作农业综合措施，可使粮食产量大幅增加。我国北方旱作区如采用全膜双垄沟播、膜下滴灌等旱作节水技术，可使现有种植的地膜玉米每亩增产 200kg、露地玉米每亩增产 400kg，这对稳定北方旱作农区粮食供给、支撑西部养殖业发展、保障国家粮食安全具有重要的战略意义。建议以膜下滴灌、全膜双垄沟播、农膜回收及梯田建设技术为重点，在生态稳定恢复的情况下，力争使西北地区成为我国粮食生产的重要基地之一。海河流域光热条件良好，发展农业潜力大，若能解决水资源短缺问题，可使谷物单产提高 100kg 左右，建议实施海河流域水肥一体化科技工程，通过发展现代节水灌溉系统等措施，对作物水肥需求进行有效管理。

（3）玉米优先增产工程

随着工业化、城镇化快速发展和人民生活水平不断提高，我国已进入玉米消费快速增长阶段。2010 年，我国玉米贸易已经发生逆转，而且净进口数量不断增加。从未来发展看，玉米将是我国需求增长最快，也将是增产潜力最大的粮食品种，抓好玉米生产，就抓住了粮食持续稳定发展的关键。根据玉米供需长期趋势，在坚持立足国内保障基本供给、充分利用国际市场资源的原则下，建议实施玉米优先增产工程。首先，加快培育玉米新品种，通过玉米种质资源引进、挖掘和创新利用，着力培育抗逆、高产、优质、适于密植和适于机械化作业等具有重大应用价值和自主知识产权的突破性新品种。其次，积极推进机械化，大力推广玉米机械整地和精量播种，推广农机、农艺融合的模式化作业，把发展玉米机收作为推进玉米生产全程机械化的重点，组织开展玉米收获关键技术和机具研发。

（4）全国农牧结合科技示范工程

目前，我国农业生产存在饲料用粮需求快速增加与秸秆浪费严重、土地肥力逐步下降及畜禽粪便利用偏低等矛盾，同时存在秸秆焚烧和畜禽废弃物处理不当、对生态环境造成严重污染等问题，应尽快实施农牧结合工程，促进种植业和畜牧业的循环发展。一要大力推进三元种植结构，充分发挥饲料作物籽粒和秸秆的双营养作用，建议将农户牧草种植纳入粮食生产优惠政策予以支持，大力推进优质牧草和饲用玉米种植，鼓励南方冬闲田种植牧草，加强饲料青贮窖设施建设，到2020年争取使耕地种植的饲料作物（牧草、青贮玉米等）面积增加一倍，有效缓解国内饲料用粮紧缺状况。二要优化粮田和畜禽养殖场布局，根据土壤肥料需求和吸纳能力，合理控制养殖总体规模、配套建设畜禽养殖场，实行农田和养殖场布局一体化建设。三要对畜禽粪便有机肥的使用实行补助，推广畜禽粪便无害化和资源化利用技术。

（5）农田生态系统恢复与重建工程

近年来，我国化肥施用量已超过发达国家安全上限的15%以上。化肥和农药的不合理使用、农村生活垃圾和污水灌溉等加剧了农业面源污染和农村生态环境的恶化。污水灌溉、工业固体废弃物的不当处置、不合理的矿业生产活动等，造成一些地区产生严重的土壤重金属污染。应尽快实施农田生态系统保护与重建工程，积极探索农业生态补偿等政策措施，大力推进农业清洁流域建设。首先，采取减量、循环和再利用技术，加强对水土资源的保护，大力发展生态农业与循环农业，充分发挥农田生态系统对氮、磷的吸纳和固定等生态服务功能，减少农业面源污染，提高水土资源可持续发展的综合生产能力。其次，推动采用控源、改土、生物修复、加工去除等综合技术，加大对南方稻作区等重金属污染的综合治理，促进粮食安全生产和可持续发展。

（6）粮食重大科技创新工程

我国粮食科技将强化基础研究和科技储备，加强基础研究、应用研究和转化推广，着力突破粮食作物产业发展的技术瓶颈。首先，以品种培育、耕作栽培、植物保护、土壤培肥为重点，提升粮食基础研究的科技创新水平，保障国家粮食安全。其次，以农机、农艺结合为重点，提升农业机械技术水平，提高农业生产效率；以节本增效为重点，提升循环农业技术水平，促进农业可持续发展；以防控病虫害和应对气象灾害技术为重点，提升农业防灾减灾技术水平。最后，鼓励引导社会力量参与农业科技服务，深入实施科技入户工程，加快重大技术的示范与推广，继续探索农业科技成果进村入户的有效机制和办法，大力发展农村职业教育，完善农民科技培训体系。

第2章 园艺作物产业可持续发展战略研究

1. 园艺作物产业可持续发展的战略意义

1.1 国民健康的基础

园艺产品与居民生活密切相关，是主要的食品和营养品。同西方国家相比，我国城乡居民对蔬菜、水果的消费有着特殊的偏好，我国城乡居民人均蔬菜消费量远远超出西方国家的人均水平。果蔬类食品大多含有丰富的、人体不可缺少的维生素、矿物质和纤维素，具有极高的营养和医疗保健价值，食用一定数量的蔬菜和水果有助于实现人体营养平衡，能防止和减少各类富贵病的发生。

1.2 农民致富的手段

相比其他农产品生产，果蔬类产品的比较效益相对较高。从事园艺产品生产已成为我国农民重要的收入来源，在部分县（市），园艺作物产业甚至是脱贫致富的关键产业。国家统计局的数据显示：2010 年，蔬菜播种面积占农作物总播种面积的 11.9%，其产值占种植业总产值近 1/3；蔬菜栽培的亩产值分别为粮食、棉花、油料的 6.1 倍、2.4 倍、6.1 倍，净利润分别为三者的 12.2 倍、2.8 倍、11.0 倍，成本利润率分别为三者的 3.0 倍、1.4 倍、2.6 倍。农业部的数据也显示：2010 年，蔬菜种植对农民人均纯收入贡献高达 830 元以上，占农民人均纯收入的 14%。

园艺作物产业是劳动力最为密集的产业之一。相比粮食、棉花、油料而言，相同的要素投入在蔬菜、水果、花卉生产流通中可以吸纳更多的劳动力就业。因此，除农民增收外，园艺作物产业在我国目前还承担了重要的人口就业任务。

1.3 进出口平衡的工具

加入世界贸易组织以来，我国农产品进口量逐年增加。2004 年，我国农产品总体进出口由贸易顺差转为贸易逆差，此后逆差越来越大。据农业部统计，2010 年，我国农产品贸易逆差为 231 亿美元；2012 年，贸易逆差近 500 亿美元；2013 年 1～7 月，农产品贸易逆差即达 289 亿美元。大宗农产品贸易中，只有蔬菜、水果、淡水产品出口大于进口，其他的谷物、棉、糖、油料，甚至畜产品都是大量进口，皆处于贸易逆差状态。我国园艺产品具有一定的比较优势，出口增长势头强劲，一直保持顺差的状态，在我国农产品贸易中扮演着重要的平衡作用。我国园艺产品的贸易顺差也从 1992 年的 26.16 亿美元扩大到 2000 年的 32.60 亿美元，到 2012 年达到 131.57 亿美元，是 1992 年的 5.03 倍，是 2000 年的 4.04 倍。2013 年 1～7 月，我国蔬菜贸易顺差约为 70 亿美元，全年预计 100 亿美元，加上水果贸易顺差约 10 亿美元，平衡了 500 亿美元逆差中的约 1/5。

1.4 社会进步的标志

近年来，随着人们对环境问题的日渐重视，各地已经开始加大对绿化的投入，注意保护湿地、树木、草地。园艺作物一般都具有绿化和覆盖土地、降低城市热岛效应、保持水土、改善环境、改善空气质量、屏蔽噪声等功能，能使居民生活更加舒适安全。因此，随着社会发展步伐的加快，观光农业、都市农业、旅游农业发展需求的增大，城市化的不断推进及人们生活娱乐方式的不断变化，发展园艺作物产业的重要性日益显现。

2. 园艺作物产业近 30 年取得的主要成就和经验

2.1 我国园艺作物产业近 30 年取得的主要成就

2.1.1 生产快速发展，产业规模居世界第一

我国水果产业发展快速。1978 年全国果园总面积为 165.67 万 hm²，到 2012 年果园面积增加到 1213.99 万 hm²，增长了近 6.33 倍；水果产量由 1978 年的 656.97 万 t 增长到 2012 年的 15 104.44 万 t，增长了近 22 倍；从 1993 年开始，中国水果总产量跃居世界第一位，其中苹果、柑橘、梨、桃、李、柿和核桃的产量都位居第一位（李莉，2010）。

据国家大宗蔬菜产业技术体系产业经济研究室的内部数据显示：我国蔬菜播种面积由 1978 年的 333.1 万 hm² 发展到 2012 年的 2033.33 万 hm²，增长了约 5.10 倍；蔬菜产量从 1978 年的 8243 万 t 增长到 2012 年的 70 200 万 t，增长了约 7.52 倍。据联合国粮食及农业组织（FAO）最新数据统计，中国蔬菜（鲜菜）播种面积和产量分别占世界的 51.1%、58.9%，均居世界第一。

1978 年我国食用菌产量为 5.8 万 t，2012 年增长至 2828 万 t，年均增幅达 19.96%。1988 年以来，我国一直保持着世界食用菌生产第一大国的地位，2012 年，我国食用菌产量占到了世界总产量的 75% 以上。

近 30 年来，我国花卉产业生产总面积增长了 50 多倍，销售额增长了 90 多倍，出口额增长了 300 多倍，我国已成为世界最大的花卉生产基地、重要的花卉消费国和花卉进出口贸易国（李莉，2010）。

我国是世界第一大茶叶生产国。2012 年，我国茶叶种植面积达 227.99 万 hm²，相较 1978 年增长 2.17 倍，约占世界茶园面积的 50%，产量达 191.5 万 t，约占世界茶叶产量的 31%。

2.1.2　生产技术水平显著提升，单产大幅度提高

改革开放以来，我国园艺作物产业生产技术水平有着显著提升。先进的育种技术在园艺育种中得到应用，优良品种不断出现。据张扬勇等（2013）的研究，1978～2012 年，我国通过审定鉴定、登记国家鉴定的蔬菜品种有 4825 个，主要蔬菜作物均经过 3～4 代更新换代，良种覆盖率达到 90% 以上。设施园艺在园艺生产中迅速发展，2008 年，全国设施园艺面积已达 350.6 万 hm²，比 1978 年扩大 656.4 倍，其中蔬菜生产设施为 334.7 万 hm²，水果生产设施为 7.5 万 hm²，花卉生产设施为 6.4 万 hm²，其他园艺产品生产设施为 2 万 hm²（设施园艺发展对策研究课题组，2010）；根据《全国蔬菜产业发展规划（2011—2020 年）》的数据显示：采后商品化处理技术得到提升，园艺作物产业链逐步完善，蔬菜商品化处理率在"十一五"末达到 40% 左右，据农业部不完全统计，2009 年，全国蔬菜加工规模企业 10 000 多家，年产量 4500 万 t，消耗鲜菜原料 9200 万 t，加工率达到 14.9%。技术进步促进园艺作物产业单产大幅度提升。1978～2012 年，水果单产从 3.965 534t/hm² 增长到 12.441 980t/hm²，增长了 2.14 倍；蔬菜单产从 24.746 32t/hm² 增长到 34.524 65t/hm²，增长了 39.5%；茶叶单产从 0.255 847t/hm² 增长到 0.785 034t/hm²，增长了 2.07 倍。即便在最近 5 年，水果、蔬菜、茶叶的单产增幅有所下降，但也仍然保持着正增长的总体态势（表 2.1）。

表 2.1　1978 ～ 2012 年中国园艺作物单产　　　　　（单位：t/hm²）

年份	水果	蔬菜	茶叶
1978	3.965 534	24.746 32	0.255 847
1988	3.288 723	—	—
1998	6.388 736	31.306 13	0.629 437
2007	—	32.577 19	0.722 432
2008	10.563 260	33.139 79	0.731 418
2009	10.993 660	33.573 80	0.734 974
2010	11.144 610	34.263 02	0.748 706
2011	11.904 130	34.603 29	0.768 342
2012	12.441 980	34.524 65	0.785 034

注：表中数据根据农业部（2013）资料计算，"—"表示数据缺失

2.1.3　区域布局日趋合理，周年均衡供应能力提高明显

　　园艺作物的生长对光、热、温度有特殊要求，因此，园艺产品的上市具有明显的季节性特点。由于园艺产品（尤其是蔬菜）不耐储运，因此在温度较低的冬春之交和温度较高的夏秋之交，蔬菜市场往往供应比较紧张，蔬菜价格上涨，这就是传统的"春淡"和"秋淡"。近年来，在农业主管部门的统一规划下，我国不断调整园艺产品生产布局，建立了华南冬春蔬菜、长江上中游冬春蔬菜、黄土高原夏秋蔬菜、云贵高原夏秋蔬菜、黄淮海与环渤海设施蔬菜等蔬菜生产基地，基本形成了设施蔬菜、高山蔬菜、冷凉蔬菜搭配的格局，加上全国蔬菜大生产、大市场、大流通的格局逐渐形成和储运条件的改善，蔬菜周年均衡供应能力显著提升，传统的"春淡"和"秋淡"明显改善。即使在传统蔬菜价格最高的 3 ～ 4 月，蔬菜市场依然品种丰富、数量充足，价格相对稳定。反映在蔬菜价格的波动轨迹上，表现为在剔除了物价因素后，25 种蔬菜月度价格的波动幅度明显减小（图 2.1）。

　　25 种蔬菜的月度均价采用居民消费价格指数（CPI）进行了平减，故可反映剔除通货膨胀影响后蔬菜价格的实际变化。

2.1.4　园艺产品质量安全状况总体良好

　　由于各级政府对园艺产品质量安全的高度重视，先后组织实施了"无公害食品行动计划""蔬菜标准园创建"等活动，园艺产品的质量安全状况正在逐年得到改

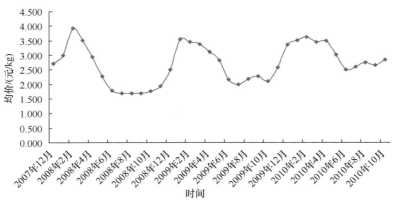

图 2.1 剔除物价因素后 25 种蔬菜月度均价

善。农业部农产品质量安全例行监测结果显示：多年来，园艺产品合格率一直保持较高水准并且呈上升趋势。以蔬菜为例，2009 年，我国蔬菜农药残留的合格率达96.4%；2010 年的三次农产品质量安全例行监测中蔬菜产品合格率分别为 95.4%、96.9% 和 96.6%；2011 年三次农产品质量安全例行监测中蔬菜产品合格率分别为97.1%、97.9% 和 98.1%；2012 年三次农产品质量安全例行监测中蔬菜产品合格率分别为 97.3%、98.0% 和 98.0%；2013 年一二三季度蔬菜产品的合格率虽然有所下降，分别为 95.1%、96.7%、97.8%，但仍然维持在较高的水准。

2.1.5 特色园艺产品竞争力加强

随着人们环保、健康、美观等意识的不断提高，食用无公害、绿色、有机的果品或蔬菜正成为新的消费热潮；外观独特且观赏、食用、药用价值俱佳的新果品、花卉品种受到市场欢迎；特色品牌茶叶在市场中稳步增长和发展。同时，由于塑造品牌能有效促进农民增收、产业增效，提高园艺产品市场竞争力，政府重点实施了特色优质园艺产品品牌战略，积极鼓励园艺产品生产基地培育特色产品。通过近30 年努力，我国园艺作物产业的结构得到不断调整，发展壮大了一批"名、特、优、精、深"的园艺产品，提高了特色园艺产品在全球市场上的国际竞争力。

2.1.6 进出口贸易增长迅速

加入 WTO 后，我国园艺产品的进出口贸易得到了快速发展，进出口贸易量和贸易额均呈现持续增长态势。在出口方面，出口额由 2000 年的 38.17 亿美元上升到 2012 年的 204.39 亿美元，增长了近 4.4 倍；在出口品种方面，规模和增长速度最大的是蔬菜和水果。在进口方面，进口额从 2000 年的 5.53 亿美元增长到

2012 年的 72.81 亿美元，增长幅度超过 12 倍，进口产品中，增长最快的是水果和蔬菜，2012 年水果进口额占总进口额的 52%，蔬菜进口额占总进口额的 33%。从变化趋势看，果品在整个园艺作物产业中的进口比例正在逐步提高；园艺制品和蔬菜在园艺产品总进口中的比例基本稳定；而茶叶、花卉进口比例却呈现下降趋势。

2.2 园艺作物产业近 30 年发展的主要经验

2.2.1 政府重视并支持园艺作物产业的发展

政府重视和支持是园艺产业得以迅速发展的重要原因。园艺产业是农民增收、农业增效和提高城乡居民生活水平的重要产业，相对于大宗农产品而言，园艺产品种植效益较高，因此成为各级地方政府调整农业产业结构的重点目标，许多地方出台了相关政策对园艺产业加以扶持。

2.2.2 坚持因地制宜发展原则

一是合理规划园艺作物产业发展区域布局，根据各地自然生产条件，发展不同类型的果蔬产业。二是在摸清国内外市场需求的基础上，发展符合市场需要的有特色的、高附加值的园艺产品。三是结合各地自身自然资源禀赋，鼓励"一村一品"发展，形成产业集聚规模效应，建立具有明显区域特点的园艺作物产业链条。

2.2.3 秉承"高产、高效、优质、生态、绿色"的发展理念

过去，由于产品相对短缺，园艺生产主要是为了满足人们对园艺产品数量的需求。随着园艺作物产业的发展，人们对园艺产品数量的需求逐渐得到了满足，对园艺产品量的需求正在逐渐向对园艺产品品质的需求转变。根据居民消费需求的变化，在近 30 年的发展过程中，我国园艺作物产业逐步形成了"高产、高效、优质、生态、绿色"的发展理念并在实践中践行。产业的发展不仅强调提高产量和给农民增加收益，还强调品质优良、食用安全、发展持续，园艺产品的良种使用率、品牌化率不断提高。

2.2.4 以技术开发和创新作为园艺作物产业发展的重要手段

政府重视和支持是园艺作物产业得以迅速发展的重要原因。园艺作物产业是农民增收、农业增效和提高城乡居民生活水平的重要产业，长期以来从中央到地

方，各级政府十分重视并支持园艺作物产业的发展，制定和出台发展规划、政策和措施来发展园艺作物产业。而且，相对于大宗农产品而言，园艺产品种植效益较高，因此成为各级地方政府调整农业产业结构的重点目标。许多地方出台了相关政策对园艺作物产业加以扶持，包括支持基础设施建设，通过制定政策引导金融机构对园艺作物产业龙头企业给予支持、加大对园艺作物产业的科研投入、加强园艺作物产业重点产区和市场的基础设施建设等。

近30年的园艺作物产业发展实践中，从政府主管部门到具体的园艺产品生产者都逐渐认识到技术开发和创新在园艺作物产业发展中的重要作用。政府鼓励推广引进新技术和新品种；强调水果、蔬菜新品种的引进筛选试验，提高了新品种和新技术的筛选要求，保证了园艺产品的创新价值；加强了产品采后处理、保鲜、包装、储运技术的研发，逐步完善园艺产品从生产到销售的产业链，产品附加值逐渐增加；农户在生产实践中也逐步意识到开发创新的作用，开发创新意识有所增强，积极主动地采用新园艺产品品种、采纳新生产技术，产业的整体生产技术水平有较大提高。技术开发和创新提高了园艺产品的产量和品质。

2.2.5 大力推进园艺产品品牌建设

顺应广大消费者对名牌园艺产品需求不断增长的发展趋势，大力推进园艺产品品牌建设。第一，政府鼓励园艺作物产业中的农业龙头企业和种植大户创立创建园艺产品品牌，名果、名茶、名菜等各种品牌园艺产品如雨后春笋不断涌现。第二，根据地方资源禀赋条件发展具有地方特色的园艺作物产业并积极申报地理标志产品。第三，重点加强园艺产品的品牌建设和推广，提高园艺产品的附加值。

2.2.6 实施出口带动战略

对外开放是近30年来我国经济高速发展的重要原因之一。出口带动战略的实施对我国园艺作物产业的高速健康发展同样具有不可低估的作用，直接促进了我国园艺产品对外贸易的高速发展，我国园艺产品出口额由2000年的38.17亿美元增长到2012年的204.39亿美元。虽然出口额在园艺产品总值中所占的分量仍然很小，但其对调节国内供求、平衡农产品贸易逆差、发现和引导园艺产品发展方向起到了重要作用。因此，在未来的发展中，高度重视园艺作物产业对外贸易、继续实施出口带动战略，通过出口退税等相关政策扶持一批有一定竞争力的园艺产品出口生产基地和进出口企业仍然是我国园艺作物产业健康发展的一条有效路径。

3. 园艺作物产业发展中存在的主要问题

3.1 生产组织化程度低

3.1.1 经营规模偏小

根据国家大宗蔬菜产业技术体系各实验站的调查资料显示：我国园艺作物产业生产仍然以小规模农户生产为主。农户年龄偏大、受教育程度较低、经营规模狭小，主要采用传统的生产方式，抵御自然灾害、应对市场变化的能力很弱。根据 2012 年国家大宗蔬菜产业技术体系产业经济研究室分布于全国各省（区）实验站完成的调查资料：在 3680 户被调查的蔬菜种植户中，平均年龄 46 岁；40 岁以上农户占绝大多数，占被调查样本的 73%（图 2.2）。小学及以下学历和初中学历占菜农总人数的 70%，大学及以上学历仅占 2%（图 2.3）。种植规模 10 亩以下的占被调查样本的 71%，种植规模 30 亩以上的仅占被调查样本的 10%（图 2.4）。水果、花卉、茶叶产业除了单个经营者经营规模相对较大之外，经营者年龄大、受教育程度低等问题同样存在。

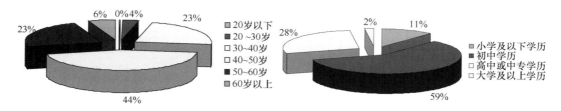

图 2.2 蔬菜种植户年龄结构（彩图请扫描文后末页二维码阅读）

图 2.3 菜农受教育程度分布图（彩图请扫描文后末页二维码阅读）

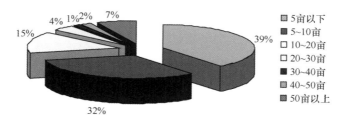

图 2.4 蔬菜种植规模结构（彩图请扫描文后末页二维码阅读）

3.1.2 兼业化现象普遍

在园艺产品的生产中，兼业化现象普遍存在。根据大宗蔬菜产业技术体系的调查，在被调查的 3859 农户中，兼业户为 3483 户，农户兼业率高达 90.26%。专业户 376 户，专业户仅占 9.74%。农户兼业生产分散了其对农业的投入，加之小农户的生产模式决定了其规模报酬是递减的，这导致了农民对生产的投入没有积极性，限制了农业自身积累投入机制的形成。除此之外，兼业农户误农时、专业性不强、技术不娴熟等问题也制约着园艺作物产业的发展。

3.1.3 合作社发展滞后

合作社是园艺作物产业生产经营的重要组织主体。目前我国园艺产品合作社规模小、实力弱、技术服务程度低，表现在：园艺专业合作社大多数还处于起步阶段，规模小，综合实力不强，小的合作社甚至仅有几十名成员，多的合作社也不过联系 200 ~ 300 家农户，联系农户达到 500 家以上的寥寥无几；许多园艺产品专业合作社服务内容单一，带动能力不强，合作层次不高；为合作社成员提供的服务多停留在原料供给等方面，"五统一"远远没有实现；合作社难以通过金融手段获取发展所需的资金支持，缺乏资金。此外，科技人才匮乏已成为制约农民专业合作社发展的又一个重要瓶颈。

3.1.4 品牌化率较低

我国园艺产品多以原料和半成品形式出口，产品附加值低，尤其是缺少精深加工或者高附加值的产品，并未形成竞争力很强的品牌。近 20 年来，虽然我国蔬菜出口增长很快，但出口均价几乎没有变化。1995 年，我国蔬菜出口均价为 1011.7 万美元 / 万 t；2012 年，我国蔬菜出口均价也只有 1070.7 万美元 / 万 t。从国内园艺产品市场情况看，销售的蔬菜、水果、花卉品牌较少，产品品牌化率低。

3.2 生产布局不尽合理

经过多年发展，我国园艺作物产业在规模上增长较快，布局也正逐步优化，但仍然存在着生产比较集中、大中城市供给保障能力下降等问题。这些问题在蔬菜产业中的表现尤为突出。

3.2.1 生产比较集中

我国蔬菜生产比较集中，空间上呈现聚集的趋势。据统计，1990 年，蔬菜播种面积位列全国前十位的省份共计播种 223.87 万 hm²，占全国的 60.6%；总产量位列全国前十位的省份产量共计 13 368.8 万 t，占全国的 68.5%。2011 年，蔬菜播种面积位列全国前十位的省份共计播种 1242.95 万 hm²，占全国的 63.3%；总产量位列全国前十位的省份产量共计 46 061.3 万 t，占全国的 67.8%。在 20 多年的时间里，尽管产量（位列前十位的省份）占全国的比例略有下降，但播种面积（位列前十位的省份）占全国的比例仍在上升。蔬菜生产比较集中，一方面体现了产业的优势集聚；另一方面也使非集聚地区，尤其是作为蔬菜主要消费地的大中城市的蔬菜供应更多地依赖从蔬菜产区的长途调运，增加了运输成本和保供风险（图 2.5 ～图 2.8）。

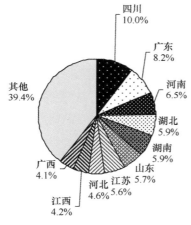

图 2.5　1990 年蔬菜面积分布图

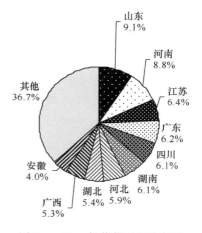

图 2.6　2011 年蔬菜面积分布图

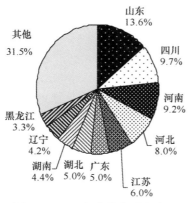

图 2.7　1990 年蔬菜产量分布图

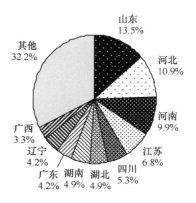

图 2.8　2011 年蔬菜产量分布图

3.2.2 大城市郊区蔬菜种植面积骤减，蔬菜种植过度向农区集中，加剧了蔬菜价格波动的风险

近年来，随着工业化和城镇化建设步伐的加快，我国大多城市近郊地区的专业菜地或已被征收用于道路、房产等城镇建设开发，或尚未征用的也被纳入了城镇建设规划，导致城市周边大量的蔬菜生产基地迅速消失，菜农也无心投入专心生产，虽然制定了菜地占补平衡政策，但由于实际落实过程中菜地占补不平衡、先占后补、占多补少、补后又占、征占不补的现象依然存在，加之新菜地生产力明显不如老菜地，导致中心城区市场所销售的蔬菜大量依靠外调和农区供应。

我国蔬菜产业大流通的格局已逐步形成，蔬菜生产已由"就地生产、就地销售"逐步向"一地生产、全国销售"转变。一方面各蔬菜主产地的资源禀赋优势得到较好的发挥，蔬菜生产专业化分工进一步细化，资源配置效率提高；另一方面，我们应看到蔬菜在产区集中生产的风险，主产区突发的自然灾害会直接影响大中城市蔬菜的供应；连作障碍、病虫害防治的困难也进一步加大；蔬菜主产区的供给波动会放大零售终端价格波动的幅度。此外，大中城市城郊蔬菜生产急剧萎缩，城市等主销地蔬菜生产依赖于长距离的运输。自然灾害对运输效率的负面影响会加剧蔬菜供需的结构性矛盾，导致主产区"卖难"和主销区"买难"同时出现。

3.2.3 南北、南南蔬菜主产区竞争加剧

我国园艺产品区域消费市场格局是长期形成的，同时市场容量是有限的，盲目快速发展某一区域的园艺生产可能会导致区域间的无序竞争。北方设施蔬菜在发展过程中虽然很注重尽量同南方露地蔬菜在上市时间和品种结构上有一定差异，但由于近年来北方设施蔬菜的发展较快，不可避免地在上市时间和品种上出现部分交叉，虽然目前南北蔬菜供给还处于互补为主，但随着南北蔬菜产业规模发展，将可能出现南北蔬菜之间竞争的新态势；同时在南方各蔬菜产区，受到当地政府支持和农户对蔬菜产业效益的追求，相关地区蔬菜产业均有较大的发展，但是各区域蔬菜生产未能形成合理分工，产品结构趋同较严重，南方不同蔬菜产地间也初现竞争态势。

3.3 流通体系不健全

3.3.1 现代冷链物流建设滞后，成为制约园艺产品流通的瓶颈

我国园艺产品流通过程中的仓储和运输环节冷链建设相对滞后，加上园艺贮藏保鲜技术手段不发达，造成我国园艺产品流通过程中损耗较大。据调查，目前我国蔬菜流通大多仍采用"冰块＋被褥"等传统的方式进行，这种原始的冷藏方法无法有效地控制蔬菜贮藏中的温度，产生的蔬菜损耗率高达 20%～30%，不利于蔬菜的长时间、远距离流通。而目前美国、澳大利亚等发达国家在农产品运输过程中普遍采用现代冷链物流，在仓储环节采用冷库预冷，运输环节采用低温冷藏车装运，基本能将长途运输过程中的蔬菜损耗率控制在 5% 以下。水果方面损耗率也较高，以贮藏水平较高的赣州为例，2012 年，某公司有 18 个贮藏库，果品贮藏量接近 3000 万 kg，但损耗率仍高达 8%～10%。

3.3.2 流通环节较多，流通成本高

大部分蔬菜、水果等园艺产品的易腐性客观上要求高效便捷的流通体系。在美国，约有 78.5% 的农产品实行产销直挂，产地和连锁超市、餐饮等农产品需求量大的需求方直接连接，其他的 21.5% 虽然经过了中间运销商，但一般所经历的流通环节也只有三个。反观我国，园艺产品从田间生产到消费者餐桌的整个流通过程中，依次需要经过中间商或经纪人的田间（地头）收购、产地批发、长途运输、销地批发、销地零售等多个环节，各个环节层层加价，致使流通成本较高，零售价格居高不下。

根据我们对海南青椒到北京和长阳萝卜到广州的跟踪调查：从海口到北京，每斤＊青椒成本价格将上涨 0.66 元；从长阳到广州，每斤萝卜成本价格将上涨约 0.39 元，在油价上涨时，这一费用还将进一步上涨。水果的情况也类似，以脐橙从江西赣州产地至北京新发地市场为例，每千克的运销成本大致在 0.25～0.30 元，而脐橙的产地批发价格大约为 3 元 /kg，仅运输成本一项即造成脐橙市场批发价格上涨约10%。零售环节在园艺产品流通的各个环节中加价幅度最大。根据中国蔬菜流通协

＊1 斤 =500g。

会在北京的调查，农贸市场经营户每天工作时间长达十几个小时，每天的销售额在 700～1000 元，需要加价在这 700～1000 元菜价里的费用包含零售商工资、摊位费、市内运费、商品损耗及削价处理等费用共计 350 元左右，加价幅度一般都必须超过 40%。

3.4 质量安全隐患仍然存在

3.4.1 生产中大量使用农药、化肥的现象仍然普遍

在我国园艺产品生产过程中，不当使用农药、化肥的情况比较普遍。一是农药、化肥使用量大。农药和化肥大量使用情况从投入成本比例大幅上升中反映出来。2011 年，我国大中城市蔬菜生产每亩投入的农药、化肥成本分别为 108.63 元和 283.82 元（图 2.9），比 2003 年分别增长 65.5% 和 113.3%，二者之和占蔬菜生产每亩投入物质与服务费用的 30.3%，比 2003 年的 26.7% 增加 3.6 个百分点；2011 年苹果生产每亩投入的化肥、农药成本分别为 520.23 元和 270.48 元，而 2003 年苹果生产每亩投入的化肥、农药成本分别为 128.55 元和 123.73 元（图 2.10）；2011 年橘子生产每亩投入的化肥、农药成本分别为 435.18 元和 388.32 元，而 2003 年橘子生产每亩投入的化肥、农药成本分别为 248.64 元和 214.96 元（图 2.11）。二是农药产品结构不合理、剂型不配套。据统计，我国农药产品组成为：杀虫剂占 72%、杀菌剂占 11%、除草剂占 15%、其他占 2%。

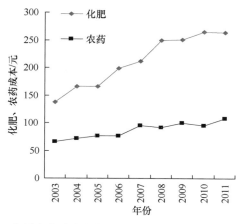

图 2.9　我国大中城市蔬菜生产每亩投入的化肥、农药成本
数据来源：根据国家发展和改革委员会价格司（2012）的资料计算

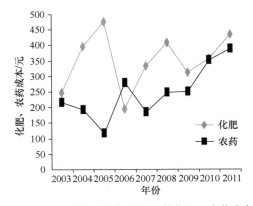

图 2.10 我国苹果生产每亩投入的化肥、农药成本
数据来源：根据国家发展和改革委员会价格司（2012）的
资料计算

图 2.11 我国橘子生产每亩投入的化肥、农药成本
数据来源：根据国家发展和改革委员会价格司（2012）的
资料计算

3.4.2 园艺产品加工品质量安全仍然存在

据中国标准化研究院的资料，2012 年蔬菜制品产品在 22 个省份采到样品，实际采样 804 批次。在 804 批次中，检出问题样品 41 批次，问题样品检出率为 5.1%。检测工作发现蔬菜制品存在的主要问题是超限量使用防腐剂和甜味剂。分析原因是蔬菜制品含水量大，容易受周围微生物的污染，有些企业就通过增加蔬菜制品的盐分和加大防腐剂的用量来防止蔬菜制品变质，增加了盐分后为了避免过咸而又增加糖精钠、安赛蜜、甜蜜素等甜味剂的用量。

3.4.3 出口产品因质量安全问题频遭退货

我国对美国蔬菜出口被退、被扣批次近两年呈上升趋势。2008 ～ 2011 年，我国对美国蔬菜出口被退、被扣批次稳定在 110 ～ 140 批次。2012 年，被退、被扣批次大幅上升为 203 批次。2013 年，我国对美国蔬菜出口遭受扣留和拒绝进口达到 239 批次，比 2012 年增加 36 批次（图 2.12）。

我国对美国蔬菜出口被退、被扣的原因包括产品含有化学杀虫剂、产品含有脏和腐烂物质、不适合食用、企业未按规定注册或标识等。2013 年，因产品含有化学杀虫剂而遭美国食品药品监督管理局（FDA）扣留的批次达到 71 批，占被扣留总批次的 29.71%。2008 ～ 2013 年，由于蔬菜出口管理逐渐规范，因注册、信息及标签等而遭 FDA 扣留的比例呈下降趋势，而因农药残留遭 FDA 扣留的批次比例则呈明显上升的趋势。2009 年，因注册、信息及标签等原因而被扣留的批次占被扣留总批次的 42.74%，2013 年下降到 20.08%。2008 年，因产品含有

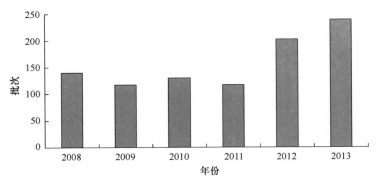

图 2.12　我国对美国蔬菜出口被退、被扣批次统计（2008～2013 年）
数据来源：根据海关信息中心（2013）资料整理

化学杀虫剂而遭 FDA 扣留的批次占被扣留总批次的 7.08%，2013 年这一比例上升到 29.71%（图 2.13）。

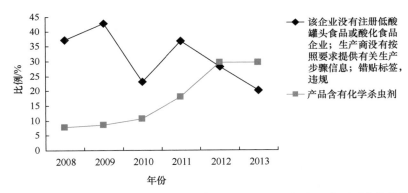

图 2.13　2008～2013 年我国对美国蔬菜出口遭 FDA 扣留两大原因变化趋势
数据来源：根据海关信息中心（2013）资料整理

3.4.4　质量安全监管体系不健全

我国蔬菜质量安全监管体系仍不健全。一是管理主体多头交叉、职责分工不明确。"分段监管为主，品种监管为辅"的分段式监管体制涉及农业、工商、质监、卫生、环保等多个部门，各部门执法标准不一，导致执行不公、部门协调难度大，使得实际监管中常常存在着重复检测、重复惩罚的现象。虽然 2013 年我国成立了国家食品药品监督管理总局，开始整合农产品质量安全的各个监管主体，但真正实施起来仍需要一个过程。二是检测技术落后，一些已为国际公认并广为应用的先进管理技术，如危害分析的临界控制点（hazard analysis critical control point，HACCP）体系、危险性评估原则等总体水平还不高。三是质量安全认证体系缺乏统一性、完整性和认同度，导致总体上我国农产品产品认证能力不能满足日益增长的市场需求，认证率低，一方面有大量的产品通过了相关的认证；另一方面消费者对通过认证的产品心存疑惑。

3.4.5 农户缺乏"绿色、安全、健康"的生产理念

我国从事园艺生产的多为兼业农民，其受教育程度较低，后天学习相关科技知识的能力不强，因此，其生产行为在很大程度上受种植习惯的影响。"绿色、安全、健康"的生产理念作为一种新的理念，农民接受还需要一个较长的过程。另外，相较于普通园艺产品生产而言，绿色园艺产品生产投入更多、产量较低、风险更大，而农产品质量具有内隐性，消费者难以从外观上判断其内在质量，因而安全绿色农产品难以真正地实现优质优价，导致了相对于普通产品而言，绿色农产品生产的收益更低。另外，关于"绿色、安全、健康"的生产理念的宣传和引导工作不细致、不到位，对生产经营过程中的"不安全"行为的监管缺失和惩处不力，也在一定程度上滋长了农户的投机心理，从源头上加剧了园艺产品生产的安全隐患。

3.5 科技支撑力弱

3.5.1 蔬菜种子市场遭遇国外种子的挑战

种子是园艺作物产业核心竞争力的根源所在，我国蔬菜种子市场正遭遇国外种子的挑战。黄山松等（2014）的研究显示，2012 年我国蔬菜种子年用量为 4 万～ 5 万 t，洋种子消费量（含进口种子和外资公司在国内繁育销售部分）为 1 万 t 左右，占蔬菜种子市场总量的 20%～ 25%，部分高端蔬菜洋种子甚至占到 40%～ 50% 的市场份额；由于洋种子主要控制着高端蔬菜种子市场，因此外资企业以 20% 左右的市场份额占据着 50% 左右的厂商环节利润。

农业部农技推广总站的张真和（2012）发现，2012 年我国进口蔬菜和瓜类种子为 10 356.24t，可播种面积为 2362.96 万亩，而同年我国蔬菜和瓜类播种总面积为 34 083.95 万亩，进口种子可播种面积占实际播种面积的 6.93%，在部分年份这一比例曾达到 9.1%，因此认为全国进口种子可播种面积占全国蔬菜和瓜类播种面积的 6.9%～ 9.1%。不同蔬菜品种进口种子可播种面积占实际播种面积的比例各不相同，花椰菜、薹菜、青菜、苋菜、结球甘蓝、莴苣、芹菜、大白菜等比例较高，2012 年，薹菜、青菜、花椰菜进口种子可播种面积占实际播种面

积的比例最高，分别为 44.58%、30.23% 和 24.99%。在部分年份个别品种这一比例甚至高达 50% 以上（表 2.2）。

表 2.2　2012 年蔬菜、瓜类和进口种子可播种面积比例

蔬菜种类	蔬菜和瓜类播种面积 / 万亩	进口种子数量 /t	进口种子可播种面积 / 万亩	进口种子可播种面积比例 /%
蕹菜	315.20	4 215.01	140.50	44.58
青菜	901.69	545.20	272.60	30.23
花椰菜	806.27	50.37	201.49	24.99
结球甘蓝	1 757.71	79.53	265.10	15.08
莴苣	758.83	18.13	90.63	11.94
胡萝卜	823.49	276.65	55.33	6.72
芥菜	786.28	195.05	39.01	4.96
菠菜	1 251.71	1 517.17	60.69	4.85
芹菜	1 103.90	43.32	43.32	3.92
洋葱	1 126.81	153.65	38.41	3.41
其他瓜菜	25 293.05	3 253.67	577.94	2.28
合计	34 924.94	10 347.75	1 785.02	152.96

3.5.2　轻简化生产技术需求迫切、进展缓慢

　　园艺作物产业是典型的劳动密集型产业，在生产中需要投入大量的劳动力。近些年来，蔬菜、水果生产人工成本的上涨速度较快。2010 年，蔬菜种植每亩投入的人工成本已高达 1334.38 元，超过物质与服务费用而成为蔬菜生产最重要的成本组成部分，占蔬菜生产总成本的 49.4%（图 2.14）；水果产业的发展同样受到了生产中人工成本上涨的冲击，2004 年以后，人工成本的比例逐渐上升，物质费用和人工成本投入增长速度迅速加快，成为推升苹果和柑橘类生产总成本上涨的关键因素（图 2.15，图 2.16）。在未来的一段时间里，我国园艺产品生产的劳动力成本还会进一步上升，挤压园艺产品生产的利润，影响园艺作物产业的可持续发展。因此，发展轻简化生产技术势在必行。但我国园艺产品轻简化生产发展滞后：由于园艺产品品种繁多，生产周期较短，生产时田间管理复杂，机械的普适性差，很多蔬菜是一次播种多次收获、农民采用混套种的蔬菜种植模式等使得机械化操

作比较困难；园艺机械相对于小规模生产的农户而言价格较高；国家对园艺机械的发展不是很重视，科研人员更多地关注粮油机械，造成了园艺作物产业轻简化生产技术研发和推广都比较缓慢。

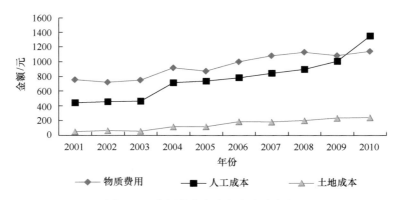

图 2.14　我国蔬菜生产各类成本变化
数据来源：根据国家发展和改革委员会价格司（2012）资料计算

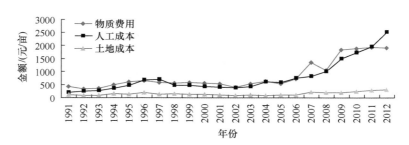

图 2.15　苹果生产各类成本变化曲线
数据来源：根据国家发展和改革委员会价格司（2012）资料计算

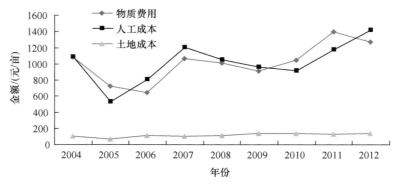

图 2.16　柑橘类生产各类成本变化曲线
数据来源：根据国家发展和改革委员会价格司（2012）资料计算

3.5.3 技术推广体系薄弱

我国农业技术推广体系十分薄弱，农技推广人才队伍面临着老龄化、学历低、素质不高等突出问题。据农业部相关统计：截至 2010 年年底，我国农技推广人才仅有 78 万人，平均每 500 位农民中不到一名农技人员，在农技人员中，具有高级职称的仅占 8.7%，本科以上学历的仅占 24.3%。由于基层条件艰苦、待遇较差，农技人员往往不愿意下到基层，"最后一公里难题"在园艺作物产业中表现尤为突出。据调查，在地、县一级的园艺研究机构，通过人才引进计划引入的园艺科技人员，一年内的离职率高达 75%。

4. 园艺作物产业可持续发展的关键制约因素

4.1 劳动力资源的制约

虽然我国农村地区劳动力数量丰富，但多数从业者年龄偏大，教育水平不高，且呈现出较大的地区间差异。第 2 次全国农业普查数据显示：在正规教育体制下，几乎 90% 的农村劳动力教育水平都在初中及以下，同时，我国农村劳动力接受职业技术培训等方面教育的机会很少。

当前设施园艺的发展对从业人员提出了更高的要求。一方面园艺作物产业受管理技术的影响程度较大；另一方面由于园艺作物产业是我国市场化程度最高的农业产业之一，因此市场风险相对较大，相对于大宗农产品生产经营而言，园艺产品生产者要求具有更高的市场驾驭能力。

随着我国工业化与城市化进程加快，城市劳动报酬率不断提高，城乡收入差距日益扩大，大量的农村劳动力，尤其是受教育程度相对较高的青壮年劳动力涌入城市，导致农村的青壮年劳动力尤其是男性劳动力大大减少，留在农村的往往是妇女、儿童及老人等劳动能力较弱的群体，对园艺作物产业的影响极大。

4.2 土地资源的制约

我国土地资源绝对量大、相对量小且质量不高。国土总面积居世界第三位，但人均占有土地面积只是世界平均水平的 30%。国土中适宜园艺作物生长的面积所占比例有限。由于我国垦殖历史悠久，质量好的土地后备资源已为数不多。

在土地资源先天不足的情况下，既有的耕地资源还面临着沙漠化、水土流失等自然因素和社会发展两个方面的侵蚀，陈科灶（2010）研究显示，全国荒漠化面积约为 2.64 亿 hm^2，沙化面积约为 1.74 亿 hm^2。2000 年以来，我国每年建设用地都在 300 万 hm^2 以上。

我国现有的耕地资源，既要解决 13 亿人口吃饭穿衣问题，又要发展园艺等相对高附加值的产品，统筹发展难度非常大。由于维护国家粮食安全一直是农业面临的第一要务，因此所有农业产业发展都要以"不与粮食争地"为前提。虽然相对于粮食、棉花、油料等大宗农产品而言，园艺作物产业生产的经济效益更高，但在有限的土地资源约束下，作为"用地大户"的园艺作物产业与粮争地的矛盾将更加突出，依靠扩大种植规模的发展模式将不可持续。

4.3 水资源的制约

淡水资源是农产品生产必需的基本资源，据统计，我国人均淡水资源占有量为 2500m^3，仅为世界人均淡水资源占有量的 1/4 左右，在世界排名 127 位。淡水资源在时空分布上的不平衡进一步加剧了我国淡水资源的紧缺程度。首先是时间分布上的不平衡，较大规模的旱灾与洪灾时有发生；其次是空间上的分布不均衡，我国西部地广人稀，但淡水资源相对缺乏；东部耕地面积较少，而淡水资源却相对丰富。统计数据显示：我国长江及其以南地区仅拥有全国 36% 的土地，但拥有 81% 的淡水资源。

由于人们在经济发展初期保护水资源的意识不强，以及污水处理需要支付较高的成本，大量的工业废水和生活废水未经任何处理就被直接排放，加上近 20 年来在农业生产中对农药和化肥的大量使用，导致我国水环境不断恶化，水资源质量持续下降。水资源质量下降必然导致园艺产品生产质量下降，增加生产优质园艺产品的难度和成本。

我国农业用水占总用水量比例超过 10%，为最大的淡水资源需求行业。由于目前我国农业用水基本处于一种免费状态，农民生产过程中水资源浪费现象严重、利用效率较低，新型节水灌溉技术的推广使用范围不宽、效果有限，张晓山（2015）指出，农业灌溉用水有效利用率仅为 52%，低于发达国家约 20 个百分点。

园艺作物的生物学特性决定了园艺作物在生长周期内需要大量的水资源，相关资料显示，蔬菜 90%～95% 的成分是水，水果的水分也在 75% 以上。园艺作物对水的需求几乎贯穿于整个生长周期，因此，灌溉和排水是园艺作物生产的重要环节之一。尽管新型节水灌溉技术在园艺作物产业中的应用普及度略高于粮食作物，滴灌技术在我国蔬菜、花卉、水果、药材、林木等的种植上应用广泛，微喷技术在园林、运动场、花卉和果树种植上使用较多，但相比园艺作物产业发达的国家仍有相当的差距。

水资源已经成为制约我国园艺作物产业发展的重要因素之一，甚至因为出口蔬菜相当于出口水资源而出现过对蔬菜出口是否经济的质疑，因此对于我们这个水资源缺乏的园艺产品生产和消费大国来说，节水灌溉是未来园艺作物产业发展的技术方向。

4.4 加工能力的制约

园艺作物产业生产出的产品属于典型的鲜活农产品，产品收获后如果不能迅速消费或加工处理就会腐败变质，因此，加工事实上可以被看作园艺产品的蓄水池，对产业的健康发展起着重要的调节作用。但我国园艺产品加工业发展严重滞后，加工能力严重不足，成为影响我国园艺作物产业可持续发展的又一重要因素。2005～2011 年，在蔬菜食品消费中，鲜菜消费大约占 90%，加工蔬菜消费大约占 10%；水果加工率在 5%～10%，低于世界平均水平，而发达国家水果加工率一般在 50% 以上；食用菌产品主要以鲜销（如侧耳属类、金针菇等）、干制（如木耳、香菇等）、腌制（如双孢蘑菇等）、速冻等初级加工方式为主，产业链纵深延伸不足，在可以延伸链条的精深加工领域中产品过少，特别是许多具有特殊保健功能的食用菌加工开发程度明显不足。另外，我国园艺产品采后分级、包装处理不到总产量的 1%。果品贮藏保鲜能力只占总量的 20%，其中冷藏库和气调库贮藏占总量的 6.5%。国内大部分蔬菜使用的运输通风车辆都是没有冷源的汽车或火车，或是普通货车加冰运输，真正冷藏车只占 10%。

4.5 环境压力的制约

园艺作物产业已经成为一个四季产业，塑料制品保温技术的发展在其中发挥了巨大作用。该技术的推广大大提高了农业生产率和经济效益，缓解了果蔬产品供应的淡旺季供需矛盾。但塑料制品的大量使用导致"白色污染"日益严重。一些用于保温、控温的覆盖材料在使用后，被废弃在田间地头，成为农业"白色污染"的重要来源。据了解，我国每年约有 50 万 t 农膜残留在土壤中，残膜率达 40%。在山东部分长期使用地膜的土地中，地膜残留量一般在每亩 4kg 以上，最高的已经到了11kg。残留地膜可在土壤中存留 200 ~ 400 年（李玫，2014）。

农药是园艺产品生产中的一个主要污染物，农药污染对大气、水体、土壤和生态系统都造成一定程度的破坏。2009 年，我国农药使用量接近 171 万 t，比 2008 年增加 2.20%。蔬菜、果树都是使用农药较多的作物。在园艺产品生产中，虫害难以防控的品种的农药污染都比较严重，白菜类（小白菜、青菜、鸡毛菜）、韭菜、黄瓜、甘蓝、花椰菜、菜豆、苋菜、番茄等都属受污染较严重的蔬菜类别。2010 年 4 月初，山东青岛就连续发生了几起食用韭菜中毒事件，工商行政管理局最终查获并销毁了 1950kg 农药残留超标韭菜。

园艺产品生产的另一种重要污染来自化肥。园艺作物生长对肥料的需求量远大于普通作物，需要持续周期性地补充肥料。但如果超量施用无机肥，如尿素等氮肥，肥料在作物体内未转化成营养成分，反而以硝酸盐、亚硝酸盐形式存在，既污染了地下水和地表水，又会对作物和人体产生毒害。东部地区农民对谷物施肥和施药过量 10% ~ 30%，对蔬菜的施肥过量可达到 50% 甚至更高，蔬菜种植区地下水的硝酸盐污染明显增加，山东寿光地下水污染超标率达 60%（朱兆良等，2006）。与化肥使用过量相比，当前人畜粪便等有机肥利用率低，且得不到合理处置，进一步加剧了农村的环境污染。农村生活垃圾和由城市转移到农村的大量生活垃圾使得农地进一步被污染。据搜狐新闻报道：近年来，蔬菜主产区山东的土壤酸化速度加快，以胶东地区尤为突出，pH 小于 5.5 的酸化土壤面积已达 980 多万亩。全省（山东省）1300 万亩设施菜地中，有 260 万亩发生了次生盐渍化。

我国食用菌生产的总体格局是"木腐菌为主，草腐菌为辅"，这就导致了食用菌生产需要消耗大量的林木资源，据统计，我国每年至少有 400 万 m³ 木材被食用菌生产占用。一方面，阔叶树资源紧缺、培植周期长，而菌业的迅猛发展致使主产县阔叶林资源锐减，造成很多木腐菌主产区出现林木资源需求与生态环境资源保护间的矛盾；另一方面，随着人类对食用菌认识的提高，某些具有特殊功能的食用菌或药用菌需求旺盛，人们对野生的食用菌过量采挖，导致种质资源日益匮乏。

4.6 经济效益的制约

虽然相对于粮、棉、油等大宗农产品而言，园艺产品生产效益相对较高，但与其他主产国相比，我国园艺作物产业经济效益仍然相对偏低。以柑橘类水果为例，据有关统计，2013 年，我国柑橘单产为 857.82kg/亩，与世界平均水平 1000kg/亩还有一定的差距，与美国的单产水平相差更大。此外，我国水果以鲜食为主，加工率和加工层次低，水果整体加工率只有 5% 左右，远低于发达国家 50% 的加工率，致使水果产业整体附加值低，高档果汁消费几乎全部依赖进口。

近 10 年来，我国园艺产品生产流通成本增长较快。2003 ~ 2010 年，我国大中城市蔬菜生产，每亩平均成本由 1311.16 元增加到 2698.52 元，增长了 105.8%（图 2.17）。2004 ~ 2012 年，我国亩均苹果生产成本从 1340.29 元增加到 4745.37元，增长了 254.1%；亩均柑类水果生产成本从 2287.75 元增加到 2837.53 元，增长了 24%；亩均橘类水果生产成本从 1416.37 元增加到 1859.92 元，增长约 31%（图 2.18）。流通成本主要取决于流通费用的高低，因此，流通成本还与石油价格息息相关。据统计，2001 年 1 月我国柴油价格指数为 135.92，2012 年 1 月的柴油价格指数（以 2000 年 1 月为基期）为 357.91，上涨幅度约 163%。

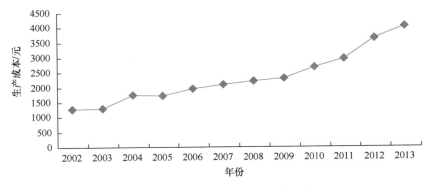

图 2.17　大中城市蔬菜生产成本变化
数据来源：根据国家发展和改革委员会价格司（2012）资料计算

园艺产品生产者的相对经济效益有下降的趋势。2001 ~ 2005 年，蔬菜种植亩均产值分别是粮食、棉花、油料作物的 6.24 倍、3.01 倍、6.59 倍，亩均净利润分别是粮食、棉花、油料的 17.78 倍、5.53 倍、16.69 倍；2006 ~ 2010 年，蔬菜种植亩均产值分别降为粮食、棉花、油料作物亩均产值的 5.86 倍、2.96 倍、5.42 倍，亩均净利润分别降为粮食、棉花、油料的 11.06 倍、5.24 倍、7.39 倍，表明蔬菜生产相对于大宗农产品的效益优势正在逐步下降。

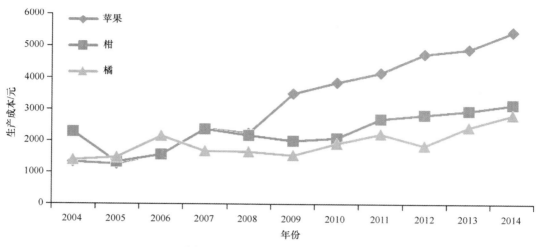

图 2.18　三种水果生产成本变化

数据来源：根据国家发展和改革委员会价格司的资料计算

5.　园艺作物产业供需预测

5.1　蔬菜产业供求预测

5.1.1　蔬菜供给预测

截至 2012 年，中国蔬菜播种面积由 1995 年的 1.43 亿亩增加至 3.03 亿亩（图 2.19），单产也由 1995 年的 1802.5kg/ 亩增加至 2012 年的 2321.8kg/ 亩（图 2.20），

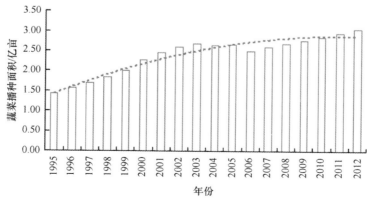

图 2.19　1995 ～ 2012 年中国蔬菜播种面积

数据来源：根据国家统计局（2013a）和农业部（2012a）资料整理

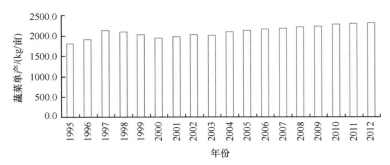

图 2.20　1995 ～ 2012 年中国蔬菜单产

数据来源：根据国家统计局（2013a）和农业部（2012a）资料整理

单产水平年均提高 1.5 个百分点。

综合考虑政府主管部门和蔬菜行业人士的观点，在一定时期，中国蔬菜产业发展应保持全国蔬菜播种面积的基本稳定（农业部，2012a）。由图 2.19 可知，1995 ～ 2012 年，全国蔬菜播种面积呈递增态势，且增速逐渐放缓。考虑土地资源的有限，蔬菜播种面积不可能无限扩张 *，故本研究采用了具有最高上限的三参数 Gompertz 模型来预测 2020 年、2030 年蔬菜播种面积，得到的结果分别约为 3.11 亿亩和 3.18 亿亩（图 2.21）。

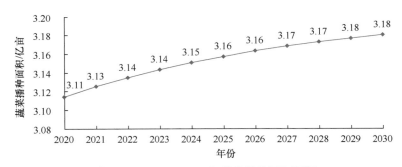

图 2.21　2020 ～ 2030 年蔬菜播种面积预测

一般认为，在一定时期，我国蔬菜种植面积将保持基本稳定，但蔬菜单产将有一定提高。根据《全国蔬菜产业发展规划（2011—2020 年）》，预计全国蔬菜于 2020 年单产达到 2500kg/ 亩；如果单产水平年均提高 1.5 个百分点，则 2030 年全

---

　　* 以美国为例，2010 ～ 2012 年，美国新鲜蔬菜种植面积基本保持平稳，且在 176.8 万亩（1 英亩≈0.404hm²）附近小幅波动。换言之，土地资源的有限性及蔬菜需求的相对稳定，共同导致了蔬菜种植面积的稳定。本模型的预测是基于 1990 ～ 2012 年的蔬菜播种面积数据，模型拟合优度达到了 0.9972，确保了模型预测的相对精度。

国蔬菜单产预计达到 2917kg/ 亩。据此预测，2020 年、2030 年全国蔬菜总产量将分别达到 7.79 亿 t 与 9.28 亿 t（图 2.22）。

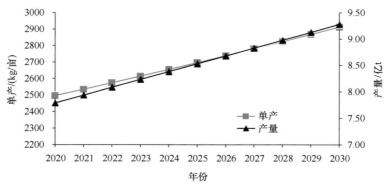

图 2.22　2020 ～ 2030 年蔬菜单产与产量预测

根据《全国蔬菜产业发展规划（2011—2020 年）》，2020 年中国的蔬菜商品化处理率提高到 60%。据此推测，2025 年和 2030 年，中国的蔬菜商品化处理率将分别达到 70% 和 80%（图 2.23）。

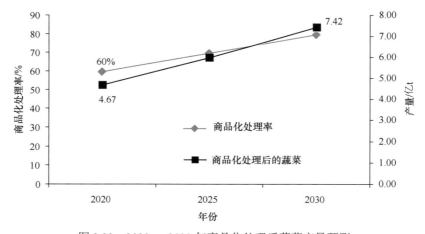

图 2.23　2020 ～ 2030 年商品化处理后蔬菜产量预测

根据历年的《中国农业年鉴》，2008 ～ 2011 年，食用菌（干鲜混合）产量占蔬菜总产量的比例为 1.15% ～ 1.33%，且相对比较稳定。依此预测，2020 年，食用菌产量将在 0.0895 亿～ 0.1036 亿 t 波动；2030 年，食用菌产量将在 0.1067 亿～ 0.1234 亿 t 波动（图 2.24）。

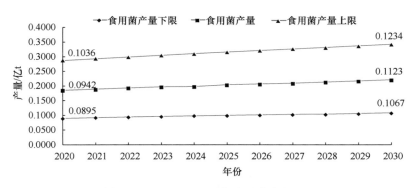

图 2.24　2020 ～ 2030 年食用菌产量预测

5.1.2　蔬菜需求预测

5.1.2.1　蔬菜出口需求的预测

根据联合国粮食及农业组织（FAO）提供的数据，1990 ～ 2009 年，中国蔬菜出口占蔬菜总产量的比例为 1.17% ～ 2.28%，且在 2005 年以后围绕着 2.11% 波动并趋于稳定。据此可预测，2020 年、2030 年蔬菜出口占蔬菜总产量的比例也将在 1.17% ～ 2.28%。故 2020 年，蔬菜出口量将在 0.0911 亿～ 0.1775 亿 t 波动；2030 年，蔬菜出口量将在 0.1085 亿～ 0.2115 亿 t 波动（图 2.25）。

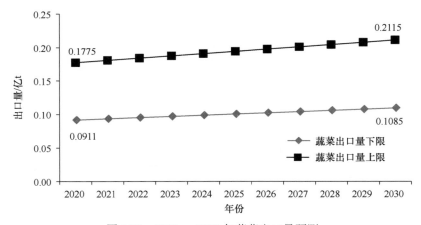

图 2.25　2020 ～ 2030 年蔬菜出口量预测

5.1.2.2　蔬菜国内需求的预测

（1）蔬菜食品消费量的预测

根据 FAO 统计数据，近几年蔬菜食品消费占蔬菜总产量的比例非常稳定，且围绕着 84% 小幅波动。若假定 2020 年、2030 年蔬菜食品消费比例也约为 84%，则 2020 年、2030 年的蔬菜食品消费量分别约为 6.5436 亿 t 和 7.7952 亿 t。

就蔬菜消费结构而言，中国城镇居民蔬菜消费主要以鲜菜为主，2005～2011 年，鲜菜消费大约占了 90%，加工蔬菜消费大约占了 10%。随着中国居民人均收入的提高，对于高品质加工蔬菜的消费需求也会提升。假定 2020 年、2030 年加工蔬菜消费比例增至 15%，则 2020 年的加工蔬菜消费量将达到 0.98 亿 t 左右，2030 年的加工蔬菜消费量将达到 1.17 亿 t 左右。

现有统计数据表明，中国食用菌人均年消费量不足 0.5kg，而日本人均年消费量为 3kg。根据联合国经济及社会事务部人口司的预测，随着中国城镇化进程的持续推进，农村人口将持续向城市转移。预计中国城镇人口与农村人口在 2020 年将分别达到 8.46 亿人与 5.41 亿人，在 2030 年将分别达到 9.58 亿人与 4.35 亿人。如果 2020 年和 2030 年中国食用菌人均消费量达到 3kg，则 2020 年和 2030 年城乡居民家庭食用菌总消费量预计分别达到 416.3 万 t 和 417.9 万 t（图 2.26）。

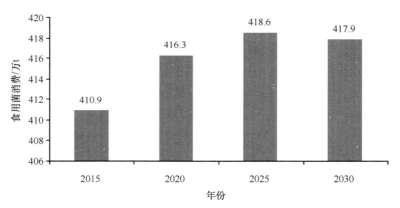

图 2.26　2015～2030 年食用菌消费预测

资料来源：根据人口预测值进行测算

（2）蔬菜饲料使用量的预测

据 FAO 统计数据，蔬菜饲料用途比例由 1990 年的 1.09% 增加至 2009 年的 5.76%。进一步的观察发现，2003 年之后的蔬菜饲料用途比例大致呈稳定状态，且围绕 5.7% 波动。若 2020 年、2030 年的蔬菜饲料用途比例维持在 5.7% 左右，则 2020 年、2030 年蔬菜饲料使用量将预计分别达到 0.44 亿 t 和 0.53 亿 t（图 2.27）。

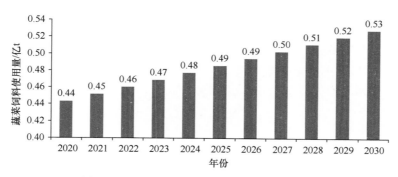

图 2.27　2020～2030 年蔬菜饲料使用量预测

（3）蔬菜损耗量的预测

据 FAO 统计数据，1990～2009 年，蔬菜损耗率由 1990 年的 8.26% 降至 2009 年的 7.65%，年均降幅达 0.03%。据此推测，2020 年、2030 年的蔬菜损耗率将分别降至 7.32% 和 7.02%。故 2020 年、2030 年蔬菜损耗量分别约为 0.57 亿 t 和 0.65 亿 t。

5.1.3　我国蔬菜供求整体趋势判断

按照预测，由于单产的增加，在控制种植规模的情况下，2020 年和 2030 年的全国蔬菜总产量将分别达到 7.79 亿 t 与 9.28 亿 t；2020 年，蔬菜出口量将在 0.0911 亿～0.1775 亿 t，国内食品消费将达到 6.5436 亿 t，蔬菜饲料使用量将达到 0.44 亿 t，蔬菜损耗量约为 0.57 亿 t；2030 年的蔬菜出口量将在 0.1085 亿～0.2115 亿 t，国内食品消费量将达到 7.7952 亿 t，蔬菜饲料使用量将达到 0.53 亿 t，蔬菜损耗量约为 0.65 亿 t。故 2020 年，我国蔬菜总需求量在 7.64 亿～7.73 亿 t；2030 年，我国蔬菜总需求量在 9.08 亿～9.19 亿 t；因此，中国蔬菜产业基本能够实现供需平衡，且供给略大于需求。

5.2　水果产业供求预测

5.2.1　基于趋势外推法预测

5.2.1.1　水果供给预测

1995～2012 年，水果播种面积由 1995 年的 1.21 亿亩增加至 1.81 亿亩。考虑土地资源的有限性，水果的播种面积不可能无限扩张，本研究采用了具有最高上限的三参数 Gompertz 模型预测 [*]，2020 年、2030 年水果播种面积将分别约为 1.89 亿亩和 1.98 亿亩（图 2.28）。由于 2003 年之后，水果单产水平年均提高 2.9 个百分点，预计 2020 年、2030 年的水果单产将分别达到 1655kg/ 亩和 2194kg/ 亩。据此预测，2020 年、2030 年的全国水果总产量将分别达到 3.12 亿 t 与 4.35 亿 t（图 2.29）。

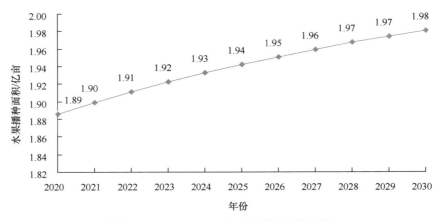

图 2.28　2020～2030 年水果播种面积预测

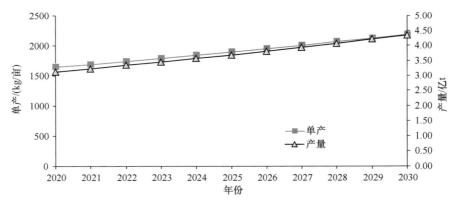

图 2.29　2020～2030 年水果单产与产量预测

5.2.1.2　水果需求预测

（1）水果出口需求的预测

根据 FAO 的数据，1992～2011 年，中国水果出口量占水果总产量的比例为 2.15%～5.92%。考虑到水果出口量占中国国内水果产量的份额相对稳定，据此可以

---

* 本模型的预测是基于 1990～2012 年的水果播种面积数据，且模型拟合优度达到了 0.9981，从而确保了模型预测的相对精度。

预测，2020 年、2030 年的水果出口量占水果总产量的比例也将为 2.15% ～ 5.92%，故 2020 年水果出口量将为 0.0671 亿 ～ 0.1849 亿 t，而 2030 年水果出口量将为 0.0935 亿 ～ 0.2574 亿 t（图 2.30）。

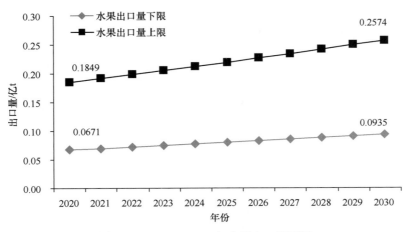

图 2.30　2020 ～ 2030 年水果出口量预测

（2）水果国内需求的预测

1）水果食品消费量的预测。

根据 FAO 统计数据，近几年中国水果食品消费量占水果总产量的比例非常稳定，且围绕着 85% 小幅波动。若假定 2020 年、2030 年的蔬菜食品消费比例也约为 85%，则 2020 年、2030 年的水果食品消费量将分别约为 2.6520 亿 t 和 3.6975 亿 t。就水果消费结构而言，2005 ～ 2011 年，干鲜瓜果及制品消费将约占 25%。随着中国居民人均收入的提高，对于高品质加工水果的消费需求也会提升。2006 ～ 2011 年，加工水果消费比例每年大约上升 1%，据此推测，2020 年、2030 年加工水果消费比例将分别增至 34% 和 44%，则 2020 年的加工水果消费将达到 0.9017 亿 t 左右，2030 年的加工水果消费将达到 1.6269 亿 t 左右。

2）水果制品使用量的预测。

据 FAO 统计数据，1992 ～ 2011 年，水果制品用途比例大致呈稳定状态，且围绕 6.40% 波动，若 2020 年、2030 年的水果制品用途比例维持在 6.40% 左右，则 2020 年、2030 年的水果制品使用量将预计分别达到 0.20 亿 t 和 0.28 亿 t。

3）水果损耗量的预测。

据 FAO 统计数据，1992 ～ 2006 年，水果损耗率在 7% 左右，而 2008 年以后损耗率在 9.6% 左右浮动。水果损耗率由 1992 年的 7.01% 上升至 2011 年的 9.63%，年均增幅约为 0.14%。随着水果仓储与物流技术的进步，水果损耗率势必有所下降。如果 2020 年、2030 年水果损耗率能够控制在 7% 左右，则 2020 年、2030 年水果损耗量将分别约为 0.2184 亿 t 和 0.3045 亿 t。

5.2.1.3 我国水果供求整体趋势判断

按照预测，由于单产的增加，在 2020～2030 年控制种植规模的情况下，2020 年和 2030 年全国水果的总产量将分别达到 3.12 亿 t 与 4.35 亿 t；2020 年，水果出口量将为 0.0671 亿～0.1849 亿 t，国内食品消费量将达到 2.6520 亿 t，水果食品制造使用量将达到 0.20 亿 t，水果损耗量将约为 0.2184 亿 t；2030 年的水果出口量将为 0.0935 亿～0.2574 亿 t，国内食品消费将达到 3.6975 亿 t，水果食品制造使用量将达到 0.28 亿 t，水果损耗量约为 0.3045 亿 t。故 2020 年，我国水果总需求量将为 3.14 亿～3.26 亿 t；2030 年，我国水果总需求量为 4.38 亿～4.54 亿 t。据预测可知，中国水果产业基本能够实现供需平衡，且供给略小于需求。

5.2.2 基于价格联动模型系统的预测

5.2.2.1 水果供需及价格联动模型系统的设计

适应性预期是指经济主体利用变量的过去实际值及过去预测误差来对经济变量的未来进行预测的行为。在水果供求系统中，水果生产者会根据水果过去的需求和价格来决定当期的供给；水果消费者会根据水果过去的价格来决定当期的心理价格，同时，水果当期价格也会受其过去价格的影响，因此，构建水果供需及价格联动模型有必要引入适应性预期理论。

（1）水果供给模型

市场经济条件下，水果生产者按照利润最大化原则来决定产品供给，价格是影响利润的关键因素，生产者根据对当期价格的预测来安排生产和供给，而按照适应性预期理论对当期价格的预测取决于过去价格水平及对过去价格预期的误差。考虑水果生产用地的专用性，水果供给在短期内具有一定的刚性，因此，上期水果供给水平将会影响当期供给水平。此外，产量、水果进口量、单产水平等因素也会影响水果供给水平，因此设计水果供给模型具体形式如下

$$Q_t^s = \alpha_0 + \alpha_1 Q_{t-1}^s + \alpha_2 P_{t-1} + \alpha_3 \mathrm{IM}_t + \alpha_4 \mathrm{UP}_t + \alpha_5 \mathrm{PR}_t + \varepsilon_t \tag{2-1}$$

式中，Q_t^s、Q_{t-1}^s 分别为 t 和 $t-1$ 时期的供给量；P_{t-1} 为 $t-1$ 时期的价格水平；IM_t、

UP_t、PR_t 分别为 t 时期的进口量、单产水平及产量；$\alpha_1 \sim \alpha_5$ 表示相应解释变量所对应的回归系数；ε_t 为随机误差。

（2）水果价格模型

在水果供需系统中，供给与需求之间的相互作用通过价格这个中介变量产生。按照价格理论，水果价格主要由水果的供需决定。然而，除了供需之外，过去的价格水平、进口水平和出口水平、替代品价格也会影响水果价格形成，故设计水果价格模型具体形式如下

$$P_t = \beta_0 + \beta_1 Q_t^s + \beta_2 P_{t-1} + \beta_3 \mathrm{IM}_t + \beta_4 \mathrm{EX}_t + \beta_5 \mathrm{SP}_t + \mu_t \tag{2-2}$$

式中，P_t、P_{t-1} 分别为 t 和 $t-1$ 时期的水果价格水平；IM_t、EX_t、SP_t 分别为 t 时期的进口水平、出口水平及替代品价格水平，$\beta_1 \sim \beta_5$ 表示相应解释变量所对应的回归系数；μ_t 为随机误差。

（3）水果需求模型

影响水果需求的因素很多，有社会文化因素，如偏好、人口数量及其增长；有经济因素，如水果价格、加工率、出口水平、人均收入水平、替代品价格等，考虑数据的可获得性，设计水果需求模型具体形式如下

$$Q_t^d = \lambda_0 + \lambda_1 P_t + \lambda_2 R_t + \lambda_3 \mathrm{SP}_t + \lambda_4 \mathrm{EX}_t + \lambda_5 \mathrm{MN}_t + \lambda_6 \mathrm{POP}_t + \lambda_7 \mathrm{URBAN}_t + \upsilon_t \tag{2-3}$$

式中，R_t、MN_t、POP_t、URBAN_t 分别为 t 时期的人均收入水平、加工水平、人口规模及城镇化率；$\lambda_1 \sim \lambda_5$ 表示相应解释变量所对应的回归系数；υ_t 为随机误差。

从水果供需与价格模型的构建可以看到，水果供给、需求及价格之间相互影响，在由这三个模型组成的供需及价格联动系统模型中，水果供给、需求与价格三个变量内生于系统，有多个不同因素影响它们，并且它们彼此之间也是相互影响和制约的。

5.2.2.2 水果供需预测

利用 ARIMA 模型，按照 BIC 最小化准则并构造 Ljung-Box Q 统计量，对 2013 ～ 2030 年影响供给量和需求量的水果价格、进口量、单产水平、替代品价格、人均可支配收入、出口量、加工率、人口规模进行合理的预测，在此基础上利用水果供需系统估计结果对 2013 ～ 2030 年水果供给及需求量进行预测。

从表 2.3 各指标值的预测结果来看，我国水果价格及其替代品蔬菜价格的总体水平、进口量、水果单产水平、人均可支配收入、出口量、加工率、人口等影响水果总量供需的因素均呈缓慢增长趋势。

表 2.3　2013 ～ 2030 年影响水果供需量的各因素预测值

年份	水果价格指数	进口量/万 t	单产水平/（t/hm²）	蔬菜价格指数	人均可支配收入/元	出口量/万 t	加工率/%	人口/亿人
2013	838	527.4	12.11	1 683	18 004	777.9	7.6	13.902
2014	872	544.6	12.53	1 730	18 212	802.9	7.9	14.024
2015	896	561.6	12.85	1 777	19 031	827.2	7.9	14.147
2016	913	578.3	13.29	1 825	19 298	850.9	8.2	14.269
2017	925	594.7	13.63	1 872	20 063	874.1	8.2	14.369
2018	933	610.8	14.09	1 919	20 378	896.9	8.4	14.513
2019	939	626.8	14.46	1 965	21 100	919.2	8.4	14.635
2020	943	642.4	14.95	2 012	21 454	941.2	8.7	14.757
2021	945	657.8	15.180	2 057	22 105	962.2	8.6	15.105
2022	950	673.3	15.604	2 104	22 450	982.3	8.8	14.777
2023	956	688.9	15.900	2 151	23 123	1 002.0	8.8	14.787
2024	964	704.5	16.333	2 198	23 483	1 021.5	9.0	14.797
2025	973	720.3	16.638	2 245	24 168	1 040.8	9.0	14.807
2026	983	736.0	17.075	2 292	24 523	1 060.0	9.3	14.817
2027	995	751.8	17.384	2 339	25 208	1 097.1	9.2	14.827
2028	1008	767.7	17.824	2 386	25 566	1 098.1	9.5	14.837
2029	1015	774.2	18.135	2 433	26 251	1 117.1	9.5	14.847
2030	1020	798.0	18.576	2 480	26 611	1 136.1	9.7	14.857

　　将表 2.3 得出的影响水果总量供需因素的预测值运用到估计出的水果总量供需系统模型中，得到 2013 ～ 2030 年水果总量的供给量和需求量（表 2.4）：2013 ～ 2030 年，我国水果总量供给和需求都会出现逐年增长，但供需差额始终存在。水果的供给量和需求量增长的幅度有所不同，其中供给总量增长绝对量为 8109 万 t，年均增长 3.02%，而需求总量增长绝对量为 8436 万 t，年均增长 3.30%，需求总量的增长快于供给总量的增长，供需基本平衡，供需差额相对稳定。供需差额为正意味着部分品种的水果销售困难，浪费率高。必须要说明的是，由于水果损耗率是一个相对随机的难以有效预测的变量，故本研究在设计模型时将其单独列出，视为模型结果的调整因子。为确定损耗率，课题研究者通过专家调查法，并采纳了国家现代农业柑橘产业技术体系柑橘保鲜与贮运岗位科学家程运江教授的建议：国内水果从田间地头到餐桌的流通过程中整体的损耗率应该在 20% 左右，因此本研究将水果损耗率设定为恒定值 20%。

表 2.4 水果的供给量、需求量及供需差额预测　　（单位：万 t）

供需	2013 年	2014 年	2015 年	2016 年	2017 年	2018 年	2019 年	2020 年	2021 年
供给量	15 783	16 660	17 321	17 971	18 477	19 022	19 456	19 956	20 183
需求量	15 051	16 396	16 928	17 468	17 959	18 491	18 983	19 517	20 048
供需差额	732	264	393	503	518	531	473	439	135

供需	2022 年	2023 年	2024 年	2025 年	2026 年	2027 年	2028 年	2029 年	2030 年
供给量	20 476	20 818	21 198	21 607	22 036	22 485	22 945	23 415	23 892
需求量	20 084	20 349	20 788	21 235	21 796	22 031	22 479	22 987	23 487
供需差额	392	469	410	372	240	454	466	428	405

从影响供需的因素发展趋势上来看（表 2.5），预期水果价格的年均增长率最高，达 3.39%，说明在物价总体上涨的趋势下，水果生产者高估了预期水果的价格，在预期高价的驱使下增加水果供给。此外，由于整个社会科技水平快速提高，水果生产技能逐年提高，水果单产水平年均增长 2.98%；由于消费水平提高及进口关税水平逐渐降低，国外的优质、特色水果进口逐年增加，进口年均增长 2.93%，高于水果总量出口的年均增长率。就影响需求的各因素增长率来看，虽然人均可支配收入增长率较快，达 2.86%，在一定程度上可刺激水果总量需求，但当期水果价格的年均增长率也较高，为 2.25%，在一定程度上会抑制低收入家庭水果总量的消费。尤其需要提出来的是，水果总量的加工水平偏低，且预测期内增长缓慢，年均增长率仅为 1.70%。

表 2.5 影响水果总量供需的各因素增长率

因素	当期水果价格	预期水果价格	进口量	单产水平	预期蔬菜价格	人均可支配收入	出口量	加工率	人口
增长率 /%	2.25	3.39	2.93	2.98	2.72	2.86	2.84	1.70	0.86

5.2.2.3 预测结论

对水果总量供需趋势预测发现，2013 ～ 2030 年，水果总量供给和需求均会呈现显著增长趋势。其中，供给增长主要来源于生产者对预期水果价格的高估、进口量的增长及单产水平的提高，而需求增长主要来源于人均可支配收入的提高和出口量增长，加工水平低且其增长率缓慢是制约水果需求增长的重要因素。由于供给影响因素的增长率普遍高于需求影响因素的增长率，未来若干年内水果产业整体上供大于求的局面会逐年显现，供需平衡的局面将会被打破。

5.2.3 结论与讨论

我们分析发现，中国水果供需在未来十几年内处于总量基本均衡、供求差额不大的总体局面。如果水果种植面积继续按现有速率扩大，则供过于求的矛盾将会显现。因此，从长期来看，水果种植面积不宜继续扩大，应该考虑将基本稳定现有面积、改善水果种质、优化水果生产布局、淘汰生产效率低下的果园作为未来水果生产的发展方向。

6. 园艺作物产业可持续发展战略构想

6.1 战略定位

无粮不稳、无蔬不康、无肉不富、无棉不贵。园艺作物产业是市场化程度较高、关系国计民生、保障城乡居民营养健康和增加农民收入的重要农业支柱产业。在今后 10～20 年，我国园艺作物产业发展的重点就是顺利完成传统产业向现代产业的过渡，即逐步实现用现代工业、现代科学技术、现代经营理念等武装产业，促进产业快速转型升级，向现代园艺作物产业发展。

6.2 战略目标

6.2.1 总量基本平衡、产品自给有余

园艺作物产业关系国计民生，具有需求量大、产品季节性强和不耐储运的特点，决定了我国主要园艺产品的供应必须依靠国内生产。园艺产品供给不仅要保障城乡居民的日常消费，还要保证为国家工业化提供充足的原料供给，以及国际出口贸易需求。同时，园艺生产受自然条件影响，自然风险较大，年际产量具有一定的不确定性，因此产量应该保持比需求略高的水平，即自给状态下略有余量。

6.2.2 市场相对稳定、品种丰富多样

通过合理地搭配早、中、晚熟品种，提高园艺产品的商品化处理能力、保鲜贮藏能力，延长产品上市期并发展园艺产品加工业、流通业及相关服务业，保证园艺

产品市场的稳定，避免园艺产品市场的大起大落。

随着人们收入水平的提高，人们的园艺消费需求越来越呈现多样化特点，园艺作物产业的可持续发展必须满足人们对园艺产品的这一需求变化趋势。品种丰富多样要求保障在任何时段、任何地点的城乡居民都能在市场上购买到各种各样的园艺产品。

6.2.3　人与自然和谐、产业发展持续

园艺产品生产要求能够实现人与自然的和谐共处，不破坏产地的土壤、水、植被等自然条件，保证菜农、收购商、零售商等各个产业链的主体都能获得合理、稳定的利润，保持自然生态、资源条件和产业链生产与经营的可持续发展。

6.2.4　生产布局合理、流通畅通高效

合理生产布局的实质是充分发挥不同地域的比较优势，使各种资源能够产生更大的使用效率。我国园艺生产布局合理主要体现在两个方面：一是发挥优势产区生产的比较优势，进一步提高优势产区的产业集中度；二是对于蔬菜而言，大中城市周边应具备一定的蔬菜供应保障能力，主要生产一些供应大中城市的速生菜。

建立以批发市场为主体的比较完善的园艺产品市场体系；使市场交易条件、交易方式、交易主体的素质都有较大幅度的提升；市场信息网络完整高效；农超对接、农校对接、农批对接、农企对接、电子商务等先进的交易模式和流通业态成为主流；流通环节少、成本低、效率高。

6.2.5　科技支撑雄厚、产品质量安全

提高单产、提升品质、增加效益，科技要在未来的园艺作物产业发展中起支撑作用。园艺作物产业的科技贡献率进一步提升，国产种业与进口种业的差距缩小，在占据绝大部分国内市场的基础上应努力提高其国际竞争力。园艺生产机械化程度有较大的提高，先进的育种技术、科学的植保和土肥技术、合理的栽培模式在园艺生产中被广泛应用。

全面推进标准化生产，从源头抓起，保障园艺产品质量安全。完善质量安全管理制度，加大对农药、化肥等生产投入品的监管力度，积极推动"三品一标"的发展，大力推广绿色植保和安全用药技术，全面强化质量安全监管工作，建立健全园艺产品质量全程控制体系。全面提高园艺产品品质、安全水平和商品档次，坚决杜绝重大园艺产品质量安全事件的发生，争取 2020 年前实现园艺产品的监测合格率

达 100%。

6.3　战略设想

围绕满足国民所需和顺应产业发展趋势，今后一个时期，园艺作物产业发展应着力实施五大战略，实现五大转变。

6.3.1　实施"布局优化"战略，实现以产区生产为主向优势产区与大中城市周边生产共存转变

因地制宜地制订全国和地区主要产品优势区域发展规划，明确主导产业、主攻方向和发展目标，突出优势区域的资源特色，积极争取当地政府的支持，促进要素资源向园艺产品最适产区集聚，着力推进主产区和优势产区的重点项目建设，促进产业集群，打造优势产业带。水果产业的总体思路为"强化基础、壮大产业、因地制宜、突出优势"，坚持向最适产区集聚，果园发展提倡"上山""下滩"，不与粮争地。蔬菜产业应根据南方和北方在光、热、水等自然资源上的禀赋差异，充分发挥各地的比较优势，合理进行生产布局。充分发挥南方高纬度地区水资源丰富和冬季气候温暖的自然资源优势，积极发展南方冬春蔬菜种植，通过"南菜北运"缓解北方冬春蔬菜生产供应不足的困局；针对北方地区光照资源丰富和水资源不足的特点，在北方地区重点发展以日光温室为代表的设施蔬菜，利用设施蔬菜节水、高产、高效的生产技术，加强水资源的循环利用；在人口密集的大中城市，适度发展郊区设施蔬菜，保持一定的城市蔬菜自给率，主要种植不适合长距离运输的叶菜类蔬菜，减少蔬菜在流通过程中的损耗和成本。

6.3.2　实施"深化市场化发展"战略，实现园艺作物产业发展中市场配置资源起基础性作用向决定性作用的转变

园艺作物产业既是高度市场化的产业，又是有关国计民生的产业。而在园艺作物产业发展中尊重市场和市场规律不够，政府干预较多，"市场看不见的手"作用发挥不够，往往导致市场供求关系扭曲发展，加剧价格波动。

市场应在产业发展中发挥决定性作用。其主要作用体现在三个方面：一是市场在园艺作物产业发展中配置资源；二是主要依靠市场调节园艺产品产量；三是市场决定园艺产品的价格。

加强政府调控、规范政府行为。政府在产业发展中的调控作用应该规范而不应退出，但主要职责如下：一是政府保障园艺作物产业基础设施建设；二是政府提供园艺作物产业生产与市场信息；三是政府监控园艺产品的质量安全；四是政府制定引导园艺作物产业发展的政策。

6.3.3 实施"走出去"战略，实现由利用国内资源和市场向利用国内和国际资源和市场的转变

园艺作物产业的发展要充分利用国内和国际两种资源，努力开拓国内和国际两个市场。一方面在产品质量提升的基础上，巩固现有优势市场，大力开拓新型市场，逐步实现出口市场和出口产品多元化，减少国际市场波动对园艺产品市场的冲击；另一方面要实施"走出去"战略，针对前苏联国家、亚洲发展中国家、非洲国家园艺产品种质资源丰富和园艺作物产业技术总体滞后，以及园艺产品市场开发潜力大等特点，充分利用我国资本充裕和技术成熟的优势，中国政府及园艺作物产业界应该设置涵盖科学研究、技术及产品创新、商业模式创新在内的国际园艺发展项目，鼓励相关生产主体到资源相对丰富的国家建立园艺产品生产基地，破除土地要素和水资源紧缺对产业发展的制约，利用当地的资源生产园艺产品。

6.3.4 实施"提质增效"战略，实现由数量型增长向质量效益型增长转变

转变"以量取胜"的传统园艺作物产业发展模式，树立"以质取胜"的新理念。加大对园艺作物产业研发的投入，提高园艺产品生产的技术水平和科技贡献率；推进园艺产品标准化生产体系建设，确保园艺产品质量安全；打造园艺产品品牌，提高园艺产品市场竞争力，提高园艺产品生产经营的效率。

6.3.5 实施"产业链延伸"战略，实现由注重生产环节向产前、产中与产后并重转变

大力推行园艺产品采后商品化处理、精深加工和废料加工、下脚料综合开发利用，联合攻关商品化处理与加工技术中的关键环节，减少采后损失，提高商品化处理能力及精深加工能力和加工原料资源利用率，促进产品多样化和产业链延伸，增加产品附加值，切实提高园艺作物产业的整体效益；提高产地商品化处理能力和水平，在收获叶菜的同时进行分级、包装；在根茎菜、果菜、水果规模产区合理布局商品化处理场所，并配备分级、清洗、包装设备。重点建设园艺产品的绿色保鲜、

安全储藏和冷链物流体系，构建流畅的流通体系，提高全国园艺产品运输"绿色通道"覆盖率，保障新鲜安全的园艺产品及时、畅通供给。

6.4 战略措施

6.4.1 稳定种植面积、强化内涵发展

从我国主要园艺产品供求变化趋势看，未来一段时间内我国主要园艺产品供给基本能够满足国内需求；从我国主要园艺产品近些年市场的运行情况看，园艺产品市场基本平稳；因此，未来园艺产品需求的增长主要依靠人口的增加来拉动，依靠单产增长基本能满足蔬菜园艺产品需求增长的需要，现有种植面积在正常年份（无大灾）基本能够满足国内需求；过多增加种植面积，将导致园艺产品季节性、区域性过剩，价格下跌的风险将增加，容易造成市场价格大起大落。此外，考虑到在18亿亩耕地红线下园艺产品与粮、棉、油耕地竞争问题，园艺产品的发展应以稳定面积、提高单产及提高品质为主。争取到2030年，果园总面积稳定在2.0亿亩左右；蔬菜播种面积稳定在3.15亿亩左右。

重点开展园艺作物种质资源挖掘、开发和利用，改善种质资源的品质、产量、抗性、熟期等重要农艺性状，并加紧培育具有自主知识产权、经济效益高、应用前景好的优良新品种。因地制宜地加大国内外优质新品种推广，加快制定及规范各园艺作物的良种苗木繁育技术规程，依据"标准化、规模化、集约化、机械化、商品化"的原则，重点建设一批优势园艺作物良种苗木繁育基地，逐步形成部级资源保存与育种中心、省级繁育场、县级繁育基地相配套的三级良种苗木繁育体系。规范和加强繁育基地与种子种苗市场的监督管理，推广良种、良法配套措施，切实提高我国园艺作物产业的优质种苗覆盖率。在优势产区创建一批标准化、集约化程度高的标准化生产基地，推进基地与现代产业技术体系结合，创建现代园艺作物产业技术集成示范基地，引领全国园艺作物产业提档升级。继续在全国创建蔬菜、水果、茶叶等园艺作物标准园，重点做好"落实标准、培育主体、创响品牌、整合资源、强化服务"的工作，通过建设园艺作物示范县区，带动全国范围内水果、蔬菜、茶叶等园艺产品的质量提升，并提高生产园艺产品的效益，力求供需平衡。此外，要综合考虑经济、生态、社会及我国农业整体发展现状，确定我国园艺作物产业的布局，充分发挥园艺作物产业的扶贫增收、改善生态环境、提高国民健康水平的多功能性。

6.4.2 加强质量监管，力争安全优质

尽快制定和完善园艺产品的国家和行业质量标准，加快园艺产品产地环境、生产技术规范和产品质量安全标准的制定步伐，建立适合中国的整合水果系统（integrated fruit production，IFP）综合生产制度。按照技术、生产资料、销售三统一原则，实施IFP综合生产制度，在生产优质、安全园艺产品的同时，有效地保护环境和劳动者自身安全。

以园艺产品主产区所在地（县、区）为切入点，加大宣传，注重保护主产区的生态环境，大力推行标准化建设，加强对标准园生产者生产行为的引导和规范，促进有机肥料使用比例的提升，统防统治标准园病虫害，提高园艺产品数量和质量，注重标准园园艺产品品牌的建设，促进主产区农业经济的发展，辐射带动周围县（区）推进园艺产品标准化生产。

严格按照《中华人民共和国农产品质量安全法》和《中华人民共和国食品安全法》的要求规范园艺产品产业链，完善园艺产品质量安全责任体系，落实园艺产品质量安全的责任，并逐步建立园艺产品质量安全监管长效机制。提高园艺产品生产者道德风险和逆向选择的成本。加强乡镇等基层单位园艺产品质量安全监管服务的能力，增加园艺产品质量检测的频率和力度。加强对基层农资经营户的监管，重点扶持放心农资下乡进村，并推行高毒农药购买实名制度，园艺主产区地方政府可根据各地实际情况，适时实行高毒农药的专营，并逐步取代高毒农药的使用。采取有效的激励方式，调动相关企业、行业组织的积极性，倡导企业与HACCP、ISO等国际认证对接，逐步实施可追溯制度，加强安全生产管理。

6.4.3 优化区域布局，合理利用资源

园艺作物产业的发展要坚持以科学发展观为指导，坚持总量与结构平衡、充分发挥比较优势、充分发挥统筹兼顾的原则。要综合考虑经济、生态、社会及我国农业整体发展现状，进一步优化我国园艺作物产业的布局，充分发挥园艺作物产业的扶贫增收、改善生态环境、提高国民健康水平的多功能性。

水果要以《全国优势农产品区域布局规划》为指导，继续坚持果树上山下滩，不与粮、棉、油争地的方针，在适宜区内选择集中成片的荒山、荒丘、盐碱沙滩发展果树生产，坚决压缩非适宜区种植面积。对于水果与粮、棉、油生产有重叠的产区，要优先保证粮、棉、油的生产。

要进一步优化和调整蔬菜种植优势区域的主栽品种结构和产品上市期，一方面要发挥优势产区蔬菜生产的比较优势，主要生产一些相对耐储运的蔬菜品种，通过大流通解决大中城市人们对蔬菜消费存在的常年性需求与季节性生产的矛盾问题及消费的品种多样化问题；另一方面大中城市周边要具备一定的蔬菜供应保障能力，主要生产一些供应大中城市的速生菜，实现即使因极端气候导致物流困难，也能保障大中城市的基本供应。

花卉要坚持西南发展鲜切花，东南发展苗木和盆花，西北发展球根花卉和种球生产，东北发展加工花卉的优势区域格局，紧跟国际、国内花卉消费潮流，大力发展市场畅销的优质名贵花卉和具有市场开发潜力的区域特色花卉，开发花卉淡季市场。

6.4.4 完善市场体系，做到流通顺畅

改变园艺产品流通主体以个体户为主的局面，提高园艺产品流通组织化程度。一要加强经纪人、经销商、运销户队伍建设，帮助他们逐步实现公司化、规模化、品牌化经营，做大做强，提高产业集中度；二要依托农民专业合作社，培育农民经纪人队伍，并鼓励有条件的农民合作社从生产领域向流通领域延伸，提高农民讨价还价的能力，分享产业链延伸带来的利润；三要鼓励流通企业和组织向生产领域延伸，推动流通企业与农户建立紧密的利益联结机制，使农户的产品有销路，流通企业的货源有保障，形成利益共享、风险共担的新型产销关系。四要积极培育大型园艺产品流通企业，提高流通组织化水平，鼓励龙头企业通过兼并、重组和投资合作等手段，以及通过建立跨地区的行业协会构建跨地域的营销网络。

继续推动"订单农业""农超对接""农校对接""农批对接""农企对接"等新的产销对接模式，通过合同和契约等形式，将原来简单的买卖关系变为产业链上下游的关系，形成生产与市场的良性互动，构建产销之间、产业链不同主体之间利益共享、风险共担的利益共同体，提高防御市场风险的能力，稳定市场供求关系和价格。认真总结近年来 B2C、C2C 交易的经验，大力推动园艺产品商品的 B2B 交易，规范中远期商品交易合约，促进新型园艺产品流通业态的创新与发展。

加强冷链系统建设。一是在园艺产品优势产区加强预冷设施建设，提高优势产区商品化处理能力；二是积极发展保温、冷藏运输，减少园艺产品的运输损耗；三是提高主销区园艺产品冷链配送能力，鼓励各级主体建设和应用冷藏与冷链运输设备，培育具有一定规模的专业化冷链物流服务企业。

6.4.5 培育新型生产主体，实现主体突破

培育与规模化经营相适应的园艺作物产业新型生产主体，重点培育家庭农场、园艺产品农民专业合作社和园艺产品生产企业。

提高菜农、果农素质以培养适应家庭农场经营需要的职业菜农、果农。一是贯彻落实好九年义务教育，确保没有"新文盲"出现，确保菜农基础教育年限稳步提升；二是制定切实可行的政策，鼓励受过一定种植技术培训的年轻人前往园艺产品主产区创业，鼓励他们投身园艺作物产业，改善菜农、果农年龄结构；三是通过实施优惠政策，吸引和支持返乡务农的优秀人才、高等学校毕业生、退役军人到农村创办现代蔬菜企业，鼓励有兴趣、有能力的城市青年和工商界人士成为新型职业菜农、果农；四是以农技推广战线、农业培训学校等为阵地，抓好乡村干部、专业合作社负责人、农技人员及经纪人、种植大户的教育培训，提高受训者的生产技术能力和经营管理水平。

培育和规范园艺产品专业合作社。积极引导农民专业合作社按照《中华人民共和国农民专业合作社法》建立健全合作社的财务、人员管理等各项规章制度，完善合作社的监督约束、利益分配、民主管理和风险保障等机制；通过多种形式，对现有园艺产品专业合作社负责人进行有关政策法规、生产技能、营销知识等方面的培训，提高其经营管理水平；制定优惠政策，继续鼓励和引导各类科研人员、农技推广人员和大中专毕业生扎根农村创业，培养园艺产品专业合作社负责人；要选择一批有一定基础、管理比较规范且有一定发展潜力的农民专业合作社作为"示范社"加以重点培育，使它们发展成为有一定规模和实力、进入良性自我发展轨道的示范性合作社，通过"示范社"的带动，促进我国农民专业合作社经营能力的整体提升。

园艺作物产业生产企业在最近几年随着社会资本进入园艺作物产业而有较大发展，但必须看到的是部分社会资本进入园艺作物产业并非基于长期的战略思考，而是以占有土地、套取补贴等为出发点，所以，一方面应该制定优惠政策鼓励社会资本流向园艺作物产业，创办新型园艺企业；另一方面要采取措施对社会资本流向园艺作物产业加以引导和规范。

6.4.6 发展产后加工，实现产业升级

园艺作物产业的可持续发展急需全面转型升级、全力打造园艺作物产业发展的"2.0版"。园艺作物产业全面升级是指全产业链的升级，包括生产基地基础设施、生产技术条件、储藏加工设备、冷链物流装备、市场交易环境等在内的各个环节都

要实现改造升级。在今后一段时期，中国园艺作物产业发展必须走"市场主导、政府引导、科技引领"协同发展之路，突出科技在振兴中国园艺作物产业中的位置，推行以市场为导向、企业为主体、产学研无缝对接的可持续发展新模式。重点加强对园艺产品贮藏保鲜及深加工技术的研发和应用，包括速冻技术，超高温、超高压杀菌技术，无菌包装技术等贮藏保鲜技术，以及腌制、脱水、保鲜、糖制、速冻、水煮等深加工技术。要以基地建设为着力点，促进品种结构调整，全面推进标准化建设；以产业技术需求为导向，加强科技研发，促进集成简化技术的推广与应用；以增强竞争力为中心，加强产业链各环节基础设施建设，夯实产业发展基础；以品牌建设为重点，加快体制机制创新，构建新型园艺作物产业经营体系。

7. 园艺作物产业可持续发展的政策保障

7.1 处理好市场导向与适度调控的关系

21 世纪以来，我国园艺作物产业发展主要强调市场导向，这是园艺作物产业能得到健康、快速发展的重要保证。但从近两年的情况来看，不能完全依靠市场，适度调控还是必要的。因此，在园艺作物产业发展中，要注意运用多种调控方式和手段加强宏观调控力度，稳定园艺生产和市场价格。但也应注意到，政府的过度干预会削弱市场的自我恢复功能。因此，在调控时一定要坚持市场导向，充分发挥市场对资源配置的决定性作用，在此基础上进行适度调控。

7.2 完善和落实各项保障政策

重点扶持园艺作物种植资源保护、新品种选育、技术研发等公益性事业；支持园艺作物优良品种繁育示范基地建设，将健康种苗生产与推广纳入国家政策支持范畴；结合农田基本建设、农业综合开发等项目，重点支持园艺作物基础设施建设，改善园艺作物生产条件；支持现代园艺作物产业生产技术的推广应用，提高综合机械化水平，提高资源利用率、劳动生产率和土地产出率，实现园艺作物产业向省力化、机械化、现代化发展，着力提升园艺作物产业的技术装备条件；制定园艺企业在土地、税收和出口退税等方面的优惠政策；鼓励园艺作物品种自主知识产权保护、品牌创建、龙头企业发展、现代产业园区建设。

7.3 多渠道筹措产业发展资金

在资金筹措上，坚持"企业、农民、合作组织自筹为主，社会投资为辅"的投资原则，通过"政府引导、市场运作"的模式，多渠道、宽领域、多形式地筹措资金，形成中央、地方、企业、社会共同投资产业的多元化资金筹措机制，吸引资金流入园艺作物产业。加大对园艺种苗产业的资金扶持力度，将园艺优质种苗建设纳入国家预算，给予专项经费支持，重点支持园艺作物品种培育项目研究；将园艺作物标准制定、种植资源调查、质量检验检测和信息平台建设等纳入财政预算范畴；将国家园艺作物良种繁育生产示范基地纳入国家良种补贴资金重点扶持范围；从农业综合开发产业化扶持、农业专业合作经济组织等方面的扶持资金中划拨一部分，专门用于对园艺作物产业发展扶持；充分利用国家对农机购置的补贴政策，鼓励菜农、果农、花农、茶农积极应用新型农业机械；通过对银行等金融机构的协调，在园艺企业贷款时给予适当的利率优惠；借鉴其他农作物保险的经验，设立并推广园艺作物保险，提高农民和园艺企业抵御风险的能力。

7.4 搭建全国联网的园艺产品产销信息平台

加快园艺作物产业信息化建设，建立全面覆盖的园艺产品生产信息、流通信息和零售信息的公共服务平台。形成市场信息监测及发布的长效机制，健全统计系统，建立信息采集、发布、更新、管理机制，加快信息资源开发，提高信息化服务水平。规范园艺产品产销信息的采集标准，建立园艺产品生产、流通和销售的动态监测和预警制度，对全国园艺产品品种、种植面积、产量、预计上市时间、供求及价格信息进行实时采集和监测，并及时对外发布各地批发市场及零售市场的园艺产品价格和主要产地的生产状况，促进园艺产品产销有效衔接和有序流通。

7.5 加强灾害和突发事件预警机制建设，提高减灾与抗风险能力

根据园艺作物各主产区和优势产区的气候特征、环境特点和历年来的灾害发生规律，适时调整作物布局、改革种植制度；重点加强防旱抗旱、节水灌溉、蓄水积肥、排水防涝、防风抗冻、避虫、病虫害生物防控等基础设施建设；推广一系列有效避灾技术，主动防灾避灾；推进灾害性天气和有害生物预警预报机制建设，强化

对气候环境变化和病虫害发生的新情况、新变化、新规律的密切关注，加强灾情监测和预报责任制管理；加快制定完善的防灾减灾预案，提早做好物资、资金和技术准备；加快建立灾害和突发事件应急响应制度，完善和落实灾后能迅速有效恢复生产的各种技术补救措施，第一时间积极开展抗灾救灾，搞好生产恢复，降低灾害损失；加大园艺作物病虫害检疫检测的执法力度，重点支持水果如柑橘的无检疫性病虫害疫区建设，适时在其他园艺作物生产中推广。

第 3 章 经济作物产业可持续发展战略研究

1. 经济作物可持续发展的战略意义

经济作物产品具有特殊的使用价值，许多经济作物产品是人类生存最基本、最必需的生活资料，关系到我国十几亿人饮食、穿衣等生活质量的提高。经济作物产品是出口、创汇、增加农民经济收入的主要来源，对我国工业尤其是轻工业的发展具有举足轻重的作用。可以说，经济作物的生产对整个国民经济的发展和社会稳定起着十分重要的作用。因此，研究经济作物产业可持续发展具有重要的现实意义。

1.1 经济作物产业研究范畴的界定

中国工程院重大咨询项目"国家食物安全可持续发展战略研究"的主要任务是对中长期国家粮食和食物安全可持续发展开展多维度分析，全面制订今后一个时期确保国家粮食和食物安全可持续发展的战略。本课题"经济作物产业可持续发展战略研究"是"粮食与食物的可持续发展战略研究"的八个课题之一，因此，可直接为人类提供食物的经济作物（如油料作物、糖料作物）自然是本项目的研究范畴；不能直接为人类提供食物，但播种面积较大且与粮食作物存在争地、争夺资源的经济作物（如棉花*、麻类）同样是我们的研究范畴。

为了研究的需要，本项目把经济作物按其用途分为纤维作物、油料作物、糖料作物，其他经济作物如嗜好性作物、药用植物等包含在园艺作物中进行研究。

作为产品而言，纤维除去棉花、麻以外，还包括丝（桑蚕丝和柞蚕丝），但桑树和柞树本身不能提供纤维，也不属于传统的纤维作物。同时，桑树相对于其他作物来说，种植面积相当小；而柞树处于野生状态，且柞树并没有全部放养柞蚕，因此，我们在纤维作物中未包括桑树和柞树，对纤维产品的研究也未包括丝类产品。

---

* 棉花的种子可以用于榨油，棉籽油在中国是一种重要的食用油，但中国的棉花主要是一种纤维作物，其作为纤维作物的战略意义远大于油料作物。

在中国，植物油来源的农作物主要有大豆、油菜、花生、棉花、玉米、葵花、山茶、芝麻、胡麻等。按照国家的农业产业政策可以划分为三种类型：①油菜和花生，属大宗油料作物，是中国国产食用植物油的主要来源；②大豆、棉花和玉米，属非油料作物，大豆和玉米在政策上按粮食作物对待，棉花则是作为提供纺织原料的经济作物（纤维作物）对待；③葵花、山茶、芝麻和胡麻等属小宗油料作物，利用这几种油料作物生产的食用植物油总产量比较少，还不到我国植物油总产量的 5%。我们的研究，作为产业范畴，油料作物主要研究油菜和花生，兼顾小宗油料作物；作为产品而言，我们的研究包括大豆油、菜籽油、花生油、棉籽油和棕榈油（全部来源于进口）等在内的所有食用植物油。

1.2 经济作物产业可持续发展的内涵

一般来讲，可持续性是指生态系统受到某种干扰时（这种干扰保持在一定的阈值之内）仍能保持其正常生产率的能力。具体对于经济作物产业来说，可持续发展可以理解为持续、稳定提供给人类安全、健康、优质的经济作物产品的能力。经济作物产业可持续发展可以分为以下 4 个方面。

（1）资源上的可持续性

经济作物为人类提供丰富产品的过程是一个资源消耗的过程。经济作物产品的生产过程中需要土地资源、水资源、光能资源、劳动力资源等。因此，对于经济作物产业来说，资源上的可持续性意味着在生产过程中尽可能少消耗资源（当然包括尽可能少使用资源和少污染资源），即要求经济作物产业是资源节约型和环境友好型的。

（2）技术上的可持续性

技术决定了资源转化为产品的能力。因此，经济作物产业的可持续发展必然包括技术上的可持续发展。新的农业技术革命正在深刻改变世界农业的面貌，设施农业、农产品加工业的发展，使农业效益大幅度提高。任何技术成果都要经历由创新—扩散—成熟—退化—替代—再创新的技术周期。农业技术的可持续性体现在某项技术要确保农户（场）生产足够的产品，满足最优化的生产需求目标，并可获得足够的劳动报酬，并在此基础上持续采用此项技术或者衍生出新技术的行为。

（3）经济上的可持续性

经济作物产业的实施主体是农民，而农民种植的积极性取决于经济作物种植的收益。因此，经济上的可持续性主要是指稳定降低成本，提高经济作物产品的出售价格，保证农民种植经济作物有一个相对稳定的收入预期。技术上的可持续性是经济上可持续性的前提，经济上可持续性是技术上可持续性的结果[*]。

（4）政策上的可持续性

政策影响着中国的产业，当然也包括经济作物产业。政策的可持续性主要体现在国家对于经济作物产业的支持与调控政策应具有相应的连续性，通过适度增加种植经济作物的补贴，向农民传递国家重视农业、重视经济作物产业的信号。

综合经济作物产业资源上的可持续性、技术上的可持续性、经济上的可持续性、政策上的可持续性。经济作物的可持续最终表现为经济作物综合生产能力上的可持续性。经济作物综合生产能力是指一定时期的一定地区，在一定的经济技术条件下，由各生产要素综合投入所形成的，可以稳定地达到一定产量的经济作物产出能力。这种产出能力并不一定表现出现实的经济作物产品的供给能力，但预示着经济作物产业资源、劳动力、技术、政策等各种要素的协调能力，预示着未来迅速转化为经济作物产品供给的能力，包括耕地保护能力、生产技术水平、政策保障能力、科技服务能力和抵御自然灾害的能力等。

1.3 经济作物产业可持续发展的战略意义

1.3.1 经济作物是食物的重要组成部分

（1）经济作物可以提供人类所需要的蛋白质

花生的蛋白质含量为 25% ～ 30%，花生蛋白含有人体必需的 8 种氨基酸，精氨酸含量高于其他坚果，可以直接提供人类所需要的蛋白质。油菜籽、花生仁、芝麻、棉花种仁等饼粕里都含有相当数量的蛋白质，可以作为畜牧业的优质原料，间接为人类食物提供了优良的蛋白质源。

（2）经济作物可以提供人类所需要的油脂

油菜是我国播种面积最大，地区分布最广的油料作物。油菜籽中含有 33% ～ 50% 的脂肪，是重要的植物油源。我国生产的花生 50% 以上用于榨油，花生油是人们日常的主要食用油来源。花生油含不饱和脂肪酸 80% 以上，饱和脂肪酸 20%

---

[*] 当然，这并不一定是必然的结果。有的情况下，技术上具有可持续性，但因为产品价格、投入成本、管理差异等因素，农民虽然获得了足够的劳动报酬（技术上可持续），但并未获得行业平均利润率，未达到经济上的可持续。

左右。花生油气味清香，营养丰富，品质好，可以基本满足人体的生理需要。

棉仁、芝麻、亚麻等也都可以提供人类所需要的油脂。

（3）经济作物产品是重要的能量来源

甘蔗和甜菜是主要的糖料作物。甘蔗中含有丰富的糖分、水分，还含有对人体新陈代谢非常有益的各种维生素、脂肪、蛋白质、有机酸、钙、铁等物质，主要用于制糖，且可提炼乙醇作为能源替代品。甜菜块根是制糖工业的原料，也可作为饲料，是中国的主要糖料作物之一。

（4）经济作物是粮食作物的重要轮作作物

经济作物中的棉花、油菜、花生等与粮食作物的合理轮作可以均衡地利用土壤养分，改善土壤理化性状，调节土壤肥力，防治和减轻病虫危害，防除和减轻田间杂草，可以达到合理利用农业资源、提高经济效益的目的。

1.3.2 经济作物是重要的工业原料

棉花、大麻的韧皮纤维是最早用作纺织纤维的品种之一，它可作为纤维产品、服装、绳索、船帆、油脂、纸张及医疗用品的原材料。棉花的种子可以榨油，是我国重要的油源。大麻种子可以入药，有滋润、止痛功效。

油料作物的种子可以榨油，其油除供食用外，还可以用来制造高级人造乳酪、肥皂、蜡烛、润滑油、化妆用品、内燃机的燃料等，也可以作为生物柴油的原料，解决能源问题。

蔗糖是世界上最主要的食糖。制糖副产品——糖浆（橘水）富含糖分、蛋白质和维生素，可以酿酒和提制乙醇、培养酵母菌、提制维生素 B、喂饲家畜、制造糕饼等。蔗渣除作燃料外，还可造纸、制造建筑用隔音板、作为炸药和人造丝的原料。

1.3.3 经济作物是重要的外贸商品

棉织品、麻织品、花生等经济作物产品及其加工品，不少是中国的传统出口产品，也是国家出口创汇的重要物资，经济作物产品及其加工品的出口额在国家总出口额中占有较大的比重，今后长期内仍将是出口物资的重要来源。中国加入WTO 后，大力发展外向型农业，经济作物及其加工品的生产和出口占有举足轻重的地位。

2. 经济作物产业现状

20 世纪 80 年代初以来，中国在"决不放松粮食生产、积极发展多种经营"的方针下，逐步扩大经济作物面积，并根据"因地制宜、适当集中"的原则，调整作物布局，建设各种经济作物的商品基地，促进了各类经济作物全面发展。

2.1 棉花

我国是棉花生产大国。棉花总产位居全球第一，2012 年，全国棉花总产量为 683.6 万 t，占全球棉花总产量的 26.4%。2012 年，植棉面积为 468.8 万 hm^2，占全球棉花总面积的 13.6%，植棉面积仅次于印度，位居全球第二。2012 年，全国棉花单产为 1458kg/hm^2，居全球产棉大国（中国、印度、美国、巴基斯坦、巴西、乌兹别克斯坦）首位，高出全球平均水平的 86.9%。

2000 ~ 2012 年，全国平均植棉面积为 507.1 万 hm^2（7607 万亩），呈开口向下的抛物线形，2007 年最大为 592.6 万 hm^2（8889 万亩），2000 年最小仅为 404.1 万 hm^2（6061.5 万亩），相差 188.5 万 hm^2（2827.5 万亩），变异幅度达 48.2%（表 3.1）。

2000 ~ 2012 年，全国平均皮棉总产量为 615.2 万 t，受面积的影响，总产量也呈开口向下的抛物线形，2007 年最大为 762.4 万 t，2000 年最小仅为 441.7 万 t，相差 320.7 万 t，变异幅度达 42.1%。植棉面积和总产量（表 3.1）的波动受政策、市场、价格、进口和天气等诸多因素的综合影响。

表 3.1 我国棉花的种植面积和总产量

年份	种植面积 / 万 hm^2	总产量 / 万 t
2000	404.1	441.7
2001	481.0	532.4
2002	418.4	491.6
2003	511.1	486.0
2004	569.3	632.4
2005	506.2	571.4

续表

年份	种植面积 / 万 hm²	总产量 / 万 t
2006	581.6	753.3
2007	592.6	762.4
2008	575.4	749.2
2009	494.9	637.7
2010	484.9	596.1
2011	503.8	659.8
2012	468.8	683.6

资料来源：《中国农业年鉴》（2001～2013 年）

2.2 油菜

我国是油菜生产大国，油菜总产量位居全球第二。2012 年，我国油菜总产量为 1350 万 t，占全球油菜总产量的 21.52%。2012 年，我国油菜种植面积为 770 万 hm²，占全球油菜总面积的 21.42%，种植面积仅次于加拿大，也位居全球第二。2012 年，我国油菜单产为 1884kg/hm²，高出全球平均单产的 0.5%。

表 3.2 我国油菜的种植面积和总产量

年份	种植面积 / 万 hm²	总产量 / 万 t
2000	749	1138
2001	709	1133
2002	714	1055
2003	722	1142
2004	727	1318
2005	728	1305
2006	598	1097
2007	564	1055
2008	659	1210
2009	728	1366
2010	737	1308
2011	735	1343
2012	770	1350

资料来源：《中国农业年鉴》（2001～2013 年）

如表 3.2 所示，油菜的种植面积在 2007 年达最低值 564 万 hm²，随后开始逐步回升，2012 年的种植面积为 770 万 hm²，为近年来最高值，较最低年份增加 36.5%。2012 年，油菜总产量为 1350 万 t，相比 2009 年的最高值 1366 万 t，只减少了 16 万 t，产量基本趋于稳定。

2.3 花生

我国是花生生产大国，花生总产量位居全球第一。2012 年，全国花生总产量为 1650 万 t，占全球花生总产量的 40.9%。2012 年，花生种植面积为 470 万 hm²，占全球花生总种植面积的 19.1%，种植面积仅次于印度，位居全球第二。2012 年，全国花生单产为 3568.6kg/hm²，高出全球平均单产的 114%。

如表 3.3 所示，花生的种植面积在 2000 ～ 2005 年基本保持稳定，平均为 487 万 hm² 左右。2006 ～ 2010 年，花生种植面积有较大波动，花生种植面积在

表 3.3 花生的种植面积和产量

年份	种植面积 / 万 hm²	产量 / 万 t
2000	486	1444
2001	499	1442
2002	492	1482
2003	506	1342
2004	475	1434
2005	466	1434
2006	396	1289
2007	394	1305
2008	425	1429
2009	438	1471
2010	453	1564
2011	458	1605
2012	470	1650

资料来源：《中国农业年鉴》（2001 ～ 2013 年）

2007 年达到最低值 394 万 hm²，随后逐步回升。2010 年之后，花生种植面积呈现稳中有升的趋势，2012 年的种植面积为 470 万 hm²，较最低年份增加 19.3%。

花生产量在波动中稳步增长。2012 年，花生产量为 1650 万 t，为 13 年来最高产量，较 2006 年最低产量 1289 万 t 增加 361 万 t，增幅为 28.0%。

2.4 糖料作物

我国糖料作物的种植面积、糖料与食糖产量均呈波动中增长态势（表 3.4）。糖料种植面积由 2000 年的 151.42 万 hm² 增至 2012 年的 203.04 万 hm²；糖料产量由 2000 年的 7635.33 万 t 增至 2012 年的 13 485.43 万 t（2008 年，糖料产量达 13 419.62 万 t）；食糖产量由 1999/00 制糖期的 686.86 万 t 增至 07/08 制糖期的历史最高水平（1484.02 万 t），后连续 3 年减产，11/12 年制糖期才开始恢复增长，12/13 年恢复性增长至 1306.84 万 t。

表 3.4　糖料作物的种植面积、产量和食糖产量

年份	糖料种植面积 / 万 hm²	糖料产量 / 万 t	制糖期	食糖产量 / 万 t
2000	151.42	7 635.33	1999/00	686.86
2001	165.42	8 655.13	00/01	620.00
2002	187.15	10 292.68	01/02	849.70
2003	165.74	9 641.65	02/03	1 063.70
2004	156.81	9 570.65	03/04	1 002.30
2005	156.44	9 451.91	04/05	917.40
2006	156.70	10 459.97	05/06	881.50
2007	180.17	12 188.17	06/07	1 199.41
2008	198.99	13 419.62	07/08	1 484.02
2009	188.38	12 276.57	08/09	1 243.12
2010	190.50	12 008.49	09/10	1 073.83
2011	194.78	12 516.54	10/11	1 045.42
2012	203.04	13 485.43	11/12	1 150.26

　　数据来源：糖料种植面积和糖料产量来自《中国统计年鉴》（2001～2013 年），为自然年度数据；中国食糖产量来自中国糖业协会，为制糖期（榨季）数据，这样表述更符合产业习惯

3. 经济作物产业存在的问题及制约因素分析

3.1 经济作物产品供给安全外部环境愈加复杂

在美元流动性过剩的大背景下，2003年以来，石油价格上涨，同时大量资金涌入农产品市场，农产品具有了明显的金融属性和能源属性。世界经济危机发生后，国际农产品价格大幅度回落，影响国际农产品市场波动的各种力量暂时退却，但到目前为止，失衡的世界经济并没有发生根本性的改变。

（1）世界金融市场变化影响我国经济作物产品供给安全

美元作为世界主要结算货币和储备货币，其汇率的变化影响国际市场商品价格，美元汇率波动已经并且会继续导致国际市场商品价格的大起大落。在美元流动性过剩的背景下，金融资本大量进入农产品市场，导致了农产品市场具有了很强的金融属性，农产品价格已经不仅仅由农产品本身的供求状况所决定，国际农产品市场价格具有更大的不确定性。因此，国际农产品的金融属性对我国农产品供给提出了巨大的挑战。

（2）发达国家生活能源战略影响经济作物产品价格与供给安全

石油作为基础性能源，其价格上涨影响巨大。在传统能源价格受到多种因素影响大幅上涨之后，生物能源生产在近几年有了较快的发展。一些主要的出口国在全球需求增长、供给越来越不稳定的情况下，从自身的利益出发，扩大本国供给充足的农产品消费，必然会推动世界油脂、油料价格上涨。

美国、加拿大等均是世界上主要的经济作物产品出口大国，谷物和油料用于生物能源后可能会危及世界粮食安全与经济作物产品供给安全，对国际市场上经济作物产品的价格造成较为明显的影响。

（3）少数跨国粮商主导国际贸易格局难以在短期内被打破

我国进口的油菜籽及食用植物油大多来自美国、巴西、阿根廷、印度尼西亚及马来西亚，这些国家正是跨国粮商传统的经营区域。跨国粮商在上述地区有稳定的原料生产基地和先进的仓储设施，拥有完善的海运、中转和接卸设备。

跨国粮商主导国际贸易格局减弱了我国对于进口经济作物产品的控制力，增加了我国低成本获得经济作物产品的难度。

3.2 资源约束导致经济作物增产难度日益加大

1）我国耕地面积为 20.3 亿亩，人均耕地为 1.52 亩，不到世界平均水平的一半。经济作物中的棉花、麻类、花生、油菜、糖料作物等受耕地资源约束日益明显。

2）我国是一个干旱缺水严重的国家，淡水资源总量为 28 000 亿 m^3，占全球水资源的 6%，居世界第四位，但人均水资源拥有量仅为世界平均水平的 1/4，是全球 13 个人均水资源最贫乏的国家之一。目前农业缺水量约为每年 300 亿 m^3，受旱农田有 1333 万～2000 万 hm^2，并且随着人口的剧增，各项农产品的需求不断增加，水资源的数量和质量对农作物的生长起着不可替代的作用。目前水资源的紧缺和污染等问题对经济作物产业可持续发展的制约作用越来越明显。

3）在中国传统农业中，丰富的劳动力资源对中国农业生产力发展起到了重大的推动作用，创造了巨大的物质财富。但是，随着经济社会的发展，农业劳动力资源在数量和质量方面也不断发生着变化，对中国经济作物产业可持续发展的制约作用日渐凸显。

4）经济作物生产（尤其是棉花和麻类）带来了较为严重的残膜、农药、除草剂、肥料污染和其他污染，给环境带来相当大的压力。

3.3 经济作物产业竞争力不足

（1）经济作物产业机械化和规模化程度低

我国经济作物种植多以家庭小生产为主体，户均种植规模小、机械化程度低。我国棉花种植零散，导致棉花机械化程度低。2010 年，全国棉花耕、种、收综合机械化水平为 38.3%，远远低于全国农业机械化水平（52.3%）；机采率不到 10%，且主要集中在新疆棉区；在机械播种方面，黄河流域棉区机播水平为 34%～97%，长江流域棉区机播水平不到 1%。油料作物的机械化率也不高。2012 年，花生、油菜的每亩用工分别为 9.5 个、7.91 个，属劳动密集型作物，而在种植、收获等环节也需要大量的劳动力。甘蔗生产的综合机械化水平约为 30%，远远低于我国主要农作物耕、种、收 52.3% 的综合机械化水平，特别是在劳动强度最大的收获环节，机械化水平仅约为 1%，这意味着我国的甘蔗生产还大量依靠人工。

（2）综合生产成本持续上涨

2001～2011 年，棉田亩均物化成本为 282 元，人工成本为 383 元，总成本为

665 元，纯收益为 389 元。就具体年度来看，由于人工和生产资料价格不断上涨，棉花生产的纯收益不高，有些年份基本没有纯收益，如 2008 年，亩均利润仅为 2 元。与种植小麦、玉米、水稻等机械化程度高、用工少、收入稳定的作物相比，植棉比较优势减弱。

1990～2012 年，中国花生每亩总成本一直呈上升趋势。其中，1993～1997 年上升幅度较大，从 205.31 元增加到 439.62 元，年均增长率为 22.83%，之后有小幅度下降，但 2003 年之后，花生亩总成本开始大幅度上涨，至 2012 年，亩总成本达 1164.13 元。

1990～2012 年，中国油菜种植成本一直呈现增长趋势。1990 年，全国油菜籽总生产成本为 116.65 元/亩，2012 年增长到 734.44 元/亩，增长了近 5.3 倍，年均增长率为 23.02%。其中，1990～1997 年，油菜籽亩均总成本处于加速增长阶段，从 116.65 元增长到 310.91 元，年均增长率为 16.7%。随后，由于油菜籽生产物质费用中化肥投入和动力费用投入的减少，以及劳动投入数量的大幅下降，单位面积油菜籽生产成本平稳下降，2001 年，全国油菜籽平均生产成本为 282.37 元/亩，比 1997 年下降了 28.54 元/亩。2002 年之后，由于生产资料价格的上涨，中国油菜籽单位面积种植成本开始大幅度上涨，特别是 2006 年之后，种植成本更是迅猛增长，2012 年亩均生产成本为 734.44 元，较 2006 年相比增长了 423.09 元，年均增长率为 19.41%。

随着人工、农资、土地价格的上升，甘蔗综合生产成本持续上涨，由 1990 年的 375 元增至 2000 年的 756.56 元，2011 年和 2012 年进一步分别增至 1626.54 元、1978.96 元。其中，人工成本急剧上升，近 5 年上涨了 118.65%。

3.4 经济作物面临国外同类产品的冲击

（1）棉花

2002～2012 年，我国棉花净进口量为 2621.7 万 t，成为全球最大的原棉进口国，最高年进口量占全球贸易量的 60%。近 3 年进口记录不断被刷新，2012 年创历史新高为 513 万 t，2013 年创历史次新高 451 万 t，这三年进口量合计 1264 万 t，同期，国内生产能力为 1976 万 t。至 2013 年 12 月底，国内收储为 1489 万 t，而放储仅为 499 万 t，造成了约 1000 万 t 的巨大库存压力，库存成本高达 200 多亿元。大量进口对棉花产业产生三个冲击：冲击国内生产、冲击棉农增收和冲击棉纺织工业。

（2）麻类

中国麻类产业主要受来自欧洲的亚麻，以及印度、孟加拉国等的黄麻等产品的竞争。欧洲的亚麻，以及印度、孟加拉国等的黄麻以低廉的价格、优良的品质近几年一直处于中国进口同类商品的前几位。

（3）油料作物

在国际油料进出口市场上，北美是净出口地，中国和日本是净进口地。实际上，中国油料总产量在逐年提高，但是为何净进口量也在随之提高呢？除了中国油料产品需求量逐年增加外，国外同类产品竞争优势的显著性使得中国成为油料产品净进口国。

价格竞争力是农产品国际竞争力的核心因素，中国油料作物国际竞争力与加拿大、澳大利亚等国家相比，出口价格较高、国际竞争力较弱。

（4）糖料作物

由于资源禀赋好、种植规模大、机械化程度高，加上产销一体化模式及政府给予的优惠支持政策，巴西、泰国和澳大利亚生产成本仅分别为 1950 ～ 2350 元 /t、2080 ～ 2310 元 /t 和 1900 ～ 2100 元 /t，不到我国的一半。我国食糖国际竞争力不断下降。

4．经济作物产品供求预测及供求缺口估算

作为人口最多的发展中国家，中国在过去 20 年，人口总数从 1990 年的 11.4 亿人增长到了 2010 年的 13.4 亿人，增幅达 17.5%。整合国内外权威机构和人口学专家对中国未来人口数量的预期可以发现：2010 年后，我国人口数量还将处于增长态势，但增长率会持续放缓，在 2035 ～ 2040 年达到人口峰值，而后人口开始负增长（表 3.5）。综合各个权威机构的预测，2020 年，人口将达到 14.15 亿人左右，2030 年将达到 14.42 亿人左右。

表 3.5　未来 20 年中国人口的预测　　　　　　　　（单位：亿人）

年份	世界银行	国家卫生和计划生育委员会（下限）	国家卫生和计划生育委员会（上限）	中国人口信息研究中心	联合国	权威机构预测平均值	增长率外推预测	调整后人口预测值
2020	13.82	14.34	14.54	14.72	14.46	14.38	14.25	14.15
2030	13.84	14.51	14.83	15.25	14.85	14.66	14.62	14.42

本课题运用多种方法对棉花、麻类、食用油、食糖等经济作物产品进行供给和需求预测，并在供求预测的基础上给出了未来 2020 年、2030 年中国经济作物产品

的供求缺口。

4.1 纤维作物产品供求预测与缺口估算

4.1.1 棉花供给预测

（1）根据产量模型预测

建立棉花产量关于时间 t 和其滞后一阶的线性回归模型如下：

$$Y_t = 316.08 + 10.69t + 0.48Y_{t-1} \tag{3-1}$$

经检验，模型残差是一个平稳序列，说明 Y_t 与 t、Y_{t-1} 之间存在着协整关系，且模型不具有序列相关和异方差，因此，可用模型进行预测。

（2）根据面积和单产变动趋势预测

如果以近 5 年（2008 ～ 2012 年）平均单产 87.8kg/ 亩为基数，按 2% 的年递增率计算（2003 ～ 2012 年年均单产增长率为 2.6%），2020 年和 2030 年，我国棉花单产将分别达 102.9kg/ 亩和 125.4kg/ 亩。若棉花播种面积长期稳定在 2012 年的约 7000 万亩的水平，我国在 2020 年和 2030 年，棉花产量将分别达到 720 万 t 和 870 万 t 左右。

4.1.2 棉花需求预测

（1）根据纺织产能预测

我国纺织用棉最终用途分为居民纺织品消费和棉纺织品加工出口两个部分。据纺织产能发展预测，随着居民生活水平提高，2020 年纺织品消费为 19 ～ 20kg/ 人，2030 年为 23 ～ 24kg/ 人。2020 年和 2030 年我国居民纺织品原棉消费需求量预计将分别达 800 万～ 840 万 t 和 1000 万～ 1050 万 t。

出口纺织品服装耗棉量约为 450 万 t（毛树春和谭砚文，2013），2020 年我国内销和出口的原棉消费需求量合计约为 1250 万 t，2030 年我国纺织品内销和出口的耗棉量合计约为 1450 万 t。

如果按中等纺织品消费水平预计，我国在 2020 年和 2030 年纺织品用棉需求量将分别达到 1350 万 t 和 1600 万 t 左右。

（2）根据人均棉花消费量的需求预测

如果我国人均年棉花消费量能够在 2020 年达到世界平均水平（预计 5.0kg/ 人），

而且 2020 年人口将达到 14.15 亿人，则 2020 年我国居民纺织品所需的棉花国内消费需求量应当达到 700 万 t 左右；2030 年，我国居民纺织品原棉需求量将增加 50 万 t，达到 750 万 t。如果我国纺织品耗棉量长期维持在 450 万 t 左右，则 2020 年棉花总需求量将达到 1150 万 t 左右；2030 年将达到 1200 万 t 左右。

4.1.3 棉花供求缺口

根据以上预测的我国棉花产量和纺纱产能及居民用棉量，即可得出未来我国棉花供求缺口情况，具体结果见表 3.6。

表 3.6 我国棉花供求缺口预测 （单位：万 t）

年份	产量预测 1	产量预测 2	需求量预测 1	需求量预测 2	需求量预测 3	产需缺口
2020	754.45	720.10	1250	1350	1150	430 ～ 630
2030	861.32	877.80	1450	1600	1200	320 ～ 730

注：产量预测 1 是根据模型预测的结果；产量预测 2 是以近 5 年（2008 ～ 2012 年）平均单产 87.8kg/ 亩为基数，按 2% 的递增率，以及 7000 万亩面积水平计算而得。需求量预测 1 根据 2020 年纺织品消费 19 ～ 20kg/ 人，2030 年 23 ～ 24kg/ 人进行估算；需求量预测 2 根据 2020 年纺织品消费 21 ～ 22kg/ 人，2030 年 25 ～ 27kg/ 人进行估算；需求量预测 3 则是根据人均棉花需求量及民用、其他用棉量的估算。这里没有考虑储备棉的变化，对供求缺口的估计可能会有一定的出入

由表 3.6 可以看出，未来 10 年，我国将长期处于棉花供给短缺的状态，并呈现出供求缺口逐年扩大的趋势，如果我国的纺织工业保持现有发展速度不变，那么到 2030 年我国棉花供求缺口将达到 700 万 t 左右。

4.2 油料作物产品供求预测与缺口估算

中国食用油的来源相当复杂（包括一部分木本油料、兼用油源和相当一部分国内没有的棕榈油），因此，分析中国食用油的供求与供求缺口相比于分析油料作物产品的供求与供求缺口更为合理一些。本研究对于油料作物产业而言，以食用油的供求分析代替经济作物产品的分析。

4.2.1 食用油供给预测

本课题以 2013 年作为预测的起点年份，以整个食用油供给作为预测对象。

（1）情境 1：假定产量按 5% 速度递增

如果我国食用油生产技术，包括油料作物的生产种植技术、遗传育种技术、杂

种优势利用技术、机械化装备推广使用技术和食用油压榨技术等不断进步，面积可以稳定增长（主要是油菜冬闲田的利用），并且考虑兼用油源开发，我国食用油生产量保持年均增长速度 5% 递增[*]，则 2020 年供给量为 1600 万 t 左右，2030 年供给量为 2700 万 t 左右（表 3.7）。

表 3.7　2020 年和 2030 年中国食用油供给预测

年份	国内供给量 / 万 t
2020	1600
2030	2700

（2）情境 2：假定油料作物种植面积稳定，技术水平进步

假定技术水平进步，油料作物单产以 2% 的速度递增，同时油料作物种植面积稳定，则预测 2020 年供给量为 1300 万 t，2030 年供给量为 1600 万 t（表 3.8）。这个预测相对应该容易达到，偏保守。

表 3.8　2020 年和 2030 年中国食用油供给预测

年份	国内供给量 / 万 t
2020	1300
2030	1600

4.2.2　食用油需求预测

本研究采取消费总量预测法预测未来 2020 年与 2030 年中国食用油消费量状况。消费总量预测根据总人口数乘以人均消费量计算得出，其中，总人口预测借鉴现有研究的预测数值，人均消费量根据人均消费量增长率进行预测。

（1）2020～2030 年我国人均食用油需求量估计

随着我国居民人均可支配收入的逐渐提高，人均食用油需求量也将随之提升。2013 年，我国食用油的食用消费量为 2755.0 万 t，工业及其他消费为 275.0 万 t，出口油脂、油料折油总计为 10.8 万 t，合计年度需求总量为 3040.8 万 t，年度结余

＊2000～2013 年，中国食用油年均增长速度 6%，考虑到未来增长速度的下降、国家对于油料生产的补贴及促进政策的出台、兼用油源的大力开发，我们的研究以年均增长速度 5% 比较合适，当然这个速度可能相对乐观。为了计算的方便并且不影响说明问题，本研究进行了取整处理，下同。

量为 333.5 万 t（王瑞元，2014），得出人均 22.5kg。依据规律，食用油消费呈现先快后慢的态势，因此本研究认为，未来 2015 ～ 2030 年我国人均食用油消费量将保持 2% 的年均增长水平，并且达到人均 26kg 的峰值相对较为合理。

根据该增长率，2020 年，人均食用油将达到 25.3kg；2030 年，人均食用油将达到 26.0kg。

（2）预测结果

基于人口和人均食用油需求量的预测，得到我国食用油消费总量的预测（表3.9）。根据预测结果，我国食用油总消费量在 2020 年将达到 3580 万 t 左右，在 2030 年将达到 3750 万 t 左右并且稳定下来。

表 3.9 2020 年和 2030 年中国食用油需求总量预测

年份	人口 / 亿人	人均需求量 /（kg／人）	需求量／万 t
2020	14.15	25.3	3580
2030	14.42	26.0	3750

4.2.3 食用油供求缺口

（1）情境 1

如果我国食用油生产技术，包括油料作物的生产种植技术、遗传育种技术、杂种优势利用技术、机械化装备推广使用技术和食用油压榨技术等不断进步，面积可以稳定增长（主要是油菜冬闲田的利用），并且考虑兼用油源开发，我国食用油生产量保持年均增长速度 5% 递增，则 2020 年，我国食用油供求缺口为 1980 万 t 左右，自给率为 45%；2030 年，供求缺口为 1050 万 t 左右，自给率为 72%。这种情况出现的主要原因在于，短期看，食用油的自给率将基本稳定；长期看，随着人均食用油消费的增长放缓，再加上国家对于经济作物发展的政策支持，自给率将会稳步上升，食用油市场的风险将大大降低。

（2）情境 2

假定技术水平进步，油料作物单产以 2% 的速度递增，同时油料作物种植面积稳定，则 2020 年供求缺口为 2280 万 t，自给率为 36%；2030 年供求缺口为 2150 万 t，自给率为 42%。中国未来仅仅依靠国产油料作物的内生增长，未来的供求缺口较大，蕴含着较大的市场风险（表 3.10）。

表 3.10   2020 年和 2030 年中国食用油供求缺口及自给率预测 （单位：万 t）

年份	情境 1				情境 2			
	供给量	需求量	供求缺口	自给率 /%	供给量	需求量	供求缺口	自给率 /%
2020	1600	3580	1980	45	1300	3580	2280	36
2030	2700	3750	1050	72	1600	3750	2150	42

4.3 糖料供求预测及缺口估算

4.3.1 糖料供给预测

（1）HP 滤波与时间序列回归结合法

运用单指数平滑法、双指数平滑法，HW 无季节、HW 加法模型、HW 乘法模型（5 年为一个周期）、HW 乘法模型（6 年为一个周期）对时间序列进行预测，拟合后发现，HW 乘法模型预测的样本内，预测结果最好，平均预测误差率小于 10%，而将 5 年作为一个生产周期的预测效果最好，因此，本研究最终选取 HW 乘法模型（5 年为一个周期）的预测结果。

假定产糖率不变，单产稳步提高，糖料作物播种面积无重大变化，则预测 2020 年和 2030 年中国食糖产量将分别为 1200 万～ 1300 万 t 和 1500 万～ 1600 万 t。

（2）总量情境假设法

1）假定中国糖料和食糖产量恢复到历史最高水平。

如果我国糖料与食糖产量恢复到历史最高产量水平，则中国食糖产量将达到 1484 万 t（2007/2008 年榨季为历史最高水平）。

2）假定甘蔗和甜菜种植面积得到充分利用，2020 年单产等无重大变化，2030 年单产朝国际技术水平接近。

若 2020 年甘蔗和甜菜备用面积全部利用，糖料种植面积达到 200 万 hm²，单产等保持当前水平，在气候无重大突变的情况下，2020 年食糖产量将为 1375 万 t；若 2030 年在糖料备用面积全部利用的前提下，技术水平朝着国际技术水平接近，则 2030 年食糖产量将约为 1550 万 t。

4.3.2 糖料需求预测

（1）消费总量预测法

情境 1（保守估计）：未来 20 年我国人均食糖消费量保持 1.5% 的年均增长水

平。根据该增长率，2020 年我国人均食糖消费量将达到 11.70kg；2030 年将达到 13.52kg。

情境 2（乐观估计）：未来 20 年我国人均食糖消费量保持 2.7% 的年均增长水平。根据该增长率，2020 年我国人均食糖消费量将达到 13.05kg；2030 年将达到 16.81kg。

基于人口和人均食糖消费量的预测，得到两种情境下我国食糖消费总量的预测（表 3.11）。根据预测结果，我国食糖消费量估计如下：2020 年我国食糖总消费量将达到 1800 万 t 左右；2030 年将达到 2200 万～2450 万 t。

表 3.11　2020～2030 年中国食糖消费总量的预测——基于人口和人均消费量预测

年份	人口预测 / 亿人	人均消费量 /kg		消费总量 / 万 t		总消费量估计均值 / 万 t
		情境 1	情境 2	情境 1	情境 2	
2020	14.15	11.70	13.05	1655.55	1846.07	1771.88
2030	14.42	13.52	16.81	1949.58	2423.53	2237.35

（2）时间序列回归分析法

本研究采用时间趋势回归、指数平滑模型（包括 1 次指数平滑模型和 2 次指数平滑模型）、Holter-Winter 方法、ARIMA 模型和灰色关联 GM（1，1）6 种方法和模型对 2020～2030 年我国食糖消费总量进行预测。

6 种方法的预测结果（均值）表明（表 3.12）：2020 年食粮消费总量将可能达到 1800 万～1900 万 t；2030 年将可能达到 2200 万～2300 万 t。

表 3.12　2020～2030 年我国食糖消费总量的预测——基于时间序列模型　　（单位：万 t）

年份	1 次指数平滑	2 次指数平滑	Holter-Winter 方法	时间趋势回归	ARIMA	灰色关联 GM（1，1）	预测均值
2020	1956	2107	1706	1529	1912	1787	1833
2030	2376	2713	1996	1819	2443	2240	2265

4.3.3　糖料供求缺口

综合 2020～2030 年中国糖料供给与需求的预测状况，对中国糖料供求缺口进行估算，结果如下。

1）2020 年中国食糖供求缺口处于 500 万～600 万 t 的可能较大，考虑到技术进步、糖料面积的充分利用、恢复到历史最好水平等情况，供求缺口会进一步缩小（300 万～ 400 万 t）。考虑到食糖替代品的发展等因素，供求缺口还会缩小（表 3.13）。

表 3.13　2020 ～ 2030 年中国糖料供给与需求预测

年份	供给量 / 万 t	需求量 / 万 t	供求缺口 / 万 t
2020	1200 ～ 1300	1800 ～ 1850	500 ～ 600
2030	1500 ～ 1600	2230 ～ 2300	650 ～ 800

2）2030 年中国食糖供求缺口处于 650 万～ 800 万 t 的可能较大，这一缺口估测已考虑了单产提升、糖料面积充分利用、技术水平朝国际水平靠拢等因素。如果技术水平不出现重大进步，即使糖料与食糖产量恢复到历史最好水平（1484 万 t），供求缺口也将达到 900 万 t。

5．经济作物产品市场调控的绩效、问题与完善对策

5.1　市场调控的定义与分类

经济作物产业（产品）的市场调控是指政府主要运用经济、法律和行政手段，对经济作物产业（产品）生产、流通、储备、消费、贸易各个环节从宏观上进行调节和控制，从而实现经济作物产品（如棉、油、糖等）生产、流通、储备、消费、贸易体系的健康发展，达到经济作物产品（如棉、油、糖等）总量和结构平衡、市

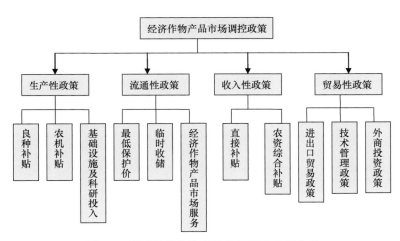

图 3.1　我国经济作物产品市场调控政策分类

场平稳、农民收入持续稳定增长，并最终实现国家经济作物产品（如棉、油、糖等）供给安全的系统化政策体系。

根据从生产、流通和贸易到形成农户收入的过程，可将我国执行的经济作物产品（如棉、油、糖等）市场调控划分为生产性、流通性、贸易性和收入性调控政策，每种类型又包括若干种方式（图3.1）。

5.2 棉花市场调控绩效、问题及完善对策

5.2.1 棉花市场调控政策简要回顾

（1）放开棉花市场

全国棉花市场体制改革始于1999年，2001年加入WTO之后，改革的进程加快，流通体制改革成为重点。主要内容：一是建立起在政府指导下，由市场形成的棉花价格机制；二是拓宽棉花经营渠道，减少流通环节；三是培育棉花交易市场，促进棉花有序流通。

（2）棉花质量检验体制改革

2003年12月，国家出台了《棉花质量检验体制改革方案》，改革的主要内容：一是在加工环节实现公证检验，由纤维检验机构在加工环节依法提供逐包取样、包包检验；二是采用快速检验仪进行仪器化科学检验，改以感官检验为主的HVI-大容量纤维检验仪器检验，同时，支持研制HVI仪器，制定新的棉花质量标准；三是采用国际通用的棉包包型与包装，改包重80kg的小包为大包，包重227kg；四是实行成包皮棉逐包编码的信息化管理；五是发展棉花专业仓储；六是改革公证检验管理体制。

（3）原棉进口实行关税配额管理

2001年11月，我国加入WTO。入世谈判约定了我国对进口棉实行配额管理政策，设置了配额和配额外追加两个关口。配额进口数量2002年为81.5万t，2004年为89.4万t，关税税率为1%，在这些配额中，国有贸易公司经营比例为33%，由国家指定4家国有贸易公司经营；另外67%由私营公司经营，这一政策一直在延续。

配额外追加约定的约束关税税率2002年为54.4%，2004年为40.0%，也一直在延续。按国民待遇，征收13%的增值税。

5.2.2　棉花市场调控政策绩效评价

（1）第一次是应对 2008 年华尔街金融风暴出台的收储政策

2008 年，针对起源于美国华尔街的次贷危机诱发的全球金融危机，国内外消费疲软，秋收农产品价格一落千丈，普遍出现"卖难"问题。新棉上市遭遇"熊市"，市场深度恶化，价格一路下跌，"卖棉难"前所未有，籽棉售价仅为 4.69 元 /kg，跌幅高达 22.2%。为此，2008 年 9 月，国家三次出台政策，确定收储指标 272.0 万 t，实际收储皮棉 196.5 万 t，占总产量的 72.2%。

评价：收储起到托市效果，减缓"卖棉难"问题，切实保护了农民利益，托市收储政策的出台和实施有效缓解了经济危机的冲击，减轻了农民的经济损失。尽管如此，2008 年棉农经济损失仍高达 431 亿元，有 70% 的棉田处于亏损状态，其中大户因土地租金和固定资产折旧无法支付，亏损额高达 500 元 / 亩。

（2）第二次是 2011 ～ 2013 年连续三年出台的临时收储政策

2011 年 3 月，国家出台临时收储政策，收储价为 19 800 元 /t，当年收购皮棉313 万 t，约占总产量 720 万 t 的 43.5%。2012 年 1 月与 2013 年 3 月，出台临时收储价格提高为 20 400 元 /t，2 年分别收储 651 万 t 和 643.3 万 t，收储量占 2 年总产量的九成多，3 年合计收储 1607.3 万 t。

临时收储政策点评：一是价格提升充分考虑了粮棉生产平衡，保障了棉花供给和棉花生产投入等因素，符合国家利益，符合棉花生产特点；二是临时收储与质量体制改革紧密结合，推进了仪器化检验、"包包"检验和大包标准化，也遏制了小轧花厂和小包企业的生存发展，规范了市场；三是临时收储价对国际市场起到了支撑作用。收储价通过进口棉传导给国际市场，对国际棉价也形成了较强支撑，发挥了棉花生产大国和消费大国的价格主导作用，赢得了国际话语权。

（3）第三次是 2011 ～ 2014 年连续 4 年大幅进口国际市场原棉

加入世贸组织 13 年，进口棉对国产棉冲击有两次。第一次是 2006 年，当年进口 360 万 t，最终不得不采取国产棉搭配进口棉销售。2011 ～ 2014 年，分别进口原棉 336 万 t、513 万 t、415 万 t 和 244 万 t，4 年合计进口 1508 万 t。另外，2011 ～ 2013 年进口 40% 高关税原棉 66 万 t，进口其他棉花 83 万 t，总计进口1657 万 t。

点评：一是原棉进口采用关税和配额双重管理，成为国产棉免受国际市场冲击的钥匙；二是征收滑准税有利于缓解国内外原棉价格的严重"倒挂"，并且国家还征收不少增值税，也有平抑进口量的功能。

5.2.3　棉花市场调控政策存在的问题

棉花市场调控包括良种补贴、农机补贴、临时收储、关税配额等，但问题主要表现在临时收储政策。

（1）棉花临时收储未能有效实现调控市场的经济目标

2011 年 9 月实施的临时收储政策，使得经过 10 年市场化改革的棉花市场重新回到了计划经济，棉花收购价格由政府制定，中储棉公司敞开收购，在市场价格低于政府定价的情况下，中储棉公司实际上成为了全国棉花的最大买家。棉花市场价为 19 500 元 /t 左右，远低于 20 400 元 /t 的政府收购价，中储棉公司无法实现"顺价销售"。

（2）临时收储政策加重了政府财政负担

较高的棉花价格不仅提高了纺织企业的原料成本，影响了纺织工业的正常生产，而且加重了中国政府的财政压力。目前，中国棉花储备已高达 700 万 t，如果加上 2013 年 600 万 t 新棉，国家棉花储备将达 1300 万 t，倘若按照 2013 年收储预案价格每吨 20 400 元计算，中国政府将为棉花储备支付 2600 多亿元的巨额财政资金（谭砚文和关建波，2014）。从另一个角度分析，原棉库存一年的成本至少 2000 元 /t，如果 2011 ～ 2013 年收储原棉按现行价格 13 600 元 /t 销售，至少每吨亏损 6000 元，国家需花费 1000 多亿元方可消化巨大库存。

5.2.4　棉花市场调控的完善对策

（1）总结新疆目标价格改革试点经验，完善价格形成机制

目标价格是"市场对资源配置起决定性作用"的有益尝试，而目标价格改革的本质是保障农民植棉（务农）的基本收益，2014 年，在新疆试行棉花目标价格改革，设定目标价格为 19 800 元 /t，市场皮棉价格为 13 600 元 /t，即应补贴 6200 元 /t，新疆棉花产量为 367.7 万 t，补贴总资金约为 228 亿元。2014 年，国家还出台了其他 9 个省棉花补贴 2000 元 /t，这 9 个省的皮棉产量 233.8 万 t，需补贴资金约 47 亿元。新疆目标价格改革试点，以及 9 个省棉花补贴政策的效果尚待评估。

（2）完善棉花生产支持政策

加大农业保险，提高灾害赔付率。加大农业保险是与目标价格改革紧密配套的措施之一。做到应保尽保，这是解决农业生产因灾减收和致贫问题的有效对策。提高赔付率，新疆植棉相对合理赔付应达到物化成本 1000 元 / 亩的水平。借鉴美国棉花灾害赔付做法，当收益低于预期值时，保险补偿及时启动，政府只对超过预期收入 10% 以上的收入损失部分进行赔付，其余收入损失部分则仍由农户承担，农保针对一定区域而不是单个农场（户）。

用好"绿箱"政策，加大对棉花良种培育和推广的财政投入，提高栽培技术和机械化水平，加大对棉田基础设施的投入，改善灌溉和排渍水准，增强棉花生产抵御自然灾害的能力，提高棉花综合生产能力。

5.3 食用油料市场调控绩效、问题与完善对策

5.3.1 食用油料市场调控政策简要回顾

（1）良种补贴政策

2008 年，《中共中央、国务院关于 2009 年促进农业稳定发展农民持续增收的若干意见》指出："加大良种补贴力度，提高补贴标准，实现水稻、小麦、玉米、棉花全覆盖，扩大油菜和大豆良种补贴范围。"油菜良种补贴每亩 10 元。

（2）油料收储政策

2009 年 12 月 31 日，《中共中央、国务院关于加大统筹城乡发展力度进一步夯实农业农村发展基础的若干意见》明确提出："适时采取玉米、大豆、油菜籽等临时收储政策，支持企业参与收储，健全国家收储农产品的拍卖机制"。

2011 年 9 月 20 日，《全国种植业发展第十二个五年规划（2011—2015 年）》提出："健全农产品价格保护制度。完善重点粮食品种最低收购价和大宗农产品临时收储政策，适当提高价格水平……完善油菜籽、大豆、棉花、玉米等临时收储政策，探索建立实行目标价格政策"。

2011 年 12 月 31 日，《中共中央、国务院关于加快推进农业科技创新持续增强农产品供给保障能力的若干意见》提出："完善农产品市场调控。准确把握国内外农产品市场变化，采取有针对性的调控措施，确保主要农产品有效供给和市场稳定，保持价格合理水平。稳步提高小麦、稻谷最低收购价，适时启动玉米、大豆、油菜籽、棉花、食糖等的临时收储，健全粮、棉、油、糖等农产品储备制度"。

2012 年 1 月 13 日，《中共中央、国务院关于加快推进农业科技创新持续增强

农产品供给保障能力的若干意见》明确提出："完善农产品市场调控机制。稳步提高稻谷、小麦最低收购价，完善玉米、大豆、油菜籽、棉花等农产品临时收储政策"。

2015年7月10日，农业部公布的《十二届全国人大三次会议第1480号建议答复摘要》中提出：稻谷、小麦两个口粮品种应继续坚持最低收购价，玉米、大豆、棉花、油菜籽等品种要注重发挥市场形成价格的决定性作用。

（3）进出口贸易调控政策

1）进出口税率。

2000年12月28日《国务院关税税则委员会关于调整若干商品进出口关税税率的通知》将油菜籽出口税率由80%调整为40%。2001年9月3日海关总署、财政部、国家税务总局联合下发《关于对部分饲料继续免征进口环节增值税的通知》，将油菜籽、油渣饼（税则号：23064000）从法定13%增值税税率降为免税。在未来的发展趋势方面，由于中国已经是WTO组织的正式成员国，因此预计未来总体趋势上不会再出现油菜、大豆行业的关税。

2）进出口技术管制。

在国内油菜产业面临国外转基因品种冲击的情况下，国家对于油菜育种方面的技术优势，从严控制出口转让。在未来，从国家愈加重视农作物现代种业发展的背景下来看，预计油菜育种技术的出口方面仍然会从严控制，以保障国家油料安全。

3）外商投资政策。

食用油脂的生产涉及国家的粮食安全，因此2007年的《外商投资产业指导目录》和2011年的《外商投资产业指导目录》中，均限制外商投资油菜籽加工业，要求此类企业必须由中方控股。2007年的目录中还限制了外商投资食用植物油的批发零售业，但是这一限制于2011年取消。

5.3.2 食用油料市场调控绩效评价

总体而言，现阶段我国油菜良种补贴政策、油料临时收储政策和进出口贸易政策，对于保护农民利益、促进油料生产发展、保障国家油料安全、维护油料市场稳定、促进经济社会平稳发展发挥着重要作用。

（1）调动了农民油料种植积极性，促进油料生产的稳定发展

2008年，我国实行油菜良种补贴，每亩10元，持续至今。每亩10元的油菜良种补贴尽管对于农民的收入影响不大，但向油菜种植农户传递了国家稳定油菜生产、优质优价的信号，对于油料生产具有指导意义。据国家油菜产业技术体系对全国 2298 户油菜种植农户的定点调查，自开展油菜良种补贴的 5 年来，全国油菜双良种覆盖率逐年递增，2012 年，全国良种覆盖率达 94.61%，上海、陕西、浙江三省（市）已经达到 100%。

2009 年，我国启动和实施临时收储等油料价格支持措施，国内食用油价格在国际经济危机及国外优质廉价油源的冲击下，基本保持稳步上涨，农户出售油菜籽、花生等油料作物产品的价格持续上涨。近 5 年，国内油菜临时收储价格分别为每斤（1 斤 =500g）2.2 元、1.85 元、1.95 元、2.3 元和 2.5 元。收储政策实施 5 年来，在一定程度上保护了农民种植油菜的积极性，缓解了主产区小麦争地对油菜种植的不利影响，延缓了国内油菜种植面积连年下滑的趋势。

（2）增强国家对于食用油料的调控能力

近年来，国家连续实施临时收储等政策性收购，政府掌控了充裕的油源，对稳定市场预期、抑制市场投机、减缓国际市场波动对国内的冲击等，发挥了重要作用。

（3）确保市场有效供给、维护市场稳定

近年来，政策性收购形成的临时大豆和菜籽油通过定期在批发市场或交易中心公开竞拍销售，向粮油加工企业定向销售等方式，及时满足市场需求，稳定了各主体的市场预期，维护了油料市场的基本稳定。

5.3.3　食用油市场调控存在的问题

（1）调控目标互相矛盾

市场调控具有多重目标，对于我国食用油料的市场调控而言，存在保护油料种植农民的利益和维护油料市场稳定两个主要目标。这两个主要目标实质上相互矛盾：一方面，保护油料种植农民的利益，必然要求食用油价格合理上涨，特别是在农业生产资料、人工等成本大幅增加的形势下，只有较大幅度提高食用油价格，才能保证油料种植农民的利益，提高农民种植油料作用的积极性；另一方面，食用油与粮食一样，属于基本的生活用品，提高食用油价格会引发其他农产品价格的连锁反应，甚至增加整个物价上涨压力。

（2）效率低下

前文已有论述，我国食用油料市场调控政策主要包括油菜良种补贴政策、油料收储政策和进出口贸易政策。市场调控政策的效率低下主要体现在临时收储政策上。油料收储之后，国家必须花费大量的人力与财力对所储备的油料产品进行烘干等储存管理。如果算上储备成本和陈化所导致油料品质的下降，国家对农产品收储的价格将远高于市场采购价格。从政府的角度来看，国家储备经费主要依靠财政支出，收购成本的提高加重了政府的财政负担，浪费了社会资源，损害了国家和人民的利益。同时，为了保护农民利益，国家选择超额收储，原本十分疲弱的消费需求会使国家储备油的销售十分困难，进一步导致收储资金难以回笼变现。

（3）市场机制扭曲，行政干预严重

国家对食用油市场价格的行政干预日益严重。2010 年 11 月以来，为稳定食用油价格过快上涨的局面，减缓通货膨胀压力，保持国内市场稳定，有关部门多次采取约谈等方式，对部分食用油销售实行行政性限价，导致 2011 年我国油脂行业出现普遍亏损，市场扭曲严重，为后期保持食用油市场稳定累积了更大的风险和矛盾。

（4）调控力度不足

这表现在如下几个方面：①我国食用油料的战略地位远低于粮食，因此，国家出台的大部分粮食支持政策并未将油料纳入，导致农民种植粮食和油料作物在收益上存在差异，影响了油料作物种植的积极性；②临时收储不论储备量还是调控力度都比粮食要小得多，再加上调控时机把握不准，收放储的规模过小，或对市场干预不当导致的信息紊乱，出现"乱调"现象；③食用油料对外依存度较高，国家出于战略考虑，需要进口大量的食用油料，导致食用油料贸易政策方面调控政策的出台具有零散性，缺乏长效调控机制。同时，植物油从 2006 年以来取消了进口配额，进口关税只有 9%，国家通过贸易政策调控的难度加大（崔瑞娟，2008）。

5.3.4　食用油料市场调控的完善对策

加强和完善我国食用油料市场调控，必须着力改善政策环境，为政策的实施提供有效的保障。

（1）健全农业生产补贴政策体系

完善生产型补贴办法，将油菜、花生等油料作物纳入农资综合补贴范畴，提高油料良种补贴规模和标准。强化政策性农业保险支持，建议考虑将中央财政新增农业补贴资金部分用于代缴农民承担的农业保费。完善规模化经营补贴办法，加大对油料规模种植户进行补助，考虑对油料规模种植户实行价外补贴方式。

（2）加强食用油料需求管理

加快探索食用油料需求管理机制，严格控制食用油料用于生物柴油等非食物生产，适度控制高能耗、高污染的油料深加工业发展，如取消财政补贴及税收优惠、实施定期限产、征收环境税、征收出口税等。宣传引导科学的消费习惯，促使消费者合理消费食用油，减少浪费（王璐，2014）。一是制定"健康食用油"标准，加强质量监督。国家标准中应将食用植物油的饱和脂肪酸含量作为重要指标；二是严格执行转基因食品的标识制度，确保广大消费者的知情权和选择权；三是对"健康食用油"实行消费补贴。

（3）加强食用油料进出口管理

食用油料进出口是中国油料市场调控的重要手段，是调节食用油料品种余缺、保障国内油料供给的重要补充，是统筹利用国际国内两个市场、两种资源，发挥中国农业比较优势的关键举措。要根据国际国内油料供求和价格变化趋势，建立健全科学、安全、灵活的油料进出口调节机制，探索将进出口贸易、储备运作与油料市场调控有机结合，实行有度有序的进出口战略。要加快实施农业"走出去"战略，构建持续、稳定、安全的农产品进口渠道，建立全球农产品进口供应链，统筹全球农业资源，服务于中国食用油料市场调控。通过提高检疫检验标准、建立非关税壁垒等措施，加强国内产业损害调查，及时实施贸易救济。强化外资进入管理，抓紧修订《外商投资产业指导目录》。针对涉嫌垄断行业的跨国粮商巨头，适时启动反垄断调查。

（4）夯实食用油料市场调控的物质基础

以提升国内食用油料综合生产能力为重点，强化政策、科技、装备、基础设施、社会化服务等支撑，全面增强食用油安全保障能力，大力夯实食用油市场调控的物质基础。

做好种苗、化肥、农药等农用物资的协调供应，构建油料作物农业生产资料综合补贴制度和退还农资税赋，强化降低流通成本。保证要素的稳定供给，从而保证油料作物的综合生产能力的发挥。

大力推进油料作物农业机械化和信息化，提高食用油料作物产业现代农业物质装备水平。加快开发多功能、智能化、经济型的农业机械装备，优化农机结构，推进大豆、花生、油菜等主要油料作物生产的全程机械化。积极发展信息化，加强油料产业信息服务平台和涉农信息设施配套建设，推动粮食产前、产中、产后的信息化。

增加农业投入，建设旱涝保收的现代农田。这项措施包括深耕和秸秆还田，特别是要清理农田残膜，减轻环境污染；大力支持农业和工业结合，开发替代普遍地膜的产品，开发农艺替代地膜技术。

（5）探索食用油料目标价格政策

积极创造条件实施油料作物目标价格政策，直接补贴农民。可考虑选择东北地区实行大豆目标价格、长江流域实行油菜目标价格、黄淮海平原实行花生目标价格政策试点，并逐步向全国推广。

5.4 食糖市场调控的绩效、问题与完善对策

5.4.1 食糖市场调控政策简要回顾

自 1991 年底国家启动食糖流通体制改革、放开食糖市场以来，政府针对食糖产业与市场面临的新形势、新问题，不断探索和完善宏观调控政策。根据主要调控政策手段性质的不同，食糖宏观调控政策的建立与完善大致可以分为以下三个时期。

（1）以行政命令为主要调控手段的时期（1992 ～ 2000 年）

该时期食糖市场虽然放开，但政府仍以行政命令为主要手段对食糖市场供需平衡实施调控，对食糖产业规模实施调控。

（2）由以行政命令为主向以市场调控为主的转变时期（2001 ～ 2004 年）

在中国食糖产业经历大规模结构调整后，2001 ～ 2004 年由以行政命令为主向以市场调控为主的时期转变，市场化、制度化调控手段逐步形成，国家继续实施工业企业短期临时储存食糖制度，完善国家储备糖制度，取消食糖出口关税配额制度，建立食糖进口关税配额制度，出台糖料管理办法，食糖宏观调控手段逐步从行政命令为主向以市场调控为主转变，逐渐朝法制化、规范化轨道转变。

（3）以市场化调控为主要手段的时期（2005 年至今）

该阶段，中央和地方储备糖制度日益完善，国储糖的收储和抛储成为政府调节市场供需与产业发展的核心手段。随着工业临时储备政策常规化，加之农业部门针对糖料生产的扶持政策逐步增多，这些政策也成为政府进行宏观调控的辅助手段。

综合来看，食糖宏观调控政策变化对食糖价格波动的影响表现在以下三个方面。

第一，在以行政命令为主要调节手段的历史时期，政府调控政策对食糖价格波动的平抑作用较为有限，甚至在大多数年份扮演了推波助澜、扩大波动幅度、提高波动频率的角色，呈现出"一管就死，一放就乱"的特征。

第二，在行政命令式调控手段逐步退出、市场调控逐步占主导（国内供求为主的背景下）的时期，尽管政府宏观调控部门已独立于市场利益，但也仅仅在部分年份起到了较好的调控效果，在部分年份并没有发挥调节供需失衡、平抑价格波动的作用。

第三，在国内外市场通过进口联动、市场调控为主的时期，由于不具有收储发

挥作用的前提条件，市场供应量动态变化，收储无法发挥稳定价格的效果，短期甚至加剧价格下滑。

5.4.2 食糖市场调控政策绩效评价

（1）收储政策对食糖价格波动的影响

收储统计结果表明：2006年以后，国家针对调节食糖供求关系共进行了22次收储行为。其中，2012年12月27日，收储数量达到最高的80万t；2007年9月14日，收储数量为1200t，是这一阶段最少的。从食糖价格波动情况来看，在22次收储中，有5次糖价出现上涨，3次短期和长期都出现平稳状态，13次（5次为2012年以前，8次为2012年以后）糖价出现下跌，还有1次短期下跌。收储过程中，有22.7%的情况糖价出现上涨（反向波动），且主要集中在2012年之前。

（2）放储政策对食糖价格波动的影响

2006年以后，国家针对调节食糖供求关系共进行了28次放储行为，其中2010年1月21日放储数量达到最高35.65万t，2006年10月13日放储数量为5t，是这一阶段最少的。从食糖短期价格波动情况来看，在28次放储中，有10次糖价出现下跌，有12次糖价出现上涨，其他是短期和长期涨跌不一致的情形，3次出现远期下跌，3次出现远期上涨。放储过程中，46%的情况糖价出现反向波动。

从收放储政策对价格波动的影响来看，收储过程中，50%左右出现反向波动，放储过程中，46%左右糖价反向波动，这表明政策的价格调节尽管有效果，但效果并不显著。

（3）临储政策对食糖短期价格波动影响效果的计量分析

由于食糖期货市场对政策信息的敏感度更高，此处所选取的食糖价格数据为郑州商品交易所（郑商所）提供的白糖期货价格。由于郑商所白糖期货于2006年1月6日正式上市交易，因此此处同样选取2006年1月6日以后收放储政策进行研究，收放储相关数据由网络资料整理，共选取10次收储信息和22次放储信息。在短期价格波动的研究上，主要考察收放储发布日价格波动数量和方向，以及绝对收益率的大小，在中长期价格波动的研究上，主要考察收放储发布当周和当月期货平均价格的波动方向和幅度（限于篇幅，仅将主要结论附上，过程省略），通过描述性统计和回归分析，得出如下主要结论。

第一，储备政策会对食糖短期价格波动产生显著的影响，发布日绝对收益率要显著高于非发布日。

第二，收储和放储政策对短期和中长期价格波动的影响本身具有差异性。

第三，储备政策并不会对食糖中长期价格变动产生显著影响，其中收储政策并未引起食糖价格上涨，而放储政策并未引起食糖价格下跌。但相比较而言，放储政策的效果显著强于收储政策；此外，收放储数量对食糖价格的短期及中长期价格波动均未产生放大效果。在储备政策中长期效果并不显著时，很难想象数量效应的存在。

上述结论表明，中国食糖储备政策并未体现出较好的效果，价格反转出现频率较低，且反转幅度相对较小，相对而言只有放储政策的中长期效果较好。

5.4.3　食糖市场调控政策存在的问题

本处食糖市场调控政策存在的问题主要是指临储政策执行过程中存在的问题。主要体现在以下几方面。

（1）市场调控政策出台时机滞后，目标价格不合理

政府储备糖制度是食糖市场价格宏观调控的主要手段，但是，从近几年国家收储政策来看，国家储备政策存在着政策出台时机滞后、收（放）储价格与数量随意性大等问题，在一些情况下尚不能给予市场主体稳定预期，影响了宏观调控效果。

（2）市场形势更加错综复杂，调控难度明显加大

近年，食糖市场形势日益错综复杂，其价格波动往往受国内供求因素、国际供求因素、国际糖价传导、国际能源 - 食糖价格之间传导、投机资金炒作、调控政策等综合因素影响，这些因素既有传统的又有非传统的，政府通过储备糖调控食糖市场的难度越来越大。

（3）在国际糖价持续低于国内糖价两年以上时，收储政策失效

当国际市场供给过剩引发国际糖价、国内糖价下滑时，由于国内外食糖市场缺乏有效"闸门"、国内食糖可供量的动态变动、收储政策作用的前提（可供量不变，通过减少市场上的供给量、平衡供求进而稳定价格）无法满足，收储政策失效。出于稳定国内糖价而出台的收储政策，由于至少超出同期市场价格 300 元 /t（最高时高出 640 元 /t），加剧了国内外糖价价差，增加了进口糖的利润和数量，加剧了国内食糖市场供求的失衡程度。收储的结果是短期价格高位，长期导致进口量大幅增加，改变了国内供需的格局，使价格下滑幅度更为严重，冲击了国内市场，相当于以高价补贴了国际市场。

5.4.4 食糖市场调控的完善对策

（1）构建保障产业稳定发展的糖料生产扶持政策体系

以糖厂入榨甘蔗量为标准，在广西等主产区试行甘蔗种植直补；积极探索多层次糖料生产风险管理体系，改善甘蔗农业保险措施中的定损复杂而不及时等问题，探讨目标收入保险等政策；实行以含糖分为基础的"以质论价"，改进我国"糖蔗联动、二次结算机制"的产业化经营模式，明晰糖蔗联动经验公式，确保工农利益比例控制在 4 ：6 左右；建立甘蔗与食糖发展风险基金；继续加大优势区域糖料基地的建设范围和支持力度，解决以增强水利设施为主要内容的农田基础设施建设。

（2）尽快推出食糖目标价格政策，稳定种植预期

我国食糖进口规模持续较大，且配额外进口成为常态，在国内外食糖价格倒挂常态化条件下，继续推行现行价格调控政策已经难以破解当前的糖业困局。如果不及时调整，我们的糖业可能遭受惨痛打击，再现 2002/2003 年榨季的状况。因此，急需创新价格调控方式，探索目标价格、营销贷款差额补贴制度和目标收入保险政策。当前首要的是实行食糖目标价格管理，减少价差驱动进口的情况。

（3）完善临储政策

通过设立科学合理的临储价格边界，考虑更多的市场参与主体，仅在价格过高或过低时启动临储政策，并配套采用融资、货币、金融市场、生产支持政策等配套措施，优化临时储备调控效果。

（4）运用好 WTO 规则，加强进口管理

一是加强配额内食糖进口管理，实行进口报告制度，强化食糖进口监测；控制国营配额数量，协调非国有贸易配额；加强对食糖进口配额的管理，优化食糖进口配额的分配办法和使用机制，合理配额分配比例。二是加强配额外食糖进口管理，做好食糖自动进口许可工作，发挥行业自律作用，适时启动技术壁垒。尽可能将配额外食糖控制在 190 万 t 范围内的行业自律条款落到实处。三是持续严厉打击食糖走私行为。海关总署等国家相关职能部门保持高压态势，把好国门，并做好协调，地方政府加强管理，持续严厉打击食糖走私行为；制糖企业加强自律，为全社会营造严厉打击食糖走私氛围。四是在多边及中澳区域全面经济伙伴关系（regional comprehensive economic partnership，RCEP）等双边贸易谈判中，不作减让承诺，维护好有限的关税和国内支持政策空间。

6．经济作物产业可持续发展的国际经验与借鉴

国际上其他国家经济作物可持续发展的经验及借鉴对于我们制定经济作物可持续发展有着重要的参考意义。

从各国促进经济作物产业发展的政策来看，各国已针对经济作物种植、流通制度、销售价格、信贷、税收、保险、贸易及长期规划各个产业环节采取了有效的政策措施，基本建立起了成熟的经济作物产业政策体系，能为我国提供借鉴与启示。

6.1 支持政策制度化

我国经济作物产业支持政策长期存在着政策目标短期性、政策手段模糊性、政策对象随意性等问题，使政策效果难以集中体现和发挥出来。而美国对农业的支持都制定了周密和详尽的法规，形成了每 5 年修订一次立法的制度，使美国的农作物补贴有了根本保证，对我国从法律法规上明确支持经济作物产业有借鉴意义。我国应建立健全农业支持的政策法规，使经济作物支持政策成为一项长期和稳定的制度。

6.2 价格支持和直接补贴兼用

从国际上来看，以直接收入补贴取代或部分取代价格支持成为各国农业支持政策调整的主要取向，但价格支持仍然得以保留，尤其是在发展中国家。目前，我国经济作物产品供求矛盾突出，增加供给的任务艰巨，应在实施直接补贴政策的同时，适度实施价格支持政策。另外，扩大绿箱补贴（即对农产品价格不直接提供支持的，不必承担削减义务的补贴，以一般政府服务、粮食安全、农业环保等为主要内容）的范围，通过政府的财政支出和税收减免，逐步构建我国对农业的绿箱政策支持体系。

6.3 政策的制定统筹兼顾各方利益

印度鼓励食用油进口、抑制油料进口的贸易政策对压榨企业造成了不利影响，近年来印度植物油工业协会已多次向政府呼吁，要求降低油料进口关税。日本鼓励

油料进口、抑制植物油进口的贸易政策使压榨企业获益，却使消费者付出了一定的代价。贸易对各方福利产生了不同影响，使各国政府在制定政策时常常陷入矛盾的境地。建议我国政府在对经济作物产业发展方向做出综合评价的基础上，统筹兼顾各方利益，制定平衡发展的长远规划。经济作物产业的产业链条较长，涉及各方面从业人员较多，政府既不能置生产者利益于不顾，也不能为了增加种植者的收入，而使加工部门及消费者付出巨大的代价。

6.4　适当进口的贸易政策

相当长时期内我国经济作物的生产满足不了需求的增长，棉花、植物油料、糖的进口将保持较大的数量，如果限制进口，大部分加工企业面临停产、关闭的危险，并且将因为供不应求而使价格提高，损害消费者的福利，在某种程度上还会损害我国的粮食与食物安全。因此，建议政府继续实行适当进口经济作物产品的贸易政策，通过加工、转化增值进而转化为再出口的能力，提高我国经济作物产业竞争力。

7. 经济作物产业可持续发展战略定位、战略目标与战略重点

7.1　战略定位

加大经济作物产业的政策支持与资金投入力度，以技术进步为突破口，以提高农民经济作物种植的经济效益为中心，以保障基本供给能力为核心，努力构建经济作物现代产业技术体系，提高经济作物的综合生产能力，合理利用WTO规则调节进出口，保持经济作物产品供求总量的基本平衡。

7.2　战略目标

7.2.1　面积目标

1）棉花。今后10～20年，需安排棉田面积7000万亩。

2）油菜。2020年，有望达到13 000万亩（现有11 000万亩＋南方冬闲田

2000万亩）；2030年，有望达到15 000万亩（现有11 000万亩＋南方冬闲田3000万亩＋北扩1000万亩）。

3）花生。通过稳定和恢复种植规模，2020年、2030年总体保持在7500万亩左右。

4）糖料作物。到2030年，种植面积稳定在2837万亩。其中，甘蔗面积为2500万亩，甜菜面积为337万亩。

7.2.2　生产能力目标

1）棉花。预测2020年，全国棉花单产水平达到100kg/亩，2030年提高到110kg/亩。

2）油菜。力争到2030年，单产保持年均2%的增长率。按此预测，2020年，全国油菜单产达到140kg/亩，2030年提高到170kg/亩。

3）花生。花生单产水平可望年均提高2%，2020年单产可以达到270kg/亩，2030年可以达到320kg/亩。

4）糖料作物。甘蔗平均单产从目前的4.35t/亩提高至2020年的5.5t/亩，2030年进一步提高至6t/亩。

7.2.3　技术目标

（1）棉花

开展棉花生物技术研究和推广，占领棉花科制高点；加强育种理论、方法和材料创新，保持转基因棉的研发优势；加强传统育种与现代高新技术的结合，提高棉花育种整体水平；加强农机与农艺融合，推进棉花轻简化、规模化、机械化种植；加强生态保护植棉技术研究，减轻病虫草危害；提升种业创新能力。

（2）油菜

技术手段是保障油菜产业可持续发展的有力支撑，可有效推动优质油菜新品种繁育及其产业化示范工程建设。加快"双低三高"（高产、高抗、高效）的新品种培育，加强相关配套技术集成创新，加快新品种、新技术推广。

（3）花生

积极开展花生高产、优质、高效、安全、生态友好的生产技术体系研究，重点培育高产、高油的油用型品种，含油量达到55%以上，积极推广双料覆盖、全层施肥、硼肥施用等技术。

（4）糖料作物

按照良种、良法配套要求，对先进实用技术进行组装配套，建立适宜不同地区、不同品种的高产栽培技术体系，加快甘蔗健康种苗、深松耕、地膜覆盖、节水抗旱等技术推广。

7.2.4 经济目标

保证整个产业链不同环节的参与者有合理的利润，保持整个产业的经济活力。在种植环节，在按市场用工价格核算的情况下，经济作物每亩净利润不低于粮食作物和其他作物；在加工环节，确保棉、麻、油、糖等加工企业的利润率不低于其他工业企业。

7.3 战略重点

（1）提高一个能力

经济作物产业可持续发展可以理解为可持续、稳定地提供给人类安全、健康、优质的经济作物产品的能力，包括资源上的可持续性、技术上的可持续性、经济上的可持续性、宏观政策上的可持续性，概括为经济作物综合生产能力上的可持续性。

经济作物综合生产能力的高低，直接关系到经济作物的有效供给，也关系到国家的粮食安全。稳定和提高经济作物综合生产能力对于确保全国粮食安全、促进我国种植业结构优化调整、扩大出口、增加社会就业等都有着重要的战略意义和实践意义。"提高一个能力"，即提高经济作物综合生产能力。

（2）利用两种资源

"利用两种资源"，一是充分利用空闲土地和非耕地资源，大力促进经济作物产业的发展。充分利用沙壤地，发展花生产业；充分利用冬闲田，发展油料产业；合理利用山坡地，发展木本粮油产业。这是扩大食物供给、保障我国粮食安全乃至食物安全的重要补充。二是合理利用国际市场资源。巴西、阿根廷、东南亚等地的土地开发费用和种植成本都较低，进行经济作物的种植、加工投资或直接贸易的潜力非常大。因此，我国应加强国际合作，制定发展规划，利用国际市场，支持企业建立稳定可靠的进口经济作物产品保障体系，加强进出口调节。

（3）完善四大体系

一是完善经济作物产品流通体系。重点是健全市场体系，完善物流设施建设，培育和提高市场主体的竞争力。

二是完善经济作物产品储备体系。这是国家调控棉、油、糖等经济作物产品市场，稳定棉、油、糖价格和应对突发事件的主要手段，重点是完善储备调控体系，优化储备布局和结构，健全储备管理体制。

三是完善经济作物产品加工体系。这是满足日益多样化的消费需求、推进经济作物产业结构升级、提高经济作物产业效益、促进农民增收的必要途径，重点是大力发展棉、油、糖等经济作物产品食品加工业，积极发展饲料加工业，适当发展深加工业。

四是完善进出口贸易调控体系。这是国家调节农产品品种余缺、保障国内供给的重要补充。重点是根据国际国内经济作物产品供求和价格变化趋势，建立健全科学、安全、灵活的经济作物产品进出口调节机制，探索将进出口贸易、储备运作与棉、油、糖市场调控有机结合，实行有度有序的进出口战略。

8. 经济作物产业可持续发展的战略措施

经济作物可持续发展最终落到如何提高我国经济作物产业的综合生产能力上。在分析我国经济作物产业的现状、问题及制约因素、供求缺口的基础上，针对我国的经济作物可持续发展的战略定位、战略目标、战略重点，给出我国经济作物产业可持续发展的战略措施。

纤维作物、油料作物、糖料作物三大类作物产品的性质、种类、用途、地位差别较大，但通过对三大类作物的现状、存在问题、生产潜力、资源约束、供需预测等的深入研究，结合国外发达国家经济作物产业发展的经验与借鉴，提出经济作物产业可持续发展的政策建议。

8.1 坚持内涵式增长的产业发展战略

根据 2013 年中央经济工作会议精神，我国实施"以我为主、立足国内、确保产能、适度进口、科技支撑"的国家粮食安全新战略和"谷物基本自给、口粮绝对安全"的粮食安全战略目标。2015 年，中央一号文件进一步提出："促进粮食作物、经济作物与饲草料三元结构的协调发展。"因此，经济作物的发展应当"不与粮争地"，可以直接用于扩大油料作物种植的耕地面积相当有限。

从产业发展战略上，经济作物产业必须回归内涵式增长，坚持依靠科技进步提高单产与品质的发展战略。

1）落实严格的土地保护制度。落实最严格的耕地保护制度和节约用地制度，坚持耕地保护优先、数量质量并重，全面强化规划统筹、用途管制、用地节约和执法监管，加快建立共同责任、经济激励和社会监督机制，严守耕地红线，确保耕地面积基本稳定、地力基本稳定。

2）推进经济作物技术进步和现代装备水平提高。加大经济作物遗传育种、病虫害防控、田间生产管理等多种措施研发力度，加强相关配套技术集成创新，提高经济作物综合生产能力，力争到2030年继续保持单产年均1～2个百分点的增长率。增加工厂化育苗、机械化移栽、机械化管理、机械化采收、病虫害测报和喷防等现代农业装备。

3）创新经济作物产业经营模式。推行适度规模经营，通过土地流转、种植托管等方式，大力培育和发展规模在50～100亩的专业种植大户、家庭农场等新型生产主体，通过大力推进机械化、专业化和集约化，降低成本，提高单位面积的产出率和产值率。通过财政补贴、税收优惠等方式，鼓励工商资本对荒地、盐碱地、贫瘠地及南方冬闲田进行改良、开发与季节性租地经营。

4）大力发展经济作物社会化服务与产业化经营。积极发展各类专业合作社，实行利益共享、风险共担、自主经营、自负盈亏的管理机制，通过农资集中采购、科学种植、运输销售及种植技术培训交流和信息咨询服务等方面，降低生产成本。鼓励和引导龙头企业通过"公司＋农户""公司＋基地＋农户""公司＋合作社＋农户"等产业经营化形式与种植户建立稳定的产销协作和多种形式的利益联结，大力发展订单农业，将部分加工、销售环节的利润返还给农户，带动农户增收。

5）积极开展阳光培训，提高农村劳动力教育水平。结合教育体制改革的大趋势，鼓励大学生报考农业院校（可降分录取，甚至可免试录取），经过4年的大学学习，发放农学本科毕业证和农业经营资格证，作为未来从事新型农业生产、经营、开发的必备条件，以吸引优势人才进入农业领域。

8.2 实施"经济作物基本保障区"的发展战略

我国经济作物产业相对集中。2014年，新疆棉区占全国棉花产量的59.7%，四川、湖北、湖南、江苏、安徽、内蒙古六省（自治区）油菜籽产量占全国的65.4%；山东、河南、河北、辽宁四省的花生产量占全国的 62.4%；广西和云南的糖产量占全国的 81.6%。为了以最小的经济社会成本维持国内经济作物产品的稳定供给和增加经济作物产品对外贸易的谈判能力，我们必须保持一定的国内自给率作为整个经济作物产品供给的"基础稳定器"。因此，建议在上述省（自治区）分品种建立经济作物"基本保障区"，并给予政策扶持和重点发展。

1）依据棉花保证国内消费（不包括纺织品出口用棉）、食用油料 40% 自给率、糖 70% 自给率的标准，考虑建设新疆 3000 万亩棉花、长江流域 8000 万亩油菜、北方四省（山东、河南、河北、辽宁）3000 万亩花生、广西和云南 2500 万亩甘蔗作为"基本保障区"。在基本保障区内，结合粮食安全，保护耕地，培肥地力，稳定经济作物播种面积。

2）整合现有经济作物产业支持资金或拨备专项资金，对于基本保障区的棉花、油菜、花生、甘蔗等作物，在科学技术研究、技术示范与推广、生产者技术培训、政府生产补贴、自然灾害监测、自然灾害预警、保险与灾后救助、贸易救济措施等方面进行全方位支持。

8.3 构建精简、高效的经济作物管理体系

我国经济作物产业的"多头管理"现象非常突出。棉、麻、油、糖等经济作物的生产种植环节由农业部门主管，中长期发展规划、市场总量平衡和宏观调控由国家发改委主管，化肥、农药、农膜等投入品，机械等相关设备由工商局、质监局主管，产品国内流通和进出口由商务部主管，具体又涉及海关、出入境检验检疫局、外汇管理局、中国银行、国家税务总局等机构。这种管理体制与政策体系"环节"管理特点显著，"责权利"不够清晰、运行成本较高，政府有关部门在生产支持、市场流通、贸易政策、价格宏观调控政策和货币政策之间未能建立统一的战略框架和进行通盘考虑，越来越难以适应日益国际化纷繁复杂的农产品市场形势。同时，农产品市场国内外价格联动、期现货价格联动、农产品 - 石油 - 美元价格联动等特征日益显著，农产品（尤其是粮、棉、油等大宗农产品）"泛金融化"趋势明显。因此，为了降低流通成本、提高经济作物的产业竞争力，必须构建精简、高效的经济作物管理体系。

1）加快出台稳定经济作物产业发展的《中国农业法案》。如何构建生产支持政策、市场流通政策、贸易政策、宏观政策与货币政策等统筹协调的产业政策体系，成为我国经济作物可持续发展战略的"顶层设计"。因此，参照美国、欧盟国家、

澳大利亚等发达国家的做法，选择合适时机出台《中国农业法案》及不同层面的经济作物产业管理的相关法律，成为理顺管理体制和机制的重要保障。

2）积极推行"大部制"改革。改原来的环节管理为行业管理或产品管理，整合现有的农业部、国家发改委、工商局、质监局、商务部等相关部门的管理职能，从产前、产中、产后全产业链的角度对经济作物产业进行统筹管理，降低决策成本、提升管理效率。

3）构建经济作物基本生产者（经营者）行为监测系统。为了贯彻2015年中央一号文件"运用现代信息技术，完善种植面积和产量统计调查，改进成本和价格监测方法"，借鉴美国和欧盟等国家或地区的经验，建立较为完备的经济作物基本生产者（经营者）行为监测系统，获取政策制定所需要的真实、准确、完整、及时的信息。同时，以法律形式确立数据信息真实性核查和惩罚措施，真实性与各地的支持政策、资助力度挂钩。

8.4 重塑以生产支持政策为核心、市场调控和关税配额政策为支撑的市场调控体系

根据从生产、流通和贸易到形成农户收入的过程，可将我国执行的经济作物产品市场调控政策划分为生产性、流通性、贸易性和收入性调控政策，具体包括诸如良种补贴、农机补贴、生产资料综合补贴、临时收储、目标价格及进出口贸易政策等。现有经济作物产品市场调控政策对于调动农民种植积极性，增强国家对于经济作物产品如棉、油、糖等产品的宏观调控能力，确保市场有效供给上起到了重要作用。但是，补贴效率低、扭曲市场、调控效果差。因此，为了保证经济作物产品供给，应当重塑以生产支持政策为核心、市场调控和关税配额政策为支撑的宏观调控体系。

（1）健全农业生产补贴政策体系

完善生产型补贴办法，将棉花、油菜、花生、甘蔗等经济作物纳入农资综合补贴范畴，提高良种补贴规模和标准。强化政策性农业保险支持，建议将中央财政新增农业补贴资金部分用于代缴农民承担的农业保费。完善规模化经营补贴办法，加大对棉花、油料、糖料规模种植大户的补助力度，可考虑对规模种植农户实行价外补贴。

（2）加强需求管理

加快探索食用油料、糖料需求管理机制，严格控制食用油料、糖料用于生物柴

油等非食物生产，适度控制高能耗和高污染的油料、糖料加工业发展，如取消财政补贴及税收优惠，实施定期限产，征收环境税、出口税等。宣传引导科学的消费习惯，促使消费者合理消费食用油、糖，减少浪费。

（3）探索经济作物产业目标价格政策

积极创造条件，逐步实施经济作物产业目标价格政策，直接补贴农民。可选择新疆地区实施棉花目标价格、东北地区实行大豆目标价格、长江流域实行油菜目标价格、黄淮海平原实行花生目标价格、广西和云南实施蔗糖目标价格政策试点，稳步推进，并逐步向全国推广。

（4）完善经济作物产业贸易救济措施

低关税、成本差异导致的巨大价差，导致经济作物产品如棉花、大豆、食用油、糖的大量进口。巨大的进口量，对国内经济作物产业发展空间造成巨大挤压。应该持续保持针对美国、巴西、阿根廷的大豆，美国和印度的棉花，加拿大的油菜籽，巴西的糖等产品的反倾销和反补贴调查，通过征收反倾销税和反补贴税等方式，减少进口棉花、大豆、食用油、糖对国内相关产业的冲击。必要时，及时启动针对进口棉花、大豆、油菜籽、糖等产品的紧急保障措施，通过提高关税、实行关税配额及数量限制等方式，防止国内相关经济作物产业进一步受损。

8.5 积极推进经济作物产业"走出去"战略

对于我国经济作物产品而言，未来存在缺口成为常态。即使考虑到技术进步所带来的棉、麻、油、糖等经济作物产量的提高及化学纤维的替代、兼用油源的开发、淀粉糖的补充等，经济作物产品仍有相当大的缺口。因此，为了保证国家经济作物产品供给稳定，除去正常的经济作物产品贸易之外，未来应积极推进经济作物产业的"走出去"战略。

巴西、阿根廷、俄罗斯和亚洲的印度尼西亚、泰国、柬埔寨、蒙古国等，以及部分非洲国家土地资源丰富，土地开发费用和种植成本较低，进行经济作物种植、加工投资或直接贸易的潜力非常大。因此，未来应将南美的大豆、东南亚的棕榈油、巴西的棉花和糖、俄罗斯和蒙古国的菜籽油作为开拓海外经济作物产品来源的重点，制定发展规划，支持企业建立稳定可靠的进口保障体系。

1）鼓励国内大型企业在资源优势优越、技术较强的国家（如巴西）通过参股与控股当地工厂，将产品卖回本国的方式，提供稳定的经济作物产品供给，增强对抗国际市场风险和影响国际市场价格的能力。

2）加强与农业资源富裕的发达国家（如俄罗斯等）的贸易与投资合作，积极参与其农业综合开发及全球供应链建设等，多渠道增加全球农产品有效供给。

3）对于土地资源丰富，购地成本较低的非洲国家和东南亚、中亚国家，鼓励大型企业直接到这些国家租地、买地、种地，建基地、搞实业，并逐步建立相对独立的收购、仓储、加工、运输体系，控制进出口渠道和定价权。

第 4 章　农业资源与环境可持续发展战略研究

1. 概　　述

我国幅员辽阔,自然资源和环境的区域差异很大。就农业生产而言,南方水多地少,自然条件相对优越;北方水少地多,自然条件相对较差;东部人多地少,自然条件优越;西部人少地多,生态环境脆弱。但由于经济结构和发展水平等原因,造成了农业生产与自然条件分布格局上的不匹配现象,并产生了一系列资源与生态环境问题。例如,粮食流向格局由历史上的"南粮北调"逆转为"北粮南运",导致了北方地区水资源的过度利用,使区域水资源承载力不平衡状况进一步加剧。随着人民生活水平的提高及对农产品需求的改变,将进一步加大资源环境的压力。

我国农业发展进入了新的阶段,在通过科学技术进步和土地集约化利用取得巨大成绩的同时,也造成了严重的资源环境问题。本课题主要从水资源、耕地资源及农业生态环境三个方面,通过分析粮食与食物生产对水土资源的利用现状及生态环境影响,明确制约粮食与食物安全的资源环境约束,提出保障粮食与食物安全的资源环境可持续发展战略及相关政策建议。

2. 农业资源与农业生态环境的基本判断

2.1　耕地资源尚能保障谷物安全,但其后续支撑能力不足

2.1.1　中国耕地资源规模时空演变与粮食安全

2.1.1.1　耕地资源规模变化

基于统计数据的分析表明,1949 年至今,我国耕地资源数量增减交替,以增为主,呈现出明显的阶段性特征。从图 4.1 可以看出,自 1949 年以来,耕地面积总体上升的趋势十分明显。

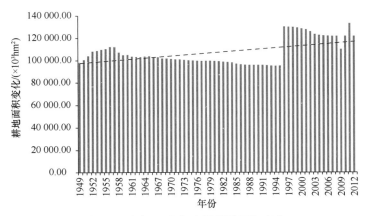

图 4.1 过去 60 多年中国耕地面积变化

实际上，由于数据来源或统计口径等原因，我国耕地数据统计存在较大的出入。封志明等（2005）对新中国成立以来我国耕地数据的多重来源进行分析、判别和重建，利用粮食产量与耕地面积的相关关系，通过这一时期的粮食产量，反演并重建了一个新的 1960～1985 年耕地面积变化序列（图 4.2）。在此基础上，基于2004～2009 年的相关数据，选取国土资源部的统计数据，估算了过去近 60 年的耕地资源增减变化（表 4.1）。

表 4.1 不同时期中国耕地面积增减情况 （单位：万 hm²）

变化统计方式	1949～1957 年	1957～1961 年	1961～1966 年	1966～1969 年	1969～1979 年	1979～1999 年	1999～2003 年	2003～2008 年	1949～2008 年
总增减	1393.0	−849.96	1226.93	−55.90	1943.12	−527.20	−580.78	−168.67	2380.54
年平均变化	174.12	−212.49	245.38	−18.63	194.31	−26.36	−145.19	−33.73	40.34

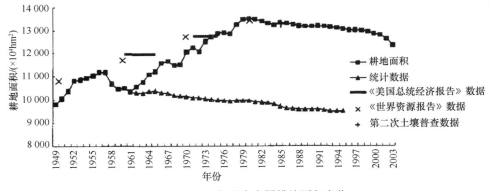

图 4.2 1949 年以来中国耕地面积变化

（封志明等，2005）

总体上来说，1949年至今我国耕地资源数量是增加的。从1949～2008年，中国耕地面积增加了2380.54hm²，年均增加40.34hm²。但近60年的发展过程中，中国耕地资源数量并非一直上升，而是随不同的历史发展阶段不断地增减交替，并且呈现出明显的阶段性。1949～1957年是耕地面积的增长时期；1958～1995年，耕地面积波动中趋于减少；1996～2012年，耕地面积又进入迅速减少期；2013年年底公布的第二次全国土地调查数据表明耕地面积增加2亿亩。

2.1.1.2 人均占有耕地面积持续减少

1949年以来，我国人口规模保持持续稳定增长的态势。人口从1949年的5.42亿人上升到2012年的13.54亿人，增加了150%，这使得我国人均占有的土地资源，尤其是耕地资源日趋紧缺。从图4.3可以看出，我国人均耕地面积在60多年间减少了52%。人均耕地面积由1952年初的0.188hm²（2.82亩）减少到1968年的0.129hm²（1.94亩），到2012年已经减少为0.09hm²（1.35亩）。按照目前的发展趋势来看，我国人均耕地面积将随着我国人口的持续增加而进一步下降，这就要求单位面积粮食产量需要持续增加，才能维持人口增长的粮食需要和现有的食品消费水平。

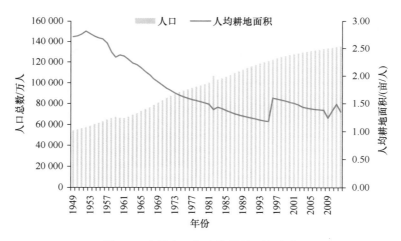

图4.3 中国人口与人均耕地面积变化

由于土地资源和人口分布的区域差异，我国人均耕地占有量的空间分布呈现自北向南、由西向东递减的空间格局。人均耕地占有量大于全国平均水平的全部是北方省区和西部省区。北部的内蒙古、黑龙江人均耕地在0.3～0.5hm²，吉林将近0.3hm²。西部的新疆和宁夏在0.3～0.5hm²，甘肃、西藏、陕西、山西、云南、青海和贵州人均耕地占有量普遍在 $0.1 \sim 0.2\text{hm}^2$。而东南部人口稠密，人均耕地占有量多在 0.1hm^2 以下。与耕地总量的省域分布不同，一些省（区）尽管耕地总量较大，但由于人口规模大，人均耕地占有量偏小，如四川、山东、河南、河北和安徽等。

2.1.1.3 耕地资源空间格局

我国耕地资源主要呈现北多南少、中部多东西部少的空间格局。从南北方来看，北方耕地资源在数量上比南方地区高出 15% 左右，形成了北多南少的空间格局（图4.4）。过去 30 多年来，北方耕地资源占全国耕地总量比例减少了不到 2%，南方耕地资源的增加十分有限。

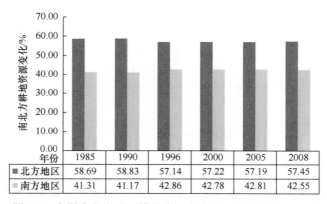

年份	1985	1990	1996	2000	2005	2008
北方地区	58.69	58.83	57.14	57.22	57.19	57.45
南方地区	41.31	41.17	42.86	42.78	42.81	42.55

图 4.4　我国南北方地区耕地资源所占比例（%）及其变化

从中、东、西部三个地带来看（图4.5），我国耕地资源中部多，东、西部少。广大的中、西部地区分布着我国 70% 的耕地资源，水热条件良好的东部地区只分

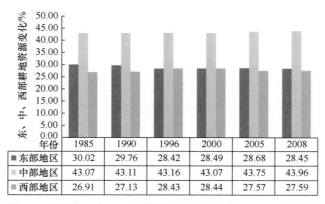

年份	1985	1990	1996	2000	2005	2008
东部地区	30.02	29.76	28.42	28.49	28.68	28.45
中部地区	43.07	43.11	43.16	43.07	43.75	43.96
西部地区	26.91	27.13	28.43	28.44	27.57	27.59

图 4.5　我国东、中、西部耕地资源所占比例（%）及其变化

布着 30% 的耕地资源。从耕地资源所占比例变化来看，改革开放以来，我国东部地区耕地所占比例下降了不到 2%。

2.1.1.4 耕地资源时空变化对粮食安全的影响分析

（1）全国耕地资源重心北进中移对粮食安全可持续性的影响

对我国 1990～2005 年耕地资源时空演变的研究表明，耕地重心移动方向表现为"北进中移"的态势（刘彦随等，2009）（图 4.6）。1990 年耕地面积重心在河南省洛阳市汝阳县附近。1990～1998 年耕地面积重心向西偏北移动 13.6km，至洛阳市宜阳县北部，其中向西移动 12.1km，向北移动 6.2km；1998～2003 年耕地面积重心向南偏西移动 1.3km，至宜阳县西南部，其中向南移动 0.98km，向西移动 0.92km；2003～2005 年耕地面积重心向东偏北移动 2.4km，至宜阳县东部，其中向东移动 2.3km，向西移动 0.3km。

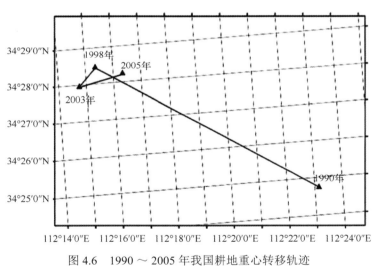

图 4.6　1990～2005 年我国耕地重心转移轨迹
（刘彦随等，2009）

我国南方降水丰沛，水资源丰富；北方地区气候干旱，水资源匮乏。耕地资源重心的北进中移，使我国粮食生产的重心随之变化。这种格局变化是以过量消耗北方地表水和地下水资源为代价的。长此以往，将加剧北方地区水土匹配的矛盾，北方粮食生产的安全性下降，使我国粮食安全的可持续性受到巨大威胁。

（2）东部地区耕地资源减少导致优质高产田减少

由于东部省份耕地资源减少幅度较大，耕地主要转换为建设用地。以 2005 年为例，建设用地占土地总面积的比例最大的是上海市，为29.14%，其次分别是天津市、北京市、江苏省和山东省，所占比例依次是29.06%、19.68%、17.16%和15.42%。这些省（市）主要位于长江中下游平原和华北平原，建设用地占用的是耕作条件优越、农业基础设施完善的平原区优质耕地。我国水资源南多北少，东多西少。南方水热条件匹配优于北方，农田复种潜力高、单位面积产出高。以1978年我国南方10个省（区）单位粮食产量平均值为3344kg/hm²，而北方10个省（区）平均为2189kg/hm²，单位面积产量相差1155kg。即使近年来，我国南方地区种粮积极性不高、农田复种指数偏低，粮食单产仍高于北方地区。与此同时，近些年来，增加的耕地多位于西部、北部农牧交错带地区，那里水热条件不足，生态环境脆弱，粮食单产有限。

2.1.2 中国耕地资源质量变化与食物安全

2.1.2.1 耕地质量等级及其空间分布

（1）中国耕地质量等级状况

2012年，农业部公布的全国耕地质量等级情况报告指出，依据立地条件、耕层理化性状、土壤管理、障碍因素和土壤剖面性状等因子的综合评价，全国耕地质量划分为10个等级。10个等级体现了不同土地的生产条件和地力条件。如果按照优、中、差三大类划分，大体可认为一等、二等、三等地属优等耕地，这部分土地基础地力高、生产条件好，耕地产量相对较高；四到七等地属中等耕地，这部分土地基本适宜生产，农田基础设施具备一定基础，具有一定增产空间；八到十等地属差等耕地，基础地力差，生产障碍因素突出，短时间内很难得到根本改善。

不同等级耕地占比情况如图4.7所示。显然，我国耕地以中等质量土地为主，面积占全国耕地总量的44.8%，而优等耕地仅占27.3%，差等地占27.9%。按照标准等级分析，我国耕地以三等、四等、五等、六等为主，分别占耕地总量的14.40%、16.70%、15.80%、12.30%，接近全国耕地总量的60%。整体来看，我国优等土地比例小，生产力提升难度大，而中等地和差等地，尤其是差等地在目前的技术水平下，生产力提升空间非常有限。耕地数量的有限性和耕地质量的稳定性，对于日益增长的粮食需求产生阻碍。

（2）土地等级的空间分布特征

从空间分布来看，东北地区、黄淮海地区、长江中下游地区和西南地区是我

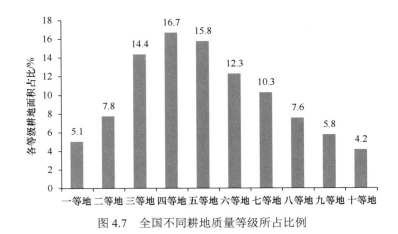

图 4.7　全国不同耕地质量等级所占比例

国耕地资源的主要分布区，分别占全国耕地总面积的 18.28%、18.96%、18.07% 和 15.97%。四大耕地分布区占全国耕地总面积的 71.28%，其中一到三等的优质耕地占 31%，四到六等的中等质量耕地占 58%，七等及以下耕地仅占 11%。

各区域的土地等级及土地等级结构存在显著的差异。从四大耕地主要分布区来看：①东北地区优等耕地比例最大，其一等、二等、三等耕地占其耕地总面积的比例为 43.11%，主要分布在松嫩 - 三江平原农业区，中等质量耕地比例达 50.46%，主要分布在松嫩 - 三江平原农业区、辽宁平原丘陵农林区和大小兴安岭丘陵区等，差等地比例较小，质量最差的土地为八等耕地，因而东北地区是我国重要的优质耕地资源分布区。②黄淮海地区耕地质量特征也呈现中等质量耕地为主，优等质量土地偏少的特点。其中优等质量耕地面积占比为 34.24%，主要分布在燕山 - 太行山山麓平原、黄淮平原和冀鲁豫低洼平原区；中等质量耕地面积为 19 272.28 万亩，以四等到六等地为主，占比达到 48.19%，主要分布在黄淮平原、冀鲁豫低洼平原、山东丘陵地带。生产力低下的八等至十等耕地的面积为 3475.39 万亩，主要分布在山东丘陵地带与滨海盐碱土地区。③长江中下游地区耕地总面积为 32 994.25 万亩，以三等到六等耕地为主。其中优等耕地占比约为 25%，主要分布在洞庭湖区、鄱阳湖区和江汉平原，部分分布在长江中下游平原丘陵区；四等到六等的耕地占比达49.74%，主要分布在长江下游平原丘陵区和江南丘陵山地农林区，其次为受水土流失、洪涝灾害影响的豫皖鄂平原山地农林区和长江中游平原区，具有一定的增产潜力。七等至十等的耕地占比为 25.54%，主要分布在江南丘陵山地农林区、长江中游平原区和浙闽丘陵山地区。④西南地区是我国第四大耕地资源区。耕地资源优良，优等质量耕地主要分布在四川盆地农林区，占耕地比例的 21.18%；中等质量耕地主要分布在四川盆地农林区和黔桂高原山地区，川滇高原山地农林牧区也有一定分布，占总耕地面积的 52.11%。

内蒙古及长城沿线区、黄土高原区、华南区、甘新区、青藏区五区耕地总面积占全国耕地面积比例只有 5.08%。五区耕地以五等以下耕地为主，仅有少量优质耕地分布在长城沿线农牧区、汾渭谷地农业区、粤西桂南农林区、南疆农牧区和川藏农林牧区；中等质量的耕地占全国比例的 9.09%，分布在内蒙古中南部农牧区、晋东豫西丘陵山地农林牧区、闽南粤中地区和蒙宁甘农牧区等地；其余为八等以下等级的耕地，土地基础地力不足、地形复杂、地块零散等问题都给区域粮食供给带来巨大挑战。

2.1.2.2　耕地污染状况分析

（1）耕地污染现状分析

我国土壤污染总体形势相当严峻，全国至少有 1300 万～ 1600 万 hm² 受到农药污染的耕地，约占全国耕地的 10% 以上，污水灌溉污染耕地 216.7 万 hm²，固体废弃物堆存占地和毁田 13.3 万 hm²，每年因重金属污染的粮食达 1200 万 t，造成严重的经济损失并带来食品安全等问题。耕地污染主要表现在肥料元素积累、多种重金属污染严重、农药和有机污染物残留量高等方面。随着农业技术的发展，化肥、农药造成的污染具有普遍性，农业技术在提高农业生产、减少农业虫草灾害的光环下被大肆使用，导致土壤污染物的累计和污染不断加重。重金属污染主要归因于工业发展和矿产开采，工业发展的区域差异也造成耕地污染的区域差异和重金属污染重灾区的集中分布，如东北重工业基地、东部沿海地区轻工业发展地区及西南地区的矿业开采区都面临严重的土壤污染，由此导致粮食污染和粮食安全问题突出。

（2）耕地污染的空间分布

从全国的土壤污染状况来看，以东部经济发达地区，尤其是重工业基地和西南部矿业开发地区污染最为严重，这些地区的土壤污染元素也存在很大的差异，如东部发达地区以 Pb 污染最为突出，而矿业发达的中部和西南地区则以 Cd、As 污染更为严重，这说明自然条件是基础，而人类活动强化了自然因素的影响作用，并带来更大范围的污染。从不同的污染类型分析，耕地污染主要是由污水灌溉、工业发展、矿业开发、化肥和农药使用四大因素造成的营养素污染、重金属污染和有机物污染三大类。

2.1.2.3 耕地资源质量变化与食物安全保障

（1）耕地数量减少、等级偏低影响粮食供给稳定

新中国成立以来，我国耕地数量变化和人均粮食产量变化如图 4.8 所示，在人口持续增长的压力下，我国人均耕地面积不断减少，已不足全球平均水平的一半，耕地总量也从新中国成立之初的大幅增长转为不断下降。随着新型城镇化政策的实施，以及未来 5 年要解决的"3 个一亿人"等城镇化问题，耕地流失的局面几乎不可逆转，而后备耕地资源不足也使得耕地总量增长受限，耕地数量减少将直接造成粮食产量的降低。

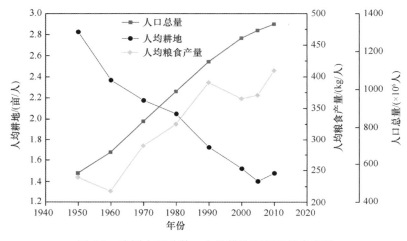

图 4.8　我国人口总数、人均耕地面积及粮食产量

依据全国耕地等级情况报告，根据耕地基础地力不同将全国耕地分为 10 个地力等级。其粮食单产水平为大于 13 500kg/hm^2（900kg/ 亩）至小于 1500kg/hm^2（100kg/ 亩），级差 1500kg/hm^2（100kg/ 亩）。耕地质量等级与粮食产量密切相关，不同等级的耕地产量相差较大。耕地质量优质土地偏少，低质量耕地偏多，中等质量耕地为主的现状决定了我国耕地的粮食生产水平，也意味着生产力提升空间非常有限。土地生产力不可能无限增长，生产力的提高更需要考虑地力条件、种植技术、机械技术等多个方面，需要长期的经济政策支持和科学研究。

（2）耕地质量下降和土壤污染影响食物安全

我国耕地质量不断下降，耕地受干旱、洪涝、沙化、盐渍化等自然灾害和退化的威胁，由于不合理的开发利用方式（与自然因素共同作用）所造成的土地资源退化面积高达 80.88 亿亩，占全国土地总面积的 56.2%。其中：水土流失面积为 27 亿亩（180 万 km^2），荒漠化土地面积为 5.01 亿亩（33.4 万 km^2），土壤盐碱化面积为 14.87 亿亩，草场退化面积为 30 亿亩，土壤污染面积为 4 亿亩。这些退化过程所涉及的耕地 10 多亿亩，占耕地总面积的一半以上。考虑重复计算，如以 10% 扣除后，则我国土地资源退化面积为 73 亿亩，占全国土地总面积的 50.7%。近二三十年来，由于人口大量增加和粗放的增长方式，我国土地资源的退化状况愈趋严重。

土壤退化、土地肥力下降是耕地质量下降的重要原因，而土壤污染严重危害食物安全、威胁人类健康。研究表明，食品安全问题的重要原因之一与土壤环境密切相关，土壤中所含的各种营养与非营养元素甚至有毒有害物质，均不同程度地被地上作物吸收，然后通过籽实等可食用部分或食物链直接或间接地进入人的身体，从而对健康造成危害。

保障粮食生产和卫生是我国食物安全问题的重要任务，也是国家安全战略要求，在当前耕地总量减少、耕地质量下降、人口持续增长的形式下，提高粮食产量和质量是国家和全社会的共同目标，耕地资源与粮食安全息息相关，在耕地总量基本稳定的情况下，耕地质量变化对粮食生产起到了决定性作用，提高耕地质量、减少耕地资源浪费、扭转耕地退化的趋势是我们面临的长期而艰巨的任务。

2.1.3 中国食物供需格局变化与食物安全

2.1.3.1 中国不同农产品生产格局变化

（1）我国农产品生产总体变化特点

目前关于农产品的定义很多，广义的农产品包括农作物产品、畜产品、水产品和林产品等；狭义的农产品仅指农作物产品和畜产品。

商务部《中国农产品进出口月度统计报告》将农产品分为 27 大类，包括活动物、畜肉及杂碎、禽肉及杂碎、水及海产品、乳品及蛋品与蜂蜜和其他食用动物产品等。该农产品分类体系中既包括粮、棉、油、糖等土地资源密集型产品，又包括蔬菜、水果等劳动密集型农产品，同时也有水产品等。而畜禽产品的生产主要以玉米等土地密集型农作物产品作为原料。因此，本研究主要以土地密集型农产品为研究对象。

而土地资源密集型农产品及其制品包括 5 大类的品种，2012 年其进口额为 692 亿元美元，出口额仅为 30 亿元美元，贸易逆差约 660 亿美元（表 4.2）。

表 4.2　食物产品及其制品种类

粮食类	油料类	植物油类	食糖类	饲料粕类
小麦	大豆	豆油	固体甘蔗糖、甜菜糖及化学纯蔗糖	豆粕
大麦	花生	花生油	其他固体糖，包括化学纯乳糖、麦芽糖、葡萄糖及果糖等	花生粕
玉米	油菜籽	橄榄油		其他粕
稻米	葵花籽	棕榈油		干酒糟及其可溶物（DDGS）
高粱	其他油料	葵花籽油		
		菜籽油		
		椰子油、棕榈仁油或巴巴苏棕榈果油及其分离品等		

国家统计局数据表明，2013 年，中国粮食总产量达到 6.02 亿 t，比上年增加 1236 万 t，实现"十连增"；与此同时，我国肉、蛋、奶等畜禽产量也持续增加。但近 20 多年各主要农产品品种生产呈现如下变化特点：①小麦、稻谷波动式恢复性提高；②玉米产量持续增加；③大豆产量持续小幅回落；④肉、蛋、奶等畜禽产品产量大幅增加。

（2）口粮生产格局变化

口粮是直接食用的谷物，我国的传统口粮主要包括小麦和稻米两大品种。河南是我国第一大小麦主产省，2013 年，其小麦种植面积达到 536.7 万 hm²，产量为 3226 万 t，分别约占全国总种植面积和总产量的 22.3% 和 26.5%。其次分别是山东、安徽和河北，种植面积分别为 367.3 万 hm²、243.3hm² 万和 237.8 万 hm²，分别占总种植面积的 15.2%、10.1% 和 9.9%；产量分别为 2219 万 t、1332 万 t 和 1387 万 t，分别占总产量的 18.2%、10.9% 和 11.4%。同 2000 年相比，中国小麦种植面积减少了 20.2 万 hm²；其中，陕西、河北、贵州、黑龙江种植面积均减少超过 30 万 hm²；而河南、安徽、江苏和新疆的种植面积分别增加 48.0 万 hm²、33.4 万 hm²、18.5 万 hm² 和 18.5 万 hm²。但由于单产水平的普遍提高，我国小麦产量比 2000 年增加 2200 多万 t，其中河南增幅最大，为 946 万 t；其次是安徽，增加 592 万 t；山东和江苏分别增加 296 万 t 和 246 万 t。

水稻过去一直是我国第一大粮食作物品种，湖南是第一大水稻主产省，2013 年该省水稻种植面积达到 408.5 万 hm²，产量为 2562 万 t，分别约占全国总种植面积和总产量的 13.5% 和 12.6%。其次分别是江西和黑龙江，种植面积分别为 333.8hm² 和 317.6 万 hm²，分别占总种植面积的 11.0% 和 10.5%；产量分别为

2221 万 t 和 2004 万 t，分别占总产量的 10.9% 和 9.8%。同 2000 年相比，中国水稻种植面积增加了 350 万 hm^2；其中，黑龙江种植面积增幅最大，增加了 211 万 hm^2；其次是江西，增加了 50.6 万 hm^2。我国水稻产量比 2000 年增加 1570 万 t，其中黑龙江省增幅最大，为 1178 万 t，占全国水稻产量增幅的 75%。

现在玉米已超过小麦，成为我国产量最高的粮食作物，其中黑龙江是第一大玉米主产省，2013 年种植面积达到 544.8 万 hm^2，产量为 3216 万 t，分别约占全国总种植面积和总产量的 15.0% 和 14.7%。其次分别是吉林、河南、内蒙古、河北和山东，种植面积分别为 349.9 万 hm^2、320.3 万 hm^2、317.1 万 hm^2、310.9 万 hm^2和 306.1 万 hm^2，分别占总种植面积的 9.6%、8.8%、8.7%、8.6% 和 8.4%；产量分别为 3216 万 t、1797 万 t、2070 万 t、1704 万 t 和 1967 万 t，分别占总产量的 12.7%、8.2%、9.5%、7.8% 和 9.0%。同 2000 年相比，我国玉米种植面积增加了 1326 万 hm^2；其中，黑龙江玉米种植面积增幅最大，为 364.6 万 hm^2；其次是内蒙古、吉林和河南，种植面积分别增加 187.2 万 hm^2、130.2 万 hm^2 和 100.2 万 hm^2。在玉米种植面积增加的同时，单产水平也普遍提高，我国玉米产量比 2000 年增加 1.12 亿 t，其中黑龙江增幅最大，为 2426 万 t；其次是吉林、内蒙古和辽宁，分别增加 1783 万 t、1441 万 t 和 1012 万 t。

大豆的故乡在中国，中国曾是世界上最大的大豆主产国，但近年在美国、巴西、阿根廷等大豆种植面积和产量快速增加的同时，我国大豆生产却处于徘徊不前的状态。黑龙江省仍是我国第一大大豆主产省，2013 年大豆种植面积达到 243 万 hm^2，产量为 386 万 t，分别约占全国总种植面积和总产量的 35.8% 和 32.4%。其次分别是安徽、内蒙古和河南，种植面积分别为 85.7 万 hm^2、56.4 万 hm^2 和 44.4 万 hm^2，分别占总种植面积的 12.6%、8.3% 和 6.5%；产量分别为 119.7 万 t、107.0 万 t 和 72.9 万 t，分别占总产量的 10.0%、9.0% 和 6.1%。同 2000 年相比，我国大豆种植面积减少了 251.6 万 hm^2；其中，黑龙江、吉林、山东和河北种植面积减少幅度较大，分别减少 43.9 万 hm^2、32.5 万 hm^2、31.2 万 hm^2 和 29.9 万 hm^2。我国大豆产量比 2000 年减少 346 万 t，其中吉林、山东和黑龙江的减幅较大，分别减少 74.9 万 t、68.8 万 t 和 63.4 万 t。

2.1.3.2　农产品供需格局变化

在现有农业生产条件下，只要保有目前稻谷和小麦播种规模，我国口粮安全就有绝对保障。统计资料显示，尽管中国粮食生产呈现周期性波动，但总产量仍表现为台阶式上升的增长特征。然而，对我国粮食生产空间格局的分析表明，我国粮食生产呈现向主产区集中的趋势,区域供需不平衡的现象日趋突出。东北地区作为"国之粮仓"的地位将日渐巩固;黄淮海地区由目前的"供需有余"向"供需基本平衡"转变;长江中下游地区由目前的"供需基本平衡"向"供不足需"转变;长江三角洲(长三角)和珠江三角洲(珠三角)将成为中国最大的粮食亏缺地区。

粮食生产和消费格局的变化决定了粮食余缺空间格局的改变,余缺形势的改变会最终体现在粮食调运的空间格局上。1949 年以来,我国粮食生产和消费的空间格局发生了重大变化,随之产生的就是传统"南粮北调"的粮食调运格局的改变。总体上,我国粮食调运的格局由计划经济条件下的"南粮北调"和市场经济条件下的"北粮南运"这种以南北粮食双向互动为主的格局,演变为"北粮南调"和"北出南进"并存的国内国际联动的调运格局(汪德平,2004)。

2.1.3.3　中国农产品现有供需格局及对外依存度变化

随着农业技术进步、农产品产出效率的提高,国内农产品生产总量增加,但受结构性短缺,以及国际、国内农产品市场价格差距的影响,国内农产品进口量仍不断快速增加。

(1)口粮产需基本平衡,少量进口调剂消费结构

我国小麦和稻米年际进口量波动幅度较大,小麦和稻米进口主要是品种方面的调剂性进口,以及受国际、国内价格差影响的经济性原因进口。我国口粮进口量由2000 年的 121.7 万 t 增加到 2013 年的 870.6 万 t,其中小麦进口量由 87.6 万 t 增加到 550 万 t,稻米进口量由 23.9 万 t 增加到 224.4 万 t。

我国口粮出口量由 2000 年的 422.1 万 t 下降到 2013 年的 68.5 万 t,其中小麦出口量较少,2007 年小麦出口量最高为 233.7 万 t;2000 年,稻米出口量最高,为 295.3 万 t,而 2013 年减少到 47.8 万 t。2000 ～ 2013 年,我国由口粮净出口国逐渐演变成净进口国。2000 年净出口量为 300 万 t,而 2013 年净进口量达到663.9 万 t。

从目前的情况来看,小麦和稻米仍是我国最主要的口粮品种,但是受小麦 - 玉米价格倒挂的影响,小麦的饲用需求也不断增加。从近十几年的情况来看,我国口粮自给率逐年下降,2013 年我国口粮自给率最低,为 97.6%,但从总体上看,我国口粮自给率仍处于非常安全的水平。

(2)我国玉米、大麦、高粱等谷物进口量不断增加

谷物中除了包括直接食用的口粮小麦和稻米外,还包括玉米、大麦、高粱、谷子等。我国大麦需求量大，但产量低，是传统的进口品种；高粱需求量较大，但由于与玉米具有一定的饲用替代需求，因此高粱进口量也较大。

2000 年中国谷物总产量为 4.05 亿 t，2013 年增加到 5.28 亿 t。除玉米外，其他谷物产量均出现了不同程度减少，而玉米产量持续大幅度增加，并超过水稻，成为我国最大的谷物生产品种。我国谷物进口量由 2000 年的 319.17 万 t 增加到 2013 年的 1538.5 万 t。其中大麦进口量一直保持在 200 万 t 左右，近年来，玉米进口量也不断增加，2013 年达到 326 万 t。谷物出口量不断减少，2003 年我国谷物出口量最高，达到 2246.9 万 t，而 2013 年已减少到 77.9 万 t。

我国逐渐由谷物净出口国演变为谷物净进口国，2003 年谷物净出口量最大为 2031 万 t，而 2013 年谷物净进口量达到 1460 万 t。从近十几年的情况来看，2013 年我国谷物自给率最低，为 97.4%，所以从总体上看，我国谷物也保持着非常高的自给率水平。

（3）大豆进口量持续增加，导致粮食对外依存度高

大豆在我国属于粮食品种，由于大豆产量徘徊不前，而进口量持续大幅度增加，粮食对外依存度不断提高。

由于粮食中包括了我国进口量最大的大豆品种，粮食进口量由 2000 年的 1397 万 t 增加到 2013 年的 8615 万 t。在我国粮食进口量持续大幅度增加的同时，粮食出口量不断减少。2003 年我国粮食出口量最高，达到 2290.8 万 t，而 2013 年减少到 142.9 万 t。

进入 21 世纪后，我国逐渐由粮食净出口国演变为粮食净进口国，2000 年粮食净出口量为 99.3 万 t，而 2013 年粮食净进口量达到 8472 万 t。从近十几年的情况来看，我国粮食自给率逐年下降，由 2000 年的 97.1% 下降到 2013 年的 87.5%。

（4）植物油自给率不断下降

我国主要的植物油消费品种有豆油、菜籽油、棕榈油、花生油、棉籽油、玉米油等。我国所消费的棕榈油几乎全部依赖进口；除了直接进口大豆外，还进口一定数量的豆油；油菜籽和菜籽油也是主要的进口品种。我国是世界上最大的油菜籽生产国，但由于我国植物油供给短缺，国内油菜籽产量徘徊不前，而且呈下降趋势，同时国内菜籽粕的需求也不断增加，导致油菜籽进口量不断增加。2013 年，油菜籽进口量达到 366 万 t，国内油菜籽自给率为 79%。

我国进口植物油品种包括棕榈油、豆油、菜籽油等，在大豆、油菜籽进口量大幅度增加的同时，植物油进口量也不断增加，由 2000 年的 200 万 t 左右增加到近年的 1000 万 t 左右。如果把进口大豆和油菜籽压榨生产的植物油也计算在内，我国植物油合计进口总量超过 2000 万 t，2013 年达到 2167 万 t。2013 年，我国植物油总供给量在 3000 万 t 左右，对外依存度则从 2000 年的 40% 增大到 78%。

总体上来看，在中国食物供求系统中，口粮和谷物的供求基本平衡；但随着社会对植物油和畜禽产品需求量的增加，在耕地资源有限的情况，只能通过大量进口油脂油料满足国内市场对植物油和饲料蛋白原料的需求。

2.1.3.4 中国食物生产消费格局变化及其对食物安全的影响

（1）单产提高依靠大量投入，继续提升空间有限

粮食播种面积和单产水平是粮食产量的构成要素。1978 年以来，我国粮食播种面积在波动中持续下降，同时，粮食单产水平在波动中稳步上升。截至 2012 年，我国粮食单产水平可达到 $5302kg/hm^2$。我国粮食总产量与粮食单产水平的变化过程基本一致，两者相关性极强，表明粮食单产提高是粮食增产的主要推动力。1978 ～ 1998 年，粮食总产量增加 68.1%，同期，粮食单产水平提高 78.2%。可见 1978 年以来，粮食增产主要来自于单产水平的提高，而且其对粮食增产的正效应逐渐加强。虽然我国粮食单产在持续增大，但年增长速率呈现下降趋势。1978 ～ 1999 年，年均增长 3.5%；1991 ～ 2001 年，年均增长降至 0.45%；2002 ～ 2012 年，年均增长率有所回升，但也只有 2%。从年均增长幅度变化来看，未来我国粮食单产提升难度增大，继续增长的空间十分有限。

与世界其他国家相比，我国耕地单位面积投入巨大。联合国粮食及农业组织的数据表明，2005 ～ 2009 年的 5 年间，中国每公顷耕地和永久性农田施用的农药是 10.3kg，是美国的 4.68 倍，是印度的 51.5 倍。中国目前已成为单位土地面积施用化肥和农药最高的国家，化肥、农药、塑料薄膜等化学物质的大量消耗，对我国的耕地质量产生了长期的影响。

（2）粮食生产进一步向主产区集中，供需呈现极化特征

改革开放以来，我国粮食生产的区域格局演变趋势是向北方和中部集中。我国粮食主产区在国家粮食生产中一直占据主导地位，在生产重心转移的同时，粮食生产的空间集聚性日益凸显，主要表现为粮食生产愈加集中于主产区，使得主产区余粮增加，主销区粮食缺口增大，粮食的供需呈现极化特征。

从发展趋势看，我国粮食生产将进一步延续向主产区集中的趋势，区域供需不平衡的现象将更加突出。东北地区和蒙新区在国家商品粮生产中的地位将进一步得到巩固，尤其是东北地区无可争辩地成为"国之粮仓"。黄淮海地区在短期内仍扮演商品粮基地角色，但受京津都市圈的快速发展影响，从长期看将由目前的"供需有余"转为"供需基本平衡"格局。长江中下游地区将由目前的"供需基本平衡"转变为"供不足需"，长期维持中国粮食安全"南粮北运"格局。长三角和珠三角将成为中国最大的粮食亏缺地区。

（3）现有粮食生产格局增大了粮食安全脆弱性

我国传统的粮食生产区域格局是符合我国自然条件和生态环境特点的，全国粮食增产中心的转移和集中将会使得国家粮食安全的脆弱性增加，并可能会对生态环境构成威胁（刘玉杰等，2007）。

粮食增产中心的北移将会加剧我国北方农业用水的供需矛盾，导致北方水资源，尤其是地下水资源的过度开采，同样会引发生态问题。同时，全国粮食生产重心向北推进，可能会导致北方天然草地资源新一轮的大规模开垦，已开垦农田的弃耕地、撂荒地将会进一步加剧草地生态系统的退化。

2.1.4 大宗农产品对外依存度变化与境外农业资源开发

2.1.4.1 不同类型农产品对外依存度及其变化

统计显示，2012 年，中国农产品进口金额为 1114.4 亿美元，出口金额为 625.0 亿美元。而土地资源密集型农产品及其制品包括粮食类、油料类、植物油类、食糖类、棉花类、饲料粮类共 6 大类的 24 个品种，2012 年其进口额为 692 亿元美元，出口额仅为 30 亿美元，贸易逆差约 660 亿美元。

我国谷物始终保持非常高的自给率。从近十几年的情况来看，2013 年，我国谷物自给率最低，也达到了 97.4%。我国粮食自给率逐年下降，从近十几年的情况来看，由 2000 年的 97.1% 下降到了 2013 年的 87.5%。我国是世界上最大的油菜籽生产国，但由于我国植物油供给短缺，国内油菜籽产量徘徊不前，而且呈下降趋势，同时国内菜籽粕的需求也不断增加，导致油菜籽进口量不断增加。2013 年，油菜籽进口量达到 366 万 t，国内油菜籽自给率为 79%。如果把进口大豆和油菜籽压榨生产的植物油也计算在内，我国植物油合计进口总量超过 2000 万 t，2013 年达到 2167 万 t。我国植物油总供给量在 3000 万 t 左右，我国植物油对外依存度高达 75%。

2.1.4.2 我国土地密集型农产品虚拟土地资源进口量变化

（1）我国虚拟土地进口量中大豆占比最高

2000 年，我国农产品虚拟土地进口总量为 1100 万 hm²，而 2012 年达到 4786 万 hm²，约占我国现有耕地面积（1.2 亿 hm²）的 40%。

2012 年，油料类农产品的虚拟土地进口量为 3374 万 hm²，占农产品虚拟土地进口总量的 70.5%；其次是植物油类和棉花，虚拟土地进口总量分别为 649 万美元和 306 万美元，分别占进口总额的 13.6% 和 6.4%；粮食类、饲料粕类和食糖类的虚拟土地进口量分别为 294 万 hm²、91 万 hm² 和 72 万 hm²，分别占 6.1%、1.9% 和 1.5%。

从分品种的情况来看，大豆、棉花、豆油、棕榈油、油菜籽、菜籽油、玉米、大麦、小麦、食糖、干酒糟及其可溶物（DDGS）和稻米的虚拟土地进口量占我国土地密集型农产品虚拟土地进口总量的 97%。大豆是我国农产品中虚拟土地进口量最大的品种，其占我国虚拟土地进口量的比例保持在 60% ～ 70%。2012 年，大豆虚拟土地进口总量为 3180 万 hm²，占虚拟土地进口总量的 66%。我国农产品中，虚拟土地进口量处于第二、第三、第四位的分别是棉花、豆油和棕榈油，2012 年的虚拟土地进口量分别为 306 万 hm²、263 万 hm² 和 252 万 hm²，分别占虚拟土地进口总量的 6.4%、5.5% 和 5.3%。

（2）我国自美国和巴西的农产品虚拟土地进口量最大

美国、巴西、阿根廷、加拿大、澳大利亚、印度尼西亚、马来西亚、乌拉圭和印度是中国土地密集型农产品虚拟土地进口量最大的 9 个国家，自上述 9 个国家虚拟土地进口量占虚拟土地进口总量的 96%。其中，美国和巴西是中国农产品虚拟土地进口量最大的两个国家，2012 年虚拟土地进口量分别为 1683 万 hm² 和 1492 万 hm²，分别占当年我国虚拟土地进口总量的 35.2% 和 31.2%。

2.2 "水减粮增"矛盾突出，"南粮北运"难以为继

2.2.1 水资源的空间分布格局与开发利用

（1）降水量南多北少、东多西少

我国多年平均年降水总量为 648mm，但空间分布不均匀。一是南方多、北方少。南方区（长江流域及其以南）降水量大多在 1000mm 以上，而北方区的降水量则多

小于 750mm，其中绝大多数北方区小于 400mm；二是由东部沿海向西部内陆，降水量有逐渐减少的趋势，北方地区表现尤为明显。

（2）水资源南多北少

我国水资源总量为 28 124.4 亿 m³（水利电力部水文局，1987），其中地表水为 2.7 万亿 m³，地下水为 8288 亿 m³。仅次于巴西、俄罗斯、加拿大，居世界第四位。但我国人均水资源占有量不足 2100m³（按 2012 年人口计算），约为世界平均水平的 1/4，是世界上淡水资源严重紧缺的国家之一。我国目前缺水近 360 亿 m³，其中农业缺水 300 亿 m³，城市缺水 60 亿 m³（张基尧，2001）。我国南方区拥有的水资源量占全国的 81%，而北方区则仅占 19%（水利电力部水文局，1987）。

（3）不同区域水资源的开发利用率较高

我国的水资源开发利用程度较高。据《2011 年中国水资源公报》，我国水资源开发利用率为 26.3%，北方地区已超过 50%，其中松花江区为 42.1%、西北诸河区为 45.1%、辽河区为 50.6%、黄河片区为 54.7%、淮河片区为 73.8%、海河片区为 123.9%（水利部，2011）。我国北方一些区域的水资源开发已超过合理利用的程度，致使河流断流、湖泊湿地萎缩甚至消失、地下水水位下降、海水入侵，造成严重后果。

2.2.2 不同区域农业水分生产力与降水的满足率

（1）华北地区

华北平原冬小麦 - 夏玉米一年两熟制的周年水分生产力达到 2kg/m³，其中冬小麦的水分生产力为 1.9kg/m³，夏玉米的水分生产力为 2.2kg/m³。冬小麦 - 夏玉米周年耗水量为 700 ~ 900mm，而降水量为 500 ~ 700mm，周年缺水 200 ~ 300mm，降水满足率大约为 70%，其中冬小麦降水满足率为 25% ~ 45%，夏玉米的降水满足率在 90% 以上（表 4.3）。

表 4.3　华北平原冬小麦 - 夏玉米一年两熟制的水分生产力与降水满足率

地点	作物	降水量 / mm	耗水量 / mm	亏缺量 / mm	降水 满足率 /%	产量 / (kg/hm²)	水分生产力 / (kg/m³)	文献来源
封丘	冬小麦	203.2	436	232.8	46.6	8 250	1.89	王婧等，2010
	夏玉米	401.8	432	30.2	93.0	9 570	2.26	
	全年	605.0	868	263.0	69.7	17 820	2.08	

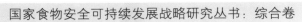

续表

地点	作物	降水量/mm	耗水量/mm	亏缺量/mm	降水满足率/%	产量/(kg/hm²)	水分生产力/(kg/m³)	文献来源
德州	冬小麦	134.5	469	334.5	28.7			王婧等，2010
	夏玉米	455.6	349	106.6	130.5			
	全年	590.1	818	227.9	72.1			
衡水	冬小麦	112.3	456	343.7	24.6			王婧等，2010
	夏玉米	428.0	336	92.0	127.4			
	全年	540.3	792	251.7	68.2			
吴桥	冬小麦	127.3	398	270.7	32.0	7 562	1.90	秦欣等，2012
	夏玉米	434.7	328	106.7	132.5	7 489	2.28	
	全年	562.0	726	164.0	77.4	15 051	2.09	
栾城	冬小麦	129.7	404.5	274.8	32.1	5 110	1.26	姜杰和张永强，2004
	夏玉米	350.9	358.7	7.80	97.8	6 170	1.72	
	全年	480.7	763.2	282.5	63.0	11 280	1.48	
桓台	冬小麦							张忠学等，2000
	夏玉米							
	全年	560	806.6	234.6	69.4	13 376	1.62	
禹城	冬小麦	130	456.3	−326.3	28.5	7 259	1.59	陈博等，2012
	夏玉米	452	350.0	102.0	129.0	8 176	2.34	
	全年	582	806.3	−224.3	72.2	15 435	1.91	
商丘	冬小麦							张晓平等，2011
	夏玉米							
	全年	700.6	1 052.8		66.5	15 621	1.63	
曲周	冬小麦							
	夏玉米		368.4					曹云者等，2003
	全年							

（2）西北地区

我国西北地区灌溉区（绿洲区）春玉米水分生产力处于 2.03 ~ 2.74kg/m³，平均值达到 2.36kg/m³，低于东北地区，原因是降水少、晴天多、大气干燥、蒸发量大、作物需水量高。多年降水量小于 350mm，需水量为 500 ~ 600mm，缺水 200mm 以上，降水满足率多不足 50%（表 4.4）。

表 4.4　西北地区灌溉区春玉米水分生产力与降水满足率

地点	多年年均降水量 /mm	生育期降水量 /mm	耗水量 /mm	亏缺量 /mm	降水满足率 /%	籽粒产量 /（kg/hm²）	水分生产力 /（kg/m³）	资料来源
忻州	451.3	219.0	419.1	200.1	52.3	8 496.5	2.03	史向远等，2012
达拉特旗	294.3	101.1	590.4	489.3	17.1	15 670.0	2.65	李久生等，2003
包头	310.0	244.9	509.8	264.9	48.0	13 244.0	2.60	高聚林等，2008
民勤	110.0		589.6	589.6		16 146.7	2.74	李海燕等，2011

我国西北旱作区春玉米水分生产力处于 1.6 ~ 2.6kg/m³，平均值达到 2.20kg/m³（表 4.5）。春玉米耗水量为 400 ~ 550mm（王仰仁，2003），而降水量为 350 ~ 500mm，亏缺量为 100 ~ 200mm，降水满足率为 75%。

在西北地区，旱作冬小麦的水分生产力平均为 1.01kg/m³，变动于 0.74 ~ 1.24kg/m³。由于降水季节分布不均匀，尤其是冬春季节降水少，冬小麦生育期亏缺较为严重。冬小麦的耗水量为 300 ~ 450mm，而同期降水量为 200 ~ 350mm，生育期水分亏缺 50 ~ 200mm，降水满足率为 70% 左右（表 4.6）。

表 4.5　西北地区旱地春玉米水分生产力与降水满足率

地点	多年年均降水量 /mm	生育期降水量 /mm	耗水量 /mm	亏缺量 /mm	降水满足率 /%	籽粒产量 /（kg/hm²）	水分生产力 /（kg/m³）	资料来源
太原	456	372.0	410.0	38.00	90.7	8 204.0	2.00	刘化涛等，2011
潇河	474	354.0	397.3	43.30	89.1	9 433.0	2.37	樊向阳等，2010
寿阳	520	361.5	405.7	44.20	89.1	6 600.5	1.63	代快等，2011
阳曲	450	392.0	330.5	61.50	118.6	8 100.0	2.45	张冬梅等，2012
合阳	571	384.0	366.1	17.90	104.9	8 546.9	2.33	王晓娟等，2012

续表

地点	多年年均降水量 /mm	生育期降水量 /mm	耗水量 /mm	亏缺量 /mm	降水满足率 /%	籽粒产量 /（kg/hm²）	水分生产力 /（kg/m³）	资料来源
固原	422	306.0	401.0	95.00	76.3	6 982.0	1.74	倪凤萍等，2010
镇原	533	337.3	410.6	73.30	82.1	10 649.9	2.59	高玉红等，2012
庆阳	485		397.3			9 831.5	2.47	周少平等，2008
静宁	479	300.0	322.7		93.0	5 470.0	1.70	冯应新等，1999
榆中	350	265.1	286.5	21.40	92.5	6 707.7	2.34	王绍美等，2010
定西	402	290.9	289.0	1.90	100.6	7 395.7	2.56	王鹤龄等，2011
平均							2.20	

表 4.6　西北地区旱作冬小麦水分生产力与降水满足率

地点	多年年均降水量 /mm	生育期降水量 /mm	耗水量 /mm	亏缺量 /mm	降水满足率 /%	籽粒产量 /（kg/hm²）	水分生产力 /（kg/m³）	资料来源
长武	578.3	264.5	449.6	185.1	58.8	5160	1.15	张睿等，2011
合阳	568.0	217.1	368.3	151.2	58.9	4148	1.13	张树兰等，2007
澄城	544.0	269.5	402.2	132.7	67.0	4197	1.04	杜建军等，1998
成县	620.8	191.3	293.3	102.0	65.2	3630	1.24	杨兴国等，2004
岷县	596.5	318.3	330.6	12.3	96.3	2674	0.81	杨兴国等，2004
临夏	537.0	230.3	348.4	118.1	66.1	3375	0.97	杨兴国等，2004
镇原	543.4	228.8	319.4	90.6	71.6	3160	0.99	樊廷录等，2007
平凉	511.2	326.7	387.9	61.2	84.2	3353	0.86	张仁陟等，1999
西峰		284.8	310.8	26.0	91.6	3665	1.18	杨兴国等，2004
隆德	745.0	236.4	376.2	139.8	62.8	2774	0.74	周涛和惠开基，2000
平均	582.7	256.8	358.7	101.9	72.3	3614	1.01	

在西北灌区，冬小麦的水分生产力平均为 1.37kg/m³，变动于 1.1～2.0kg/m³。由于降水季节分布不均匀，尤其是冬春季节降水少，冬小麦生育期亏缺较为严重。冬小麦的耗水量为 300～450mm，而同期降水量为 150～300mm，生育期水分亏缺 50～200mm，降水满足率为 60% 左右（表 4.7）。

表 4.7　西北地区灌溉冬小麦水分生产力与降水满足率

地点	平均降水量 /mm	生育期降水量 /mm	耗水量 /mm	亏缺量 /mm	降水满足率 /%	产量 /(kg/hm²)	水分生产力 /(kg/m³)	资料来源
镇原	540.0	157.9	346.1	188.2	45.6	4182	1.21	樊廷录等，2012
宝鸡峡	626.8	250.0	318.5	68.5	78.5	6375	2.00	王在阳，1992
杨凌	558.7	231.3	409.3	178.0	56.5	6233	1.52	谢惠民等，2008
咸阳	584.4	281.0	464.8	183.8	60.5	5612	1.21	谷洁等，2004
乾县	584.2	233.0	394.8	161.8	59.0	4889	1.24	廖允成等，2003
长武	578.3	264.5	449.6	185.1	58.8	5160	1.15	张睿等，2011
合阳	568.0	217.1	368.3	151.2	58.9	4148	1.13	张树兰等，2007
临汾	477.6	140.5	342.3	201.8	41.0	5829	1.70	崔欢虎等，2009
临汾	494.5	241.1	370.1	129.0	65.1	4271	1.15	亢秀丽等，2012
平均	556.9	224.0	384.9	160.8	58.2	5189	1.37	

谷子是西北地区的主要杂粮作物，生育期相对较短，多数地方主要采用等雨种植，需水量约为 360mm，降水基本能满足谷子生长需求，降水满足率达到了 85%以上，水分生产力为 0.64～1.76kg/m³，平均达 1.33kg/m³（表 4.8）。

表 4.8　西北地区春播谷子水分生产力与降水满足率

地点	年降水量 /mm	生育期降水量 /mm	耗水量 /mm	亏缺量 /mm	降水满足率 /%	籽粒产量 /(kg/hm²)	水分生产力 /(kg/m³)	资料来源
海原	300.0	225.1	383.8	158.7	58.7	4336.5	1.13	于亚军等，2006
安塞	497.0	447.0	506.2	59.2	88.3	3251.3	0.64	赵姚阳等，2003
杨凌	637.6	458.9	256.6	202.3	100.0	4068.7	1.59	熊晓锐等，2008
寿阳	520.0	412.5	345.8	66.7	100.0	5376.0	1.55	冷石林，1996
准格尔旗	392.0	271.8	344.1	72.3	79.0	6058.0	1.76	李兴等，2008
平均	469.3	363.1	367.3	4.2	85.2	4618.1	1.33	

马铃薯是西北地区的主要种植作物，水分生产力较高，平均达到了 8kg/m³ 以上。马铃薯耗水量相对于玉米和小麦较低，平均为 250～400mm；生育期降水亏缺量相对较低，降水满足率为 80% 以上（表 4.9）。

表 4.9　西北地区马铃薯水分生产力与降水满足率

地点	年降水量 / mm	生育期 降水量 /mm	耗水量 / mm	亏缺量 / mm	降水 满足率 /%	产量 / (kg/m³)	水分生产力 / (kg/m³)	资料来源
定西	415.0	311.0	324.2	13.2	95.9	30 568.0	9.43	秦舒浩等，2011
固原	400.0	316.0	346.5	30.5	91.2	17 158.0	4.95	买自珍，2011
西吉	329.8	200.1	247.5	47.4	80.5	40 343.1	16.30	苏建国等，2011
同心	349.3	220.7	250.5	29.8	88.1	23 266.0	9.29	杜建民等，2009
临县	501.0	325.3	462.3	137.0	70.4	28 630.0	6.19	武朝宝，2009
阳曲	441.2	296.5	359.0	62.5	82.4	32 137.7	8.95	冯瑞云，2012
隰县	537.6	349.3	357.3	8.0	97.8	18 540.4	5.19	常丽英，2004
武川	350.0	302.3	303.1	0.8	99.7	13 694.0	4.52	王立为等，2012
平均		290.2	331.3	41.2	88.3	25 542.2	8.1	

（3）东北地区

我国东北地区灌溉春玉米水分生产力处于 2.07 ~ 3.71kg/m³，平均值达到 3.05kg/m³。灌溉春玉米耗水量为 350 ~ 450mm，而年降水量为 350 ~ 650mm，生长季缺水 1.3 ~ 97.6mm，降水满足率为 90.7%（表 4.10）。

表 4.10　东北地区灌溉春玉米水分生产力与降水满足率

地点	年降水量 / mm	生育期 降水量 /mm	耗水量 / mm	亏缺量 / mm	降水 满足率 /%	产量 / (kg/hm²)	水分生产力 / (kg/m³)	资料来源
肇源	415	311.3	385.9	74.6	80.7	14 320.7	3.71	李涛和白静，2012
阜新	493	388.3	454.5	66.2	85.4	12 407.9	2.73	尹光华等，2011
沈阳	500	350.0	442.1	92.1	79.2	9 156.0	2.07	王同朝等，2002
海伦	530	465.1	401.4	63.7	115.9	9 067.5	2.26	孟凯等，2005
杜蒙	415	290.5	388.1	97.6	74.9	14 320.6	3.69	白静，2011
哈尔滨	500	350.0	351.3	1.3	99.6	11 679.3	3.32	王柏等，2012
朝阳	480	351.0	414.0	63.0	84.8	15 272.0	3.69	肖继兵等，2009
哈尔滨	452	374.0	355.3	18.7	105.3	10 461.4	2.94	谢萌等，2012
平均	473	360.0	399.1	39.1	90.7	12 085.7	3.05	

我国东北地区旱作春玉米水分生产力处于 2.15 ~ 3.06kg/m³，平均值达到 2.56kg/m³。旱作春玉米耗水量 300 ~ 450mm，而年降水量为 350 ~ 650mm，生长季缺水 0.6 ~ 82.0mm，降水满足率为 96.7%（表 4.11）。

表 4.11　东北地区旱作春玉米水分生产力与降水满足率

地点	年降水量 / mm	生育期降水量 /mm	耗水量 / mm	亏缺量 / mm	降水满足率 /%	产量 / （kg/hm²）	水分生产力 / （kg/m³）	资料来源
苏家屯	685	400.0	482.0	82.0	83.0	10 391.8	2.16	王庆杰等，2010
沈阳	500	350.0	393.0	43.0	89.1	10 028.0	2.55	王丽学等，2009
阜新	493	452.9	442.0	−10.9	102.5	12 167.0	2.75	尹光华等，2011
通榆	350	280.0	312.0	32.0	89.7	6 705.0	2.15	刘春光等，2009
阜蒙		336.7	360.2	23.5	93.5	11 011.5	3.06	高金虎等，2011
扶余	460	368.0	308.1	−59.9	119.5	8 119.0	2.64	曹庆军等，2011
白城	407	360.0	360.6	0.6	99.8	9 453.0	2.62	李井云等，2009
平均	482.5	363.9	379.7	15.8	96.7	9 696.5	2.56	

2.2.3　农业生产与水资源匹配状况

（1）农业用水量减少、水减粮增矛盾突出

新中国成立后，全国农业用水总量快速增长，到 1990 年达到最高值 4367 亿 m³；之后农业用水量则缓慢下降，直至 2003 年降到最低值 3433 亿 m³；近年来，农业用水量则徘徊在 3650 亿 m³。农业用水比例由 1949 年的 97.1% 下降到 2011 年的 61.3%，呈持续下降趋势。然而，全国用水总量持续上升，工业和生活用水及其比例也呈上升趋势（图 4.9）。

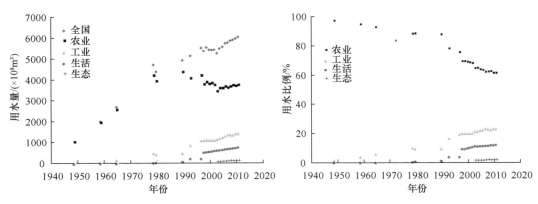

图 4.9　1949～2011 年我国行业部门用水量及其比例变化

随着我国城镇化、工业化进程加快，农业用水必将被挤占，导致农业用水只能是"零"增长，甚至呈现"负"增长态势。而由于人口的增加（到 2030 年人口将达到 16 亿人，比 2013 年增加 2.5 亿人），对粮食及其食物的需求将继续增长。由

于农业结构调整和农业水权转变，灌溉粮田面积趋于减少。因此，"水减粮增"的矛盾将越来越突出。

（2）农业生产与水资源分布错位，"北粮南运"难以为继

我国水资源南方多北方少。南方区拥有的水资源量占全国的 81%，而北方区则仅占 19%（水利电力部水文局，1987）。耕地资源则相反，南方区占 35.2%，而北方区占 64.8%（张基尧，2001）。水土资源分布不匹配。

历史时期，南方区生产的粮食远比北方区多，有"江浙熟，天下足"和"湖广熟，天下足"之美誉，形成"南粮北运"格局。但自 1990 年以来，"南粮北运"格局发生重大改变。南方区由原来粮食净调出转变为净调入，而北方区由粮食净调入转变为净调出，形成"北粮南运"新格局。1990 ～ 2008 年，从北方区调入南方区的粮食总量为 2689 万 t，约占北方区历年粮食产量均值的 12.0%（图 4.10）（吴普特等，2010）。

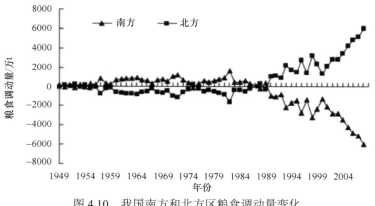

图 4.10 我国南方和北方区粮食调动量变化

（吴普特等，2010）

南方区粮食产量减少，主要是粮食播种面积减少，尤其是水稻主产区大面积双季稻改种单季稻。1998 ～ 2006 年，我国双季稻区至少有 2600 万亩的双季稻改为单季稻（辛良杰和李秀彬，2009）。1995 ～ 2003 年，湖北省双季稻种植面积从 2220 万亩下降到 1010 万亩（游艾青等，2009）。2011 年，湖南省共有 1100 万亩单季稻，其中 500 万亩属于传统双季稻区。2009 年冬季，在巢湖流域调查时发现，在水稻 - 冬小麦（油菜）一年两熟种植区，大约 2/3 的调查点仅种植了单季稻，即水稻 - 冬小麦（油菜）田调查到 47 个点而单季稻稻田调查到 88 个点。

粮食生产需要消耗大量水，"北粮南运"相当于由北方缺水的地区向水资源丰富的南方输送水。1990 年以来，随"北粮南运"调到南方的水量呈现持续增加态势（图 4.11），2008 年为 523.5 亿 m³（吴普特等，2010），2010 年和 2011 年分别达到 774.9 亿 m³ 和 752.8 亿 m³（吴普特等，2013），相当于"南水北调"，东、中线调水总量 278 亿 m³ 的 2.7 倍。这说明我国北方粮食生产与水分资源的分布严重错位，这种错位将进一步加剧北方区的水资源压力，使缺水的北方更缺水，北方一些地区不得不开采地下水进行灌溉。

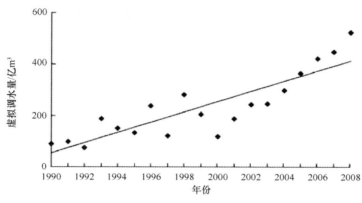

图 4.11 "北粮南运"水资源调出量及趋势
（吴普特等，2010）

华北平原是我国粮食主产区和主要农产品生产基地，但水资源严重短缺。为满足农业生产需求而大量开采地下水，导致地下水漏斗大面积出现，严重影响到未来农业的发展。从水资源的角度来看，"北粮南运"难以为继。

2.2.4 我国污水灌溉现状及其影响

我国大规模地主动利用污水进行灌溉始于 1957 年。随着污水排放量的增加和农业缺水状况的逐渐加剧，污灌面积也在增加。1963 年为 4.2 万 hm²，1976 年为 18 万 hm²，1980 年为 133.3 万 hm²，1991 年为 306.7 万 hm²。据全国第二次污水灌区环境质量状况普查统计，1998 年，我国利用污水灌溉的农田面积为 361.84 万 hm²，占我国总灌溉面积的 7.33%，约占地表水灌溉面积的 10%，该面积比 20 世纪 80 年代初第一次污水灌溉普查时增加了 1.6 倍。污水灌溉的农田主要集中在水资源严重短缺的海河、辽河、黄河、淮河四大流域，约占全国污水灌溉面积的 85%（蔡秀萍和周宁，2009），主要分布在北方缺水地区，尤其是大中城市郊区。

污水灌溉给我国耕地带来了严重的土壤污染。根据全国污水灌区农业环境质量普查协作组 20 世纪 80 年代的调查，全国 86% 的污水灌溉区水质不符合灌溉要求，重金属污染面积占到了污灌总面积的 65%，其中以汞和镉污染最为严重。环保部门在 2006 年公布的数据显示，污水灌溉污染耕地达 3250 万亩。

2.3 农业内源性环境问题突出，防治难度较大

2.3.1 农用化肥施用强度仍持续增长，化肥利用率较低

我国是世界第一大化肥生产与使用国，农用化肥施用量快速增长。改革开放以后，随着农村劳动力不断向城市转移，化肥对劳动的替代作用越来越明显。1978 年，我国农用化肥总量为 884 万 t，2011 年已达到 5704 万 t，增长了约 5.5 倍，年均增长 5.8%（图 4.12）。当前，我国以约占世界 7% 的耕地面积消费了约 35% 的世界化肥消费总量，过量和不合理的化肥施用造成了我国严重的农业面源污染。

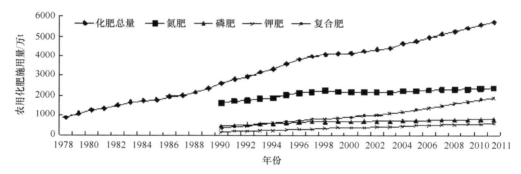

图 4.12　1978～2011 年我国农用化肥施用量

多年来，我国农业化肥施用强度持续增加，按单位农作物播种面积算，已由 1990 年的 174.6kg/hm^2 增加到了 2011 年的 351.45kg/hm^2（若按单位耕地面积算，数值则更大），增加了 1.01 倍（图 4.13）。即使在 2005 年之后，在国家不断加大对测土配方技术和有机肥替代应用支持力度的背景下，化肥使用增速也未见明显的回落，2011 年仍达到 1.55%，其中复合肥增速明显，达 4.3%。

我国化肥施用结构整体上趋于合理，但仍然存在比例失衡状况，主要体现在氮肥施用过量而磷肥和钾肥施用不足。同时，不同作物间化肥施用差异大。蔬菜、棉花、三大主粮、两大油料和大豆的单位施肥强度（按化肥折纯量算）分别达到 614.1kg/hm^2、460.7kg/hm^2、345.5kg/hm^2、251.0kg/hm^2 和 128.3kg/hm^2（2011 年数据），差异明显（图 4.14）。

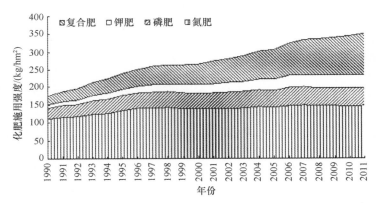

图 4.13　1990～2011 年我国单位农作物耕种面积农用化肥施用强度

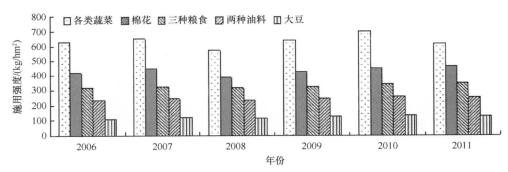

图 4.14　不同年份我国不同农作物单位耕种面积农用化肥施用量

资料来源：国家发展和改革委员会（2012）

　　由于过量施肥或偏施肥，我国化肥利用效率较为低下，目前我国的氮肥利用率仅为 30% 左右，磷肥利用率为 10%～25%（赵志坚等，2012），小麦、玉米和水稻的化肥利用率分别为 37%、26% 和 37%（李静和李晶瑜，2011），这远低于世界发达国家 60%～80% 的水平，化肥利用率较低意味着化肥流失率较高，因此每年都有巨量的化肥随地表径流、泥沙、淋溶等损失掉，这造成了严重的面源污染，破坏了流域水环境并导致农业生态系统失衡。

2.3.2　农药使用量持续增加，除草剂增加特别显著

　　我国是农药生产和使用大国，使用量居世界首位（瞿晗屹等，2012），有害生物的抗药性不断增加，加之农民施药的粗放性，导致农药使用量继续加大，农药使用总量从 20 世纪 50 年代初的几乎为零增加到 2011 年的 178.7 万 t（图 4.15）。

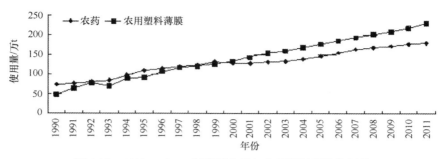

图 4.15　1990～2011 年我国农药与农用塑料薄膜使用量
资料来源：国家统计局（2012）

同时，我国农药使用结构变化明显。近 10 年来（2001～2011 年），我国农药中的杀菌剂和除草剂生产量增幅较大，分别达到 124% 和 751%，由 2001 年的 41.2 万 t 和 13.8 万 t 分别增加到 2011 年的 70.9 万 t 和 117.5 万 t，而杀虫剂相对增幅较小，为 72%，2011 年产量为 15 万 t。其生产结构也发生了较大的变化（图 4.16）。

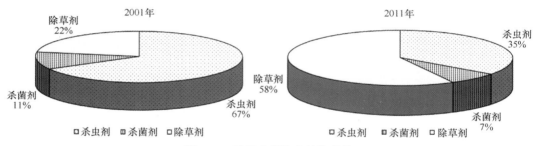

图 4.16　我国农药生产结构变化
资料来源：中国农药工业协会（2011）

高毒农药带来的环境风险越来越大，也越来越引起国家和社会的重视，国家采取一系列举措加以调整，但由于历史、经济和技术等方面的限制，目前我国高毒农药的比例虽有所下降，但仍然占有相当大的比例，主要为杀虫剂和杀菌剂，占总量的 28%（2011 年）。另外，尽管我国于 1983 年 4 月 1 日起就已经停止了有机氯农药的生产和使用，但我国已累计施用 DDT（双对氯苯基三氯乙烷）约 40 万 t 和六六六（六氯环己烷）约 490 万 t，分别占全球同期生产总量的 20% 和 33%（林建新，2010），这些农药残留物不易分解，对我们的生产和生活仍产生着持续的影响。

农药多以喷雾剂的形式喷洒于农作物上，其中只有约 10% 附于作物上，相当一部分农药微粒会随风飘散，最终会有一半药剂落于土壤中，污染了农业生态环境。

另外，当前越来越多的植物生长激素滥用也应引起我们足够的重视，特别是在蔬菜瓜果类经济作物中的不合理使用。

2.3.3 畜禽水产养殖环境管理水平相对较低

近年来，我国畜禽养殖发展迅速，已成为世界上最大的肉、蛋生产国。我国肉、蛋、奶的年产量由 1996 年的 4584 万 t、1965.2 万 t 和 735.8 万 t 分别上升到 2012 年的 8387.2 万 t、2861.2 万 t 和 3875.4 万 t（表 4.12），分别以年均 3.8%、2.4% 和 10.9% 的速度上升。对肉类需求的不断提高大大促进了畜禽养殖业的发展。以生猪为例，1996 年我国的生猪出栏量为 4.12 亿头，2012 年则已达 6.98 亿头。然而，与畜禽养殖业快速发展不相称的是，我国集约化养殖水平并不高，目前以小规模集约化畜禽养殖场占绝对主导地位，养殖场环境管理水平不高，配套设施不完善，加之种植业与养殖业脱节，导致大量畜禽粪便未经处理就直接排入环境中，畜禽粪便中含有的大量未被消化吸收的有机物质、动物生长激素及抗生素等便成为了主要的环境污染源。第一次全国污染源普查资料显示，我国畜禽养殖业粪便产生量为 2.43 亿 t，尿液产生量为 1.63 亿 t；排放化学需氧量（COD）为 1268.26 万 t，总氮为 102.48 万 t，总磷为 16.04 万 t，铜为 2397.23t，锌为 4756.94t。在农业污染源中，畜禽养殖业 COD 排放量约占农业源 COD 排放量的 96%，是农业污染的最大行业。

表 4.12　1996 ～ 2012 年我国肉、蛋、奶产量　　　　　　　　（单位：万 t）

年份	肉类	猪肉	牛肉	羊肉	奶类	禽蛋
1996	4584.0	3158.0	355.7	181.0	735.8	1965.2
1997	5268.8	3596.3	440.9	212.8	681.1	1897.1
1998	5723.8	3883.7	479.9	234.6	745.4	2021.3
1999	5949.0	4005.6	505.4	251.3	806.9	2134.7
2000	6013.9	3966.0	513.1	264.1	919.1	2182.0
2001	6105.8	4051.7	508.6	271.8	1122.9	2210.1
2002	6234.3	4123.1	521.9	283.5	1400.4	2265.7
2003	6443.3	4238.6	542.5	308.7	1848.6	2333.1
2004	6608.7	4341.0	560.4	332.9	2368.4	2370.6
2005	6938.9	4555.3	568.1	350.1	2864.8	2438.1
2006	7089.0	4650.5	576.7	363.8	3302.5	2424.0
2007	6865.7	4287.8	613.4	382.6	3633.4	2529.0

续表

年份	肉类	猪肉	牛肉	羊肉	奶类	禽蛋
2008	7278.7	4620.5	613.2	380.3	3731.5	2702.2
2009	7649.7	4890.8	635.5	389.4	3677.7	2742.5
2010	7925.8	5071.2	653.1	398.9	3748.0	2762.7
2011	7965.1	5060.4	647.5	393.1	3810.7	2811.4
2012	8387.2	5342.7	662.3	401.0	3875.4	2861.2

资料来源：国家统计局（2013a）

我国水产品需求增长迅速，年产量由 1978 年的 465.4 万 t 增长到 2012 年的 5907.7 万 t，增长了 11.7 倍。与此同时，其人工养殖水产品的比例也不断提高，1978 年，人工养殖水产品仅占 26.1%，如今，淡水产品的 80% 以上、海水产品的 50% 以上为人工养殖产品（图 4.17）。我国水产养殖多为粗放式的，随着其快速发展，水产养殖中大量饵料、渔药的投放造成了养殖区域及周边水体环境富营养化，严重污染了农业水环境。

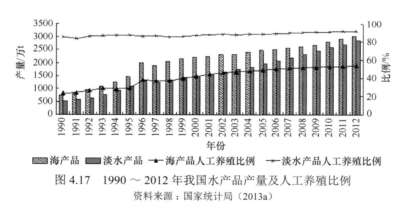

图 4.17　1990 ～ 2012 年我国水产品产量及人工养殖比例

资料来源：国家统计局（2013a）

随着畜禽和水产养殖规模的不断扩大，滥施抗生素、瘦肉精和动物生长激素的现象和程度也越来越严重，这在我国几乎成为了一个公开的秘密。

2.4　农业生态问题依然严峻，潜在威胁堪忧

2.4.1　农业生态结构与功能失调，生态功能退化严重

农业生态系统是世界上最重要的生态系统之一。它是在一定时间和地区内，人

类从事农业生产，利用农业生物与非生物环境之间，以及与生物种群之间的关系，在人工调节和控制下，建立起来的各种形式和不同发展水平的农业生产体系。农业生态系统作为一类特殊的人工 - 自然复合生态系统，不仅具有高效、直接的产品生产功能，而且具有环境服务功能、旅游服务功能及文化教育与美学功能等。加强对水土资源、森林资源和农业生物资源的保护，实际上就是保护农业生产力，就是保护农业生态系统的服务功能。相反，破坏生态环境资源，就是破坏生态服务功能，进而损害了农业生产力，影响我国的粮食安全。

从广义的农业概念出发，农业生态系统主要包括农田生态系统、森林生态系统、草原农业系统及湿地生态系统。从全球范围来看，海岸生态系统每年可提供的生态服务功能价值最高，为 12.6 万亿美元；森林生态系统（包括热带森林和其他森林）每年可提供的生态服务功能价值为 4.7 万亿美元；湖泊、河流生态系统和草地生态系统每年可提供的生态服务功能价值分别为 1.7 万亿美元和 0.9 万亿美元；而农田生态系统可提供的生态服务功能价值为 0.1 万亿美元（Costanza et al.，1997）（图 4.18）。

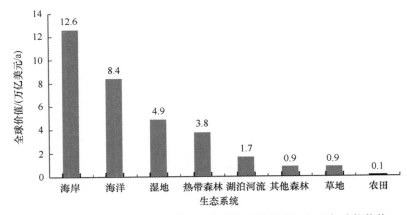

图 4.18 全球范围内不同类型的生态系统可提供的生态服务功能价值

从单位面积提供的生态服务功能价值来看，单位面积（$1hm^2$）的海岸生态系统每年可提供的生态服务功能价值为 4052 美元；单位面积（$1hm^2$）的森林生态系统（包括热带森林和其他森林）每年可提供的生态服务功能价值为 2309 美元；单位面积（$1hm^2$）的湖泊、河流生态系统和草地生态系统每年可提供的生态服务功能价值分别为 8498 美元和 232 美元；而单位面积（$1hm^2$）的农田生态系统每年可提供的生态服务功能价值为 92 美元（图 4.19）。

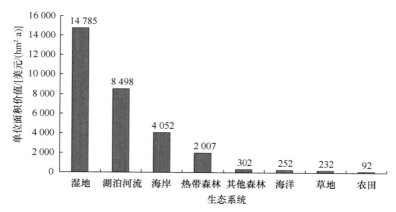

图 4.19　单位面积不同类型的生态系统可提供的生态服务功能价值

然而随着经济发展，农业生态系统的生态功能严重退化。通过千年生态系统评估（MA）在 2005 年发布的报告可以看出，尽管在作物、畜禽、淡水养殖、碳储存等方面的生态功能有所增加，但包括鱼类捕捞、野生动物、薪炭燃料、遗传资源、生化产品、空气质量调节等 60% 的生态功能严重退化（图 4.20）。

加强	退化	不确定
作物	鱼类捕捞	木材
畜禽	野生动物	纤维
淡水养殖	薪炭燃料	水文调节
碳储存	遗传资源	病虫害调节
……	生化产品	户外旅游
	淡水	
	空气质量调节	
	气候调节	
	水土流失调控	
	水质净化	
	病虫害控制	
	授粉	
	减缓自然灾害	
	精神与宗教	
	伦理	

图 4.20　农业生态系统内各项服务的变化情况预测

2.4.2　水土流失和荒漠化问题依然严重

（1）水土流失问题

我国是世界上水土流失最严重的国家之一，据 20 世纪 90 年代全国第二次水土流失遥感调查，全国水蚀和风蚀面积达 $355.55 \times 10^4 km^2$，占国土面积的 37%。其中水力侵蚀面积为 $164.88 \times 10^4 km^2$，风力侵蚀面积为 $190.67 \times 10^4 km^2$（表 4.13），全国每年流失的土壤约为 $50 \times 10^8 t$（焦居仁等，2006）。

表 4.13　我国土壤侵蚀面积与侵蚀强度

水土流失强度	水力侵蚀面积		风力侵蚀面积		合计	
	$\times 10^4 km^2$	%	$\times 10^4 km^2$	%	$\times 10^4 km^2$	%
轻度	83.06	50.4	78.83	41.3	161.89	45.5
中度	55.49	33.7	25.12	13.2	80.61	22.7
强度	17.83	10.8	24.80	13.0	42.63	12.0
极强度	5.99	3.6	27.01	14.2	33.00	9.3
剧烈	2.51	1.5	34.91	18.3	37.42	10.5
合计	164.88	100.0	190.67	100.0	355.55	100.0

　　在 21 世纪初，我国进行了第三次全国土壤侵蚀遥感普查，在此基础上，由水利部、中国科学院和中国工程院联合开展了中国水土流失与生态安全综合科学考察活动，历时三年，较为准确地摸清了全国土壤侵蚀的现状。我国 2000 年土壤侵蚀总面积为 $356.92 \times 10^4 km^2$，占国土总面积的 37.2%。其中，水蚀面积为 $161.22 \times 10^4 km^2$，风蚀面积为 $195.72 \times 10^4 km^2$。与 20 世纪 80 年代中期的侵蚀调查结果相比，全国水土流失总面积减少 $10.11 \times 10^4 km^2$，减少了 2.8%；水蚀面积减少 $18.20 \times 10^4 km^2$，减少了 10.1%；风蚀面积增加 $8.09 \times 10^4 km^2$，增加了 4.3%。此外，20 年间，各强度级别的水力侵蚀面积中，强烈级减少 29.7%，极强烈级减少 35.0%，剧烈级减少 43.0%。

　　按照水土流失面积占国土面积的比例及流失强度综合判定，我国现有严重水土流失县 646 个。其中，长江流域 265 个、黄河流域 225 个、松辽流域 44 个、海河流域 71 个、淮河流域 24 个、珠江流域 17 个，分别占严重水土流失县个数的 41.0%、34.9%、6.8%、11.0%、3.7% 和 2.6%。西部地区仍然是我国水土流失最严重的地区。目前水土流失面积为 $296.65 \times 10^4 km^2$，占全国总面积的 83.1%；而且水土流失面积呈现扩大趋势，15 年间水蚀面积增加了 3.4%，风蚀面积增加了 4.9%。东部地区水土流失状况好转，目前水土流失面积相对较小，强度较轻，水土流失面积为 $9.11 \times 10^4 km^2$；15 年间水土流失面积减少 36.2%，强度明显下降，其中水蚀减少 33.9%，风蚀减少 65.7%。中部地区水土流失状况有所好转，目前水土流失面积为 $43.39 \times 10^4 km^2$，占全国总流失面积的 12.2%；15 年间水土流失面积减少 $9.92 \times 10^4 km^2$，减少了 22.9%，强度有所下降，其中水蚀减少 22.7%，风蚀减少 28.0%。东北地区水土流失面积由 $22.58 \times 10^4 km^2$ 减少到 $17.68 \times 10^4 km^2$，减少了 21.7%，其中水蚀面积减少，而风蚀面积略有增加。

我国水土流失强度远高于土壤容许流失量。我国每年水土流失总量约为 $50 \times 10^8 t$。水土流失强度超过 2500t/（$km^2 \cdot a$）的侵蚀面积为 193.08km^2，超过 5000t/（$km^2 \cdot a$）的侵蚀面积为 112.22km^2，黄土高原的局部地区侵蚀模数高达 15 000 ～ 20 000t/（$km^2 \cdot a$）。水蚀区平均侵蚀强度约为 3800t/（$km^2 \cdot a$），远大于土壤容许流失量 [西北黄土高原区为 1000t/（$km^2 \cdot a$），东北黑土区和北方土石山区为 200 ～ 1000t/（$km^2 \cdot a$），南方红壤丘陵区和西南土石山区为 500t/（$km^2 \cdot a$）]。水土流失区土壤流失速率远高于土壤形成的速度，形成 1cm 的土壤，西南土石山区平均需要 2500 ～ 8500 年，西北黄土高原区平均需要 100 ～ 400 年，东北黑土区平均需要 400 年左右，而每年流失的土层厚度平均达 0.3 ～ 1cm，流失速度是成土速度的 120 ～ 400 倍。

水土流失治理成效显著，但反弹也很大。截至 2011 年，我国累计治理水土流失面积达 10 966.4 万 hm^2，比 1973 年净增加了 7457.4 万 hm^2，可以说，治理成效是显著的。但我国水土流失反弹力度也比较大，每年水土流失治理减少的面积要占新增的面积的 20% ～ 90%。可以说，巩固成果任重而道远（图 4.21）。

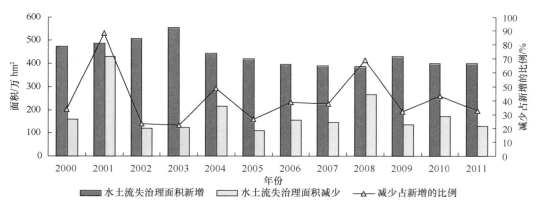

图 4.21　2000 ～ 2011 年我国水土流失治理新增与减少面积比较
资料来源：中华人民共和国水利部（2012）

严重的水土流失不仅导致流失区土地退化、泥沙下泄，淤塞江河湖库，加剧沙尘暴危害，恶化当地生产生活条件和生态环境，而且对下游地区造成极大的危害，这种危害往往是流域性的、多方面的、长远的，甚至是不可逆转的。这些危害具体体现在：①造成土地严重退化和耕地毁坏，制约农业生产，威胁国家粮食安全；②加剧自然灾害的发生；③加重面源污染，影响到粮食质量安全。

造成水土流失的主要有两方面：①自然原因。包括气候因素，如降雨、降雪、温度、风力；地形因素，如坡度、坡长、坡型、坡向；地质因素，如岩性、新构造运动；土壤因素，如土壤的透水性、土壤的抗蚀性、土壤的抗冲性；森林植被防治土壤侵蚀效应，如森林植被对水蚀的控制作用、林木根系对土体的固持作用、森林植被对土壤的改良作用等。②人类活动因素。人类不合理的生产建设活动加剧了水土流失，特别是坡耕地耕作。在全国现有的 $12\,200 \times 10^4 hm^2$ 耕地中，坡耕地 $2100 \times 10^4 hm^2$，约占 17.2%。坡耕地面积占我国水力侵蚀面积的 13.3%，每年产生的土壤流失量约为 15 亿 t，占全国水土流失总量的 13.2%。黄土高原地区坡耕地每生产 1kg 粮食，流失的土壤达到 40～60kg。我国坡耕地存在大量的极其严重的水土流失，不仅破坏了水土资源，而且恶化生态，成为影响生态重建和恢复的关键因素。同时，山丘区侵蚀沟水土流失十分严重，亟待加强治理。目前，黄土高原区长度大于 1km 的侵蚀沟有 30 万条，黑土区长度大于 1km 的侵蚀沟有 8.7 万条，南方红壤区有崩岗 2212 万处，长江上游及西南诸河区有滑坡 20 万处、泥石流沟 1 万余条，我国沟道侵蚀水土流失量约占水土流失总量的 40%，个别地区甚至达到 50% 以上。此外，开发建设活动对水土流失的影响也应得到重视，据"十五"期间调查，我国共新上各类开发建设项目 7.6×10^4 个，年均扰动地表面积 $2.74 \times 10^4 km^2$，年均产生弃土弃渣 $18.6 \times 10^8 t$，新增土壤流失量约 $1.9 \times 10^8 t$。在开发建设活动中，农林开发、公路和铁路建设、城镇建设、露天煤矿开采、水利和水电建设等造成的水土流失最为严重。

（2）荒漠化与沙化问题

第四次全国荒漠化和沙化监测结果表明，截至 2009 年年底，全国荒漠化土地总面积为 $262.37 \times 10^4 km^2$，约占国土陆地总面积的 27.33%，分布于北京、天津、河北、山西、内蒙古、辽宁、吉林、山东、河南、海南、四川、云南、西藏、陕西、甘肃、青海、宁夏、新疆 18 个省（自治区、直辖市）的 508 个县（旗、区），其中新疆、内蒙古、西藏、青海、甘肃 5 个省（自治区）是荒漠化主要分布区，占全国荒漠化总面积的 95.48%（表 4.14）。截至 2009 年年底，全国沙化土地面积为 173.11 万 km^2，约占国土陆地总面积的 18.03%，分布在除上海、台湾、香港和澳门特别行政区外的 30 个省（自治区、直辖市）的 902 个县（旗、区），其中新疆、内蒙古、西藏、青海、甘肃 5 个省（自治区）是沙化的主要分布区，其沙化面积占全国沙化土地总面积的 93.69%。

表 4.14 荒漠化与沙化面积最大的 5 个省（自治区）的荒漠化和沙化土地面积占全国的比例及其变化

省（自治区）	荒漠化面积占全国 /%		沙化面积占全国 /%	
	2004 年	2009 年	2004 年	2009 年
新疆	40.65	40.83	42.90	43.13
内蒙古	23.61	23.54	23.91	23.96
西藏	16.44	16.49	12.46	12.49
青海	7.27	7.30	7.22	7.22
甘肃	7.34	7.32	6.92	6.89
总计	95.31	95.48	93.41	93.69

资料来源：国家统计局（2008，2012）

我国荒漠化面积占世界荒漠化面积的 25.5%；另外，我国重度荒漠化以上面积占我国总荒漠化面积的 38.6%，而世界重度荒漠化以上面积只占总荒漠化面积的 12.9%（表 4.15）。经过持续治理，我国土地荒漠化和沙化程度有所减轻。一方面，荒漠化、沙化土地面积持续净减少。2000 ～ 2004 年，荒漠化、沙化土地分别年均净减少 7585km² 和 1283km²；2005 ～ 2009 年，分别年均净减少 2491km² 和 1717km²。另一方面，与 2004 年相比，轻度荒漠化土地增加 3.47 万 km²，中度减少 1.69 万 km²，重度减少 6800km²，极重度减少 2.34 万 km²。轻度沙化土地面积增加 2.73 万 km²，中度减少 9906km²，重度减少 1.04 万 km²，极重度减少 1.56 万 km²。

表 4.15 中国与世界荒漠化状况比较

地区	极重度荒漠化	重度荒漠化	中度荒漠化	轻度荒漠化	合计
中国 /（×10⁴km²）	58.6	43.3	98.5	63.1	263.6
中国 /%	22.2	16.4	37.4	23.9	100
世界 /（×10⁴km²）	7.4	130.1	470.3	427.8	1035.6
世界 /%	0.2	12.7	45.8	41.3	100

注：中国数据来源于国家林业局（2005），世界数据来源于 UNEP（1992）

荒漠化主要影响农业生态环境，从而影响粮食生产。以我国荒漠化较为典型和集中的西部地区为例。西部 12 个省（自治区、直辖市）现有耕地 5014.17×10⁴hm²，约占西部总土地面积的 7.4%，全国耕地的 36%。生产了占全国 26.3% 的粮食、22.8% 的油料、28.6% 的棉花、15.7% 的麻类、59.5% 的烟叶和

18.2% 的蔬菜和瓜类。退化耕地占西部耕地面积的 40%，其中，中度以上退化的耕地占 52%。西部耕地的特点是生产潜力大、灾害多。21 世纪，我国食品安全在相当程度上有赖于西部农业的发展，因此，必须消除自然灾害和土地退化的不利因素，发挥西部土地的巨大潜力。农、林、牧业用土地的退化，阻碍了农业经济本身的发展，使生态环境出现灾难性的变化。土地沙漠化、水土流失和土壤盐渍化三大荒漠化灾害每年造成的直接经济损失达 540×10^8 元。西北社会经济持续发展的关键是解决水的问题，调水是解决西北缺水问题的重要途径，但在得到外来水资源接济之前，必须节水灌溉和解决上下游水资源调配不当的问题。另外，荒漠化也加深了沙区人民的贫困程度，扩大了地区间的差距。恶劣的生态环境是沙区部分群众长期处于贫困的主要根源。沙区既是一个植被稀少、生态环境极为脆弱的地区，又是少数民族最为集中、贫困人口分布最多的经济欠发达地区。这些地区之所以长期处于贫困的重要原因之一，就是生态环境脆弱、生产条件恶劣。

我国荒漠化成因主要来自三方面：①气候变化。我国北方农牧交错带的鄂尔多斯高原及陕北榆林地区，1960 ~ 1984 年，荒漠化的发生、扩展与程度的加重，主要是由气候干旱、降水量减少引起的。②地貌地质因素。除了青藏高原及一些大的山脉对大气环流的影响导致干旱之外，地形对荒漠化的影响一方面表现为地形起伏对水蚀的影响。例如，在黄土高原北部、西辽河上游等地，地形起伏、土壤疏松，降水集中且多短历时、高强度，加之陡坡垦耕对植被的破坏，造成这些地区强烈的水土流失。另一方面大范围极度干燥与局部地段低洼、排水不畅，降水稀少与强烈的蒸发，使得一些地区因不合理灌溉而发生土地盐渍化。③人类活动造成的影响。根据《全球环境地图集》，由于人类不合理的经济活动造成荒漠化的主要原因有 5 个：贫瘠土地的过度耕作、脆弱牧场的过度放牧、旱地薪柴的过度砍伐、森林砍伐、不合理的灌溉方式导致农田盐渍化。类似地，在中国荒漠化地区，特别是近 100 年来，不合理利用自然资源是荒漠化发生的直接原因。过牧、滥垦、乱樵滥采及不合理的水资源利用等人为活动都是造成土地荒漠化的直接原因，而促成这些人为活动的深层次原因是人口增长、认识问题及利益驱动。由于区域性的社会经济文化落后和生活贫困，人们围守着广种薄收的耕作方式，大水漫灌农田的经营制度及靠天养畜、樵柴取暖做饭、无节制开采天然资源（如搂发菜、挖药材等）的发展经济方式，对土壤和植被造成极大破坏，诱发沙漠化发展。而沙漠化发展，进一步吞噬良田、牧场等可利用土地，导致土地退化，生物多样性降低，生境恶化，贫困加剧，并破坏现有的交通、居住、生产设施。

2.4.3 农业生物多样性退化、农产品品种单一化与外来物种威胁问题严重

（1）农业生物多样性损失现状

第一，现代农业造成生物多样性丧失与品种单一。随着人口的增加和科学技术的发展，人们大面积地砍伐森林将其变为固定的农地、林地或牧地，破坏了演替的正常进行，顺行演替受阻，如果管理不善将会加剧逆行演替，森林也会变成不毛之地，这就对生物多样性的保护和持续利用产生了破坏性的严重后果，大量哺乳动物都是在农业迅速发展时期灭绝的。大面积垦殖草原和湿地所造成的后果也是同样的。可以看出，科学地规划生态农业的发展对生物多样性的保护和持续利用是多么的重要。应该指出，世界各地在长期从事农业生产发展过程中，选择和形成了许多地方品种，它们各有各的用途，并构成独特的耕作制度。

但是值得注意的是，一些研究实验中心培育的许多高产品种几乎全取代了与野生亲缘种共存的地方品种，使它们陷入灭绝的状态。在缺乏综合发展的情况下，造成农业景观千篇一律、品种单调，虽然在短期内产量明显增加，但是它们的产量建筑在水肥条件充分和现代化的管理水平上，一旦条件不能满足就走向退化，加上与本地品种及其野生亲缘种缺乏基因交流，它们的遗传特性愈趋一致，这就很容易受到流行性病虫害的侵袭。

第二，农业的传统没有得到很好的继承，优良农业品种丧失殆尽。农业是人类在长期生存和发展过程中创造的，是人类文化多样性的一部分，但是，人们在发掘世界自然和文化遗产及保护时，大多从自然和文化遗迹及特殊的风俗习惯、艺术和宗教等方面去考虑，而自己所创造的多种多样的农业耕作制度及其组成成分、丰富多彩的基因资源很少被看作文化遗产，并加以保护、继承和发展。从 20 世纪开始，主要作物大约 75% 的基因多样性已经消失，这大大增加了农业的脆弱性，减少了人们食物的多样化，许多传统的本地已经驯化了的物种及其品种对于还未富裕的农民来说是不可缺少的，但在现代化的迅速进程中陷入了消失的困境，它们的遭遇较之天然生态系统和物种的灭绝有过之而无不及。

第三，生物入侵。生物入侵正成为威胁当地生物多样性的重要因素之一。生物入侵是指某种生物从原来的分布区域扩展到比较遥远的新的地区，在新的分布区其后代不仅可以生存、繁殖，而且能够扩展区域，比乡土物种更能适应环境。根据农业部统计，目前入侵我国的外来物种已达 400 余种，其中 16 种外来物种形成严重危害，每年入侵农田的面积超过 140 万 hm^2。

（2）生物多样性对粮食安全的影响

第一，从物种多样性层面来看，许多珍贵的生物栖息地依赖广泛的农业活动得以维护，同时，数目众多的野生物种也有赖于此而得以生存；因此，农业活动中野生生物的丧失是由于不恰当的农业活动和土地使用造成的。生物多样性的下降会影响到与粮食有关的生物体及与育种有关的亲缘植物，并对粮食安全造成直接影响。国内农田大量使用农药的现状，给粮食安全提出了挑战，给人类健康带来了威胁。

第二，从基因多样性层面上看，基因多样性是未来粮食的保障。联合国粮食及农业组织大会曾通过决议，提出解决人类吃饭问题的一个最为有效的途径，就是充分研究和利用各种优异植物遗传资源，培育出适应各种不断改变的环境条件下的优良品种，并能稳定产量和改善品质。我国野生植物资源的重要作用还未发挥出来，这些植物遗传资源很有可能在未来成为人类的主要粮食。而目前我国植物遗传资源受到严重威胁，它的丧失将影响到我们每个人，并涉及子孙后代的粮食安全和可持续发展，如何保存好这些资源事关重大。

（3）生物多样性丧失的原因

造成农业生物多样性损失的原因有自然因素与人为因素两方面，就目前而言，人类活动是造成农业生物多样性损失的最主要原因，这主要体现在对资源的过度开发利用、环境污染、生物入侵及所谓的"绿色革命"四方面。

第一，对资源的过度开发与利用。随着人口的增加和全球化商业网络体系的形成，人们对各种有价值的生物资源的需求不断增加，进而导致对其的获取量不断提高。当需求超过再生能力时，就形成了对该资源的掠夺式开发与利用，最终导致这类资源的枯竭。

第二，环境污染。现代农业的典型特征是化石农业，大量化肥、农药的使用导致农业面源污染程度不断加深，许多农田生物，如各种鱼类、青蛙等生物越来越难以生存，农业生物多样性平衡受到破坏。

第三，生物入侵。生物入侵正成为威胁我国农业生物多样性的重要因素之一。目前，我国的34个省级行政区无一没有外来种，除了极少数位于青藏高原的保护区外，几乎或多或少都能找到外来杂草。

第四，"绿色革命"。毋庸置疑，"绿色革命"的成就是巨大的，它通过在试验机构培育出来的许多高产品种，并将其推广到各地，大大促进了许多贫困地区农业的发展，使许多国家和地区的粮食获得了前所未有的收成，缓和了人口迅速增长造成的粮食危机。但是，由于它忽略了生态学原则，利用新培育的高产水稻、小麦等大面积完全取代了由不同谷类、糖类、油料、纤维和豆类作物所构成的本地传统的食品文化。一个多样化、低成本的农业生产结构被一个所谓现代化经营的农业生产结构所代替。大面积的单作代替了因地制宜的多样化的轮作、混作、间套作的立体农业，化学文化代替了生物学文化，高产耗肥、耗水品种代替了本地抗病虫害、抗干旱、抗贫瘠条件的品种，获利文化代替了需要文化，造成一种外来种或品种必然要比本地种或品种好的表象，垄断了种子销售，甚至必须大面积千篇一律地种植指定的品种。这样，"绿色革命"便构成了一种严酷的"生物文化入侵"，把传统农业一概予以推翻，带来了农业生物多样性的流失和灭绝。这从另一角度凸显了农业文化遗产的重要性。

2.4.4 全球变化的潜在威胁较为严重

全球气候变暖使冰川融化、海平面上升、耕地减少、旱涝加剧、病虫害增多，蚊子等许多携带病虫害的物种大大扩大其生态范围。

农业可能是对气候变化反应最为敏感的部门之一，全球变化将影响粮食安全与生态安全。据预测，未来 50 ～ 80 年，全国平均温度将升高 2 ～ 3℃，导致三个突出问题：①农业生产的不稳定性增加，产量波动大。据估算，到 2030 年，我国种植业产量在总体上因全球变暖可能会减少 5% ～ 10%。如果不采取任何措施，到 21 世纪后半期，中国主要农作物，如小麦、水稻和玉米的产量最多可下降 37%。②农业生产布局和结构将出现变动。到 2050 年，气候变暖将使三熟制的北界北移 500km，从长江流域移至黄河流域。气候变化导致的干旱化趋势，使半干旱地区潜在荒漠化趋势增大，草原界限可能扩大，高山草地面积减少，草原承载力和载畜量的分布格局会发生较大变化。③农业生产条件将发生改变，农业成本和投资大幅度增加。由于气候变暖使农业需水量加大，供水的地区差异也会加大，为适应生产条件的变化，农业成本和投资需求将大幅度增加。根据气候模拟分析，未来的气候变化将会给黄淮海平原的农业生产带来巨大影响，主要以负面影响为主。

气候变化对生态系统的负面影响在三江源地区已经得到验证。在过去的 50 余年里，有"中华水塔"之称的三江源地区气候发生了显著变化，年均气温呈明显上升趋势，冬季变暖趋势更为突出，这是导致三江源地区生态环境恶化的重要因素。气候变化导致自然灾害加剧，我国生态环境改善缓慢。尽管气候变化后的中国森林初级生产力的地理分布格局没有显著变化，森林生产力甚至还将增加 1% ～ 10%，但由于灾害的发生越来越频繁，强度越来越大，造成经济财产的损失越来越严重，对人类社会的影响和生态环境的破坏越来越深远。在气候变化背景下，海岸区受灾机会加大，其中黄河、长江、珠江三角洲是最脆弱的地区，气候的变化使中国沿岸海平面到 2030 年可能上升 0.01～0.16m，使许多海岸区遭受洪水泛滥的机会增大，遭受风暴潮影响的程度加重，引起海岸滩涂湿地、红树林和珊瑚礁等生态系统的破坏，造成海岸侵蚀、海水入侵沿海地下淡水层、沿海土地盐渍化等；冰川随着气候变化而改变其规模，估计到 2050 年青藏高原多年冻土空间分布格局将发生较大变化，大多数岛状冻土发生退化，季节融化深度增加。高山、高原湖泊中，少数依赖冰川融水补给的小湖可能先因冰川融水增加而扩大，后因冰川缩小、融水减少而缩小，中国西部冰川面积将减少 27.2%，未来 50 年，中国西部地区的冰川融水总量将处于增加状态，高峰预计将出现在 2030～2050 年，年均增长 20%～30%。

3. 农业资源与环境可持续发展的战略选择

3.1 建立现代高效生态农业战略

从 20 世纪 80 年代初起，一批富有远见的科学家根据中国农业发展面临的问题和世界科学技术发展的潮流，将传统农业的优势与现代科学技术结合起来，逐渐发展了生态农业这一新的发展理念与实践方式。中国共产党第十七届中央委员会第三次全体会议（党的十七届三中全会）明确指出："按照建设生态文明的要求，发展节约型农业、循环农业、生态农业，加强生态环境保护。"温家宝曾指出："21 世纪是实现我国农业现代化的关键历史时期，现代化的农业应该是高效的生态农业。"现代高效生态农业作为我国进行农业生态文明建设的整体策略和必由之路，正在得到逐步完善和发展。到目前为止，生态农业已融合了循环、低碳及绿色等方面的思想。

现代高效生态农业是一个把农业生产、农村经济发展和保护环境、高效利用资源融为一体的新型综合农业体系。它遵循"整体、协调、循环、再生"的基本原理，从生态经济系统结构合理化入手，建立生态优化的农业体系。它特别强调农、林、牧、副、渔五大系统的结构优化和系统内各生产环节之间的"接口"强化，通过产业链接，既可充分发挥各个专业和行业部门的专项职能，又强调不同层次、不同专业和不同产业部门之间的全面协作，形成生态经济系统良性循环的产业结构和综合管理的经济体系。

"高效"是现代生态农业的出发点和落脚点，它不仅指高的效益，还包括高的效率，如实现高的投入产出率、高的能源资源利用率和高的土地产出率等。同时，通过现代经营方式和管理手段，促进现代科学技术的发展与推广。以维护和建设产地优良生态环境为基础，以产出优质安全的农产品和保障人体健康为核心，以倡导农产品标准化为手段，达到稳产、高产、高效，实现生态环境效益、经济效益和社会效益相互促进的农业生产模式。

3.2 健康绿色消费观念转变战略

新中国成立以来，我国的食物消费足迹持续增加。一方面由于人口的急剧上升带来食物消费的增长，另一方面随着生活水平的不断提高，饮食结构的改变带来了二次消费的增长，这些都促进了食物消费足迹的持续增加。通过对 60 年来（1949～2008 年）中国人均生态足迹（EF）的计算（图 4.22）可以看出，中国人均生态足迹总体呈现在波动中不断增加的趋势，而人均生物承载力（BC）则在波动中不断减少。尤其是 20 世纪 80 年代以来，食物消费超出了农业生态系统的承载能力，2008 年，人均生态赤字（ED）达到了 1.2614hm²/cap。

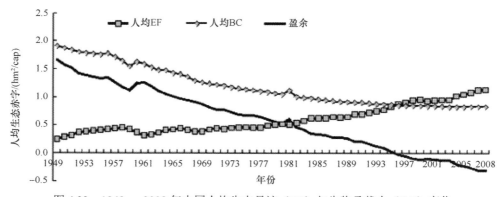

图 4.22　1949～2008 年中国人均生态足迹（EF）与生物承载力（BC）变化

如果保持原有的食物消费习惯，未来 20 年，我国人均生态足迹会持续增长（图 4.23），人均生物承载力则会不断缩减，预计 2030 年将分别达到 4.6033hm²/cap 和 0.7008hm²/cap，而食物消费造成的生态赤字将翻一番，预计 2030 年人均生态赤字将达到 3.9024hm²/cap，可持续发展形势非常严峻。

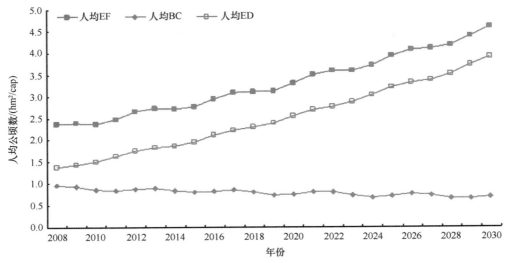

图 4.23 2008 ～ 2030 年中国人均 EF、BC 和 ED 发展趋势预测

因此，需要公众树立起绿色健康的消费观念。"健康"是指建立起健康的饮食结构，通过均衡调节各类食物所占的比例，充分利用食品中的各种营养，达到膳食均衡。"绿色"是指在食物消费中尽可能减少食物的损失和浪费，不仅可以节省生产者、消费者及政府的开支，更重要的是未来将在一定程度上减轻人口增长对食物需求的压力，为保障食物安全提供一条重要的选择途径。

3.3 粮食生产区域再平衡战略

我国区域间水土资源的差异导致农业生产力布局存在不匹配的现象，同时随着国民经济增长和人民生活水平的提高，我国居民的膳食结构发生了较大的变化，对瓜果、肉类消费的增加将进一步加大农业生产对水土资源及环境的压力。为解决食物生产与水资源分布错位、农业生产力区域布局不合理等问题，必须实施食物生产区域再平衡战略，形成"南扩、北稳、西平衡"的均衡生产新格局，逐步压缩"北粮南运"的规模，避免二次浪费和污染。

第一，南扩是指南方省（区）或东部省（区）播种面积扩大和复种指数提升战略。针对南方双季稻改单季稻、三熟制改两熟制的现象普遍，需要把复种纳入粮食生产的中长期发展规划；制定强农惠农政策和专项财政政策，支持农户扩大播种面积，提高粮田复种指数；加强各级政府监管力度，确保扩大播种面积并提高复种指数。同时，在稳定水稻生产的基础上，适当扩大玉米生产规模，有计划地发展加工用粮和饲料用粮，强化南方粮食安全生产责任，逐步压缩"北粮南运"规模。

第二，北稳是指稳定北方现有播种面积和复种指数，确保我国粮食主产区的地位。稳定北方现有粮食生产规模，防止地下水位持续下降，保障北方地区耕地资源的可持续利用。同时，调整黄淮海平原区现行的冬小麦-夏玉米一年两熟的种植制度，适当控制地下水严重超采区的蔬菜生产规模。

第三，西平衡指的是保持西部地区粮食播种面积的动态平衡。西部旱地所占比例较大，粮食生产受降水等自然条件变化影响显著，科学布局和规划以中西部旱作玉米为主的能量饲料生产，适度扩大马铃薯等的种植规模，减少冬小麦、春小麦等夏收作物种植规模，即"压夏扩秋"，平衡生产，保持粮食播种面积的动态平衡，从而保障粮食的自给。

3.4 替代战略

3.4.1 贸易替代

在立足国内生产的基础上，适当进口部分农产品，以替代国内高耗水土的农产品，形成国际贸易增加虚拟水和虚拟土地资源的替代措施，在一定程度上缓解我国水土资源的需求压力。同时，在实施贸易替代时需要把握两点：一是适度进口；二是把握国际农产品市场动向，尽可能进口土地资源和水资源耗费量大的农产品，即土地资源密集型和水资源密集型农产品，达到真正缓解我国耕地资源和水资源压力的目的。

3.4.2 非常规水土资源替代

一是开发利用污水、微咸水等非常规水替代措施，增加农业用水的可供水量，同时实施"绿水替代"；二是充分利用我国草地、水域和林地等非常规的耕地资源，建立"种养结合、以养促种、农林牧渔共赢"的多元化食物生产体系，从而保障我国食物安全和耕地资源的可持续利用。

4. 农业资源与环境可持续发展的政策建议

4.1 农业资源与环境可持续发展的政策措施

4.1.1 建立农业生态补偿机制

建立在以消耗大量资源和能源基础上的现代化农业也带来了一些严重弊端，并引发了一系列具有全球特点的生态与环境问题。造成这些问题的原因是多样的，其中农业的发展方向与道路成为思索的焦点。人们越来越认识到农业的目标不仅要提高产量，还须提高产品质量、确保食品安全；不仅要提高土地产出率、获得经济利益，还应发挥生态系统的多种环境服务功能并促进农村的可持续发展。

在自然植被一再缩减和环境问题日益严峻的今天，农田生态系统已经超越了其作为食物生产地和原材料提供地的功能，还具有许多其他的服务和功能，如调节大气化学成分、调蓄洪水、净化环境等。1997 年，美国生态经济学家科斯坦萨（Costanza）提出，全球农田生态系统每年提供的服务价值约为 1280 亿美元。而采用生态耕作模式稻田的生态系统服务价值往往还要高。例如，稻鱼共生系统在固碳释氧、营养物质保持、病虫害防治、水量调节乃至于旅游发展等方面都有其独特的优势，其外部经济效益提高了 2754 元 /hm^2，同时，稻鱼共生系统减少 CH_4 排放、控制化肥农药使用，使其外部负效益损失降低了 4693 元 /hm^2。

但外部效益无法在市场中得到体现，从而错误地低估了生态农业耕作方式的综合效益，使得农户无法得到激励，从而采取有利于生态环境保护的生产方式，反而为了单纯地追求粮食产量而大量施用化肥和农药，造成生态破坏、环境污染和食品安全问题。因此，需要大力发展多功能生态农业，加快建立生态系统服务购买或生态补偿机制。包括："北粮南运"的水资源向南方转移的区域补偿机制；粮食主销区对主产区的补贴制度；与测土配方挂钩的化肥梯度价格制度；粮食安全责任与粮食安全成本挂钩的农业补贴机制等。

4.1.2 重构农业技术推广体系并发挥其在农业生态环境保护中的作用

自 20 世纪 80 年代末以来，在政府鼓励、农技单位进行创收的激励机制下，基层农技单位的农技推广工作日益走向副业化，这逐渐导致了曾是世界上最大且最有效率的中国农业技术推广体系逐渐走向崩溃的边缘。目前，许多乡镇的农业技术推广站已名存实亡，这导致了农民培训工作缺乏、农技推广设备和农技推广方法落后，以及推广的技术与农民的技术需求不相符合等一系列问题。事实上，国家农业技术推广体系已经难以承担起农业技术推广的重任，很难满足全国2.4亿农户对新的和适用技术的需求。重构农业技术推广体系已成为促进农业生产发展和农业生态环境保护的当务之急，其重构工作主要从以下几方面展开。

第一，加快基层农技网络的恢复与建设。重新恢复基层农技站的机构设置与人员配置，在精干现有的技术推广队伍的前提下，创造条件引进一些优秀人才。完善制度建设，建立现代高效的运行机制，尤其要加强人力资源的激励机制、监督机制和考核机制等方面的建设。

第二，增加农业技术推广投资。农业科技的公共产品特性决定了政府仍然是中国未来几十年内农业科研和技术推广投资的主体。将部分技术推广部门商业化并非是要减少政府的公共投资，反而应有所增强。商业化的科技部门将会受商业利益的驱动而自然地向在市场上能够得到投资回报的方向发展，但这些部门不会关心涉及食物安全、反贫困和环境可持续发展等公共研究领域的研究问题。因此，从公共利益考量，机构的日常事业费、基本建设费等经费应由政府承担。

第三，以农技推广机构为基础，加强对农民及基层农药经销商的培训，加强农用化学品管理。培训上，要建立起长效机制，培训内容要做到由浅入深。具体培训的内容可以包括：向农民介绍病虫草害的基本常识，使其在购药、用药时做到有的放矢；向农民宣传农药常识，如哪些是高毒农药、哪些是国家已经禁止使用的农药，从而使抵制使用高毒、高残农药成为农民的自觉行动；向农民宣传农药的使用技术，如什么是农药的作用机理、用什么施药方法等。而对基层经销商的培训要更注重政策方面的宣传教育，使其对新政策，尤其是高毒、禁用、限用农药的规定及监管的法律制度有深入了解。可以充分利用企业自有资源，在推广销售农药的同时就对经销商进行培训，并对推广生物型低毒农药的经销商给予一定的补助。在农用化学品的管理上，要建立并实施农用化学品的采购、领用、配制、使用等的规章制度，保证农用化学品有专用仓库储存，促进农用化学品的合理使用。

4.1.3 积极进口国外农产品，缓解我国耕地与水资源压力

为了满足国内农产品的消费需求，缓解我国耕地与水资源压力，需要充分利用国际和国内两个市场、两种资源。

第一，继续保持一定规模的大豆进口。

在耕地和水资源有限的情况下，我国应在保障粮食基本安全的基础上，进口一定规模的大豆等耕地生产率较低的农产品。原因是若减少大豆进口量，就要通过增加国内生产来满足供给，而在耕地和水资源有限的情况下，国内大豆生产的增加势必会减少其他作物（玉米等）的生产，造成其他作物的供求缺口，进而增加其他作物进口量。在此情况下，相比较玉米等作物，我国大豆单产远低于进口来源国，因此，我国必须耗费更多的耕地和水资源量来生产大豆，否则会造成其他作物（玉米等）的自给率显著下降，从而使我国食物安全面临更严峻的挑战。

第二，对于进口量大的品种（大豆），要保持合理的生产能力和库存，以防范自然灾害、市场变化及其他可能的事件带来的风险。

为降低集约化农业生产对大豆主产区农业生态环境的负面影响，缓解耕地和水资源压力，应采取相应的政策措施鼓励农户进行玉米、水稻和大豆的轮作、间作，在减少农田生态环境负荷的同时，保障相应数量的大豆自给率。同时，发挥我国非转基因大豆优势，保障我国大豆生产的可持续性。由于我国大豆对外依存度较高，建立大豆储备制度，保持适量储备，以防范自然灾害和市场风险。

第三，有步骤、有计划地实施国外耕地资源开发利用战略。

在农业直接投资方面，应借鉴发达国家经验，向流通、加工等环节延伸。例如，对于大豆生产和出口潜力最大的巴西，我国应参与其仓储、港口、工厂企业、铁路和水路建设中，减少物流成本。应尽量减少购买资源（如土地）的形式，以直接投资和订单农业形式参与农业投资，以更好地获得信贷和市场。目前，发达国家的跨国公司在全球范围内开展订单农业遍及110多个国家和地区，其生产范围涵盖多重，占农产品的总量份额很大。因此，可以借鉴其做法，国内相关企业可以在巴西组建一个公司，并通过类似订单农业的方式购买巴西农场主的大豆，将所需大豆的间接贸易转为直接贸易。

4.1.4 设立农业资源红线，建立与之相匹配的种植制度

（1）设立农业水资源利用红线

随着城镇化加剧、工业园区的设立，工业用水、城镇生活用水还将增加，势必将挤占农业用水。鉴于农业用水总量减少而粮食需求却不断增加的"水减粮增"矛盾，需要设立农业用水总量红线，也就是说，农业用水总量不能无限地降低下去。设立的红线为农业灌溉用水总量不能低于3600亿 m^3，灌溉水利用率达到65%，主

要粮食作物（小麦、玉米）水分生产力周年达到 1.5kg/m³。同时，针对我国南方水多、粮食生产能力下降的实际，加强南方"双季稻"（水稻 - 小麦或油菜）一年两熟、一年多熟的种植制度，提高复种指数，逐步减少对北方粮食生产的依赖。针对西北半干旱区雨热同季、春季干旱的特点，建立以玉米、杂粮和马铃薯为主的"压夏扩秋"种植模式。鉴于华北地区地下水超采、地下水漏斗大面积出现的严重状况，逐步由一年两熟制（冬小麦 - 夏玉米）向两年三熟制（冬小麦 - 夏玉米→春玉米或棉花）或一年一熟制（冬小麦或夏玉米或棉花）转变。

（2）立法划定我国永久基本农田和永久基本粮田

1994 年 8 月，国务院颁布了《基本农田保护条例》，正式确立了基本农田保护制度，1998 年对《土地管理法》进行了修订，在耕地保护方面区分了一般农田和基本农田，并对基本农田规定了相对更为严格的保护措施，在数量保护方面，明确只有国务院才有批准征收基本农田的权利。《基本农田保护条例》也在 1998 年作了相应的修改。此后，陆续发布的政策文件进一步加大了基本农田保护的力度。党的十七届三中全会《中共中央关于推进农村改革发展若干重大问题的决定》提出划定永久基本农田，建立补偿机制，确保基本农田总量不减少、用途不改变、质量有提高。2009 年，国土资源部和农业部联合发出《关于划定基本农田实行永久保护的通知》，要求"依法依规、确保数量、提升质量、落地到户"，科学地划定永久基本农田。

我国现有基本农田划定已经历了很长一段时期。在工业化和城镇化快速扩张的形势下，非法占用导致用途改变、占补平衡导致质量下降等原因造成的基本农田破坏和流失问题非常严重。鉴于此，我们提出通过建立永久基本农田划定和保护的法规制度，达到保护基本农田的长远目标。

第一，建立永久基本农田划定指导准则，建立划分的指标体系，规范永久基本农田划分标准。

第二，建立法规制度，保护划定的永久基本农田范围，严格限制基本农田用途转变，保障耕地资源规模。

第三，建立提高和保持永久基本农田和基本粮田生产能力的政策措施和监督机制，为保持永久基本农田的生产能力保驾护航。

4.1.5　大力推进农业科技创新

为充分发挥科技在农业生产、农业资源可持续利用和农业生态环境保护中的作用，需要大力推进农业科技创新工作。

第一，抗性品种的选育。通过抗性品种的选育，降低各类农作物的抗病和抗旱能力，从而减少对农药和水资源的依赖。例如，水稻是60多种病原微生物和100多种害虫的寄主，病虫害是造成稻米减产和不稳产的主要原因之一。品种抗性是稻作保护上较为经济而合理的办法，国内外水稻育种家都十分重视品种对病虫的抗性，育成了一批单抗或多抗品种，并在生产上应用。近年来，随着化学农药成本的提高、化学残毒的蓄积、环境污染和生态破坏、病虫对杀虫（菌）剂抗药性的增强，水稻病虫害防治工作的复杂性日益增加，需要加强对抗性品种选育技术的不断研究。

第二，低毒无害农药及科学施药技术研发。大力研发低毒无害农药，如植物源农药、动物源农药、微生物农药及与环境相容的高效、低毒、广谱、低残留的农药等。同时还应根据不同的作物、生长期、地理情况、气象条件、所用的机具和农药等外部条件研发有针对性的科学施药技术，如开发低量喷雾技术，提高农药的有效利用率；加强对施药机具的研发；防治病虫害的同时有效保护天敌等。在施药过程中，不应片面追求防治效果，因为若要把防治效果从80%提高到95%，农药的用量会大大提高。应允许有一定的虫口残余量，以此来换取"环境效益"和食品安全。

第三，挖掘和推广基于物种间生态关系的种养殖技术模式。我国农业生产的长期实践积累了丰富的经验并创造了多样的类型，如间作、轮作、农林复合经营、桑基鱼塘、稻田养鱼等模式。通过在生态关系调整、系统结构功能整合等"软"关系方面的微妙处理，有效控制稻田害虫、减少病害、增加水稻抗倒性及减少农药和化肥的使用等，需要深入研究加以挖掘。同时，随着现代生态和生物技术的发展，通过对生态系统的"食物链"和"食物网"、植物他感作用、生物捕食与共生关系等的认识和提高，构建并推广新的基于物种间生态关系的生态种植和养殖技术模式。

第四，加大抗旱节水的科技创新力度，提高单位水资源的生产力，即大幅度提高作物水分生产力，以效率（作物用水效率）的提高替代规模（水资源供给量）的扩张。一是加强抗旱作物品种的选育，最大限度地挖掘作物自身的节水潜力；大力研发节水灌溉设备，增强我国节水灌溉设备的竞争力，提高水资源的利用率和利用效率；加强旱地农业技术攻关，提高自然降水的生产力。加强技术集成应用。破解技术瓶颈，推进良种培育、节水灌溉、农机装备、新型肥药等实用技术的组装与集成应用。鼓励企业技术创新，推动节水农业技术服务社会化。

4.2 农业资源与环境可持续发展的工程措施

4.2.1 实施相关的区域工程措施

（1）生态脆弱区"生态 - 经济 - 社会"协同整治工程

为了从根本上解决该类区域生态、经济、社会恶性循环综合征的问题，综合运用行政、经济和社会等多方面的手段，同时从"生态 - 经济 - 社会"三方面进行综合整治，实现协调发展，并形成良性循环的发展势头。

（2）生态资源丰富区生态产业与产品开发工程

充分利用该区域生态资源丰富的优势，制定优惠政策，多渠道筹集资金，发展绿色食品、有机农业，同时，开发具有地方特色的名、特、优产品，实现优质农产品的产业化生产、销售和经营，最终促进地方农业和区域经济的发展。

（3）粮食主产区循环农业工程

在做好粮食主产区粮食生产的基础上，通过农林复合等生态模式改善区域的生态环境，利用优势产业的产品和副产品，发展畜牧业和加工业，延长产业链，提升农产品附加值，增加农民收入。在此基础上，使用沼气等生态技术实现农业、畜牧业和加工业之间的能量、物质循环，构建循环农业模式，不仅促进区域社会的经济发展，同时解决区域农业废弃物的污染问题。

（4）沿海与现代都市农业区农业多功能拓展工程

充分利用该类区域的科技、人才和资金优势，发展高科技的农业园区和高标准的农业产业，发挥其示范、带动功能和创汇功能；同时，要通过技术和资金投入，解决农业生产的污染问题，使农业不仅不再是污染源，而且能够增加其生态系统服务功能，如生态屏障功能、生态景观功能、资源保育功能及为都市提供鲜活农产品和绿色休闲场所等；同时，还要培育农业的社会服务功能，主要从农业和农村可持续发展、全方位满足农民就业和增收、农村繁荣、城市居民消费、观光休闲的需求、实现城乡一体化协调发展的角度体现农业新的综合价值。

4.2.2 实施相关的专项工程措施

（1）农牧废弃物资源化综合开发与高效利用工程

进一步推行秸秆直接还田或秸秆过腹还田技术，以秸秆为培养基生产食用菌的技术，推行高效秸秆气化技术和沼气技术，实现农牧废弃物的资源化利用和循环利用；开发和推广集约化养殖畜禽粪便的资源化利用技术，通过收集、转化、干燥、粉碎、脱臭、包涂等工序，将其转变为工业规模的高效生物肥料，可有效减少环境污染，同时替代相当数量的化肥，也缓解了高效有机肥料供应不足的矛盾。

（2）病虫害综合防治与生态产业金字塔工程

研究和推行病虫害综合防治技术，减少农药、化肥等农业化学品的施用量；在此基础上，按照金字塔结构体系发展无公害食品、绿色食品、有机食品，首先是要大面积普及无公害食品生产，其次要逐步扩大绿色食品生产的面积，最后要在条件允许的地方发展有机食品。要按照"无公害食品—绿色食品—有机食品"三个层次，梯度推进，逐步提高我国农产品的品质。

（3）绿色生产资料替代工程

在农业生产和农村生活中，通过开发和使用新资源、新材料、新产品、新工艺，替代原来所用的资源、材料、产品和工艺，以提高资源利用效率，减轻生产和消费过程对环境的压力。要优先发展和推广使用有机 - 无机复合肥、缓释肥、生物农药等绿色生产资料。

（4）可再生能源高效开发与综合利用工程

发展能源作物，开展生物质能源生产，解决国家一部分的能源需求；通过建设秸秆气化站和沼气池处理农业有机废弃物、农民生活垃圾及人畜粪便等，既可获得清洁能源，又可使村容保持整洁。

第 5 章　支撑我国食物保障的农业科技发展战略研究

1. 食物保障的关键在于科技创新的支撑

国家必须保障人民有充足的食物。食物是指由碳水化合物、脂肪、蛋白质、纤维素、维生素等组成的加工、半加工或未经加工的可供人类食用的物质。食物可以是植物、动物或者微生物，包括粮食、蔬果和肉、蛋、奶、鱼等；粮食是指植物类食物，包括谷物、薯类和豆类，其中谷物又包括稻谷、小麦、玉米、高粱、谷子、大麦、黑麦、燕麦及其他禾本科杂粮。可见，粮食只是人类食物的一部分，中国人以植物类食物为主，蛋白质营养主要来自大豆，因而与西方不同，大豆可以作为粮食（食物）的重要部分。但我国过去经济发展落后，加之城乡居民收入水平偏低，食物消费中粮食偏多，因此，一直以来我国贯彻"以粮为纲"的农业政策，将粮食作为食物发展的大部分或全部。然而，时至 21 世纪，我国小康社会必须保障的应是足够的食物营养，不能仅仅局限在谷物的保障，手里端的饭碗中必须有饭和菜肴，不能仅仅是一碗米饭。

对于"食物""粮食"与"饲料"应该加以区分，混淆导致误解。饲料是指生产肉、蛋、奶、鱼等动物性产品的饲用粮和饲用草。人类的需求应与畜禽的需求区分，不能将饲料涵盖在食粮概念之中。饲料的供给有更广泛的来源，包括玉米、豆粕、牧草等，在土地资源有限时要尽量减免与粮争地、与人争粮。因此，在讨论未来食物保障的过程中，有必要将粮食与饲料分而论之，进而食物的概念应不限于粮食。

保障和安全是不同的概念，应予以区分。食物保障是指确保所有人既买得到又买得起所需要食物的供给，食物安全则指食品无毒、无害，对人体健康不造成任何急性、亚急性或者慢性危害。显然，食物保障涵盖了粮食保障和饲料保障两个不同的部分。因此，本研究用食物保障涵盖粮食保障，用粮食保障代替习称的"粮食安全"并涵盖习惯上的谷物保障，但谷物保障涵盖不了食物保障。我国的食物生产几乎涉及全部耕地和土地资源的利用问题，因此我国的食物保障实际上涉及全国农产品的保障问题，而不仅仅是传统谷物的范畴。

政策是食物保障的杠杆，食物保障的关键在于科技创新的支撑。农业科技创新是我国食物保障可持续性的基础和推动力，是食物行业发展方式转变、推动食物产业结构升级、促进食物保障可持续发展的重要支撑。国家历来重视农业科技创新对食物可持续供给的基础支撑作用，中央"一号文件"也多次提及加强农业科技创新，保障食物供给能力，特别是 2012 年再次明确我国实现农业持续稳定发展、长期确保农产品有效供给，根本出路在于科技支撑。稳定的食物保障原则上应以充分并可持续利用我国 18 亿亩耕地、60 亿亩草原，以及江河湖泊和海洋资源为主体，辅之以国际市场的调节。进入农业战略性结构调整时期以来，我国食物生产的国际环境和国内形势发生了深刻的变化。国际市场的资源和价格压力持续向国内市场传递，国际粮食市场的不确定性加大、国际市场调剂的空间十分有限，应以国内可持续食物生产的发展应对国际市场的万变。国内经济发展和城镇化进程的加快导致食物需求数量的增长和结构升级；以耕地存量下降、水资源短缺、劳动力成本上升为主的资源约束不断凸显，极端气候导致农业生产的不确定性增加，短视下的违反科学的资源滥用仍未扼制，这些对农业持续发展的严峻挑战不容忽视。加强关于我国食物可持续发展中面临的重大科技需求及其体制机制支撑的战略研究，推动食物生产技术持续创新，支撑食物生产持续发展，是我国食物保障的必由之路。

2．种植业农产品供给侧结构调整后的需求与能力

2.1 18 亿亩耕地食物保障能力

20 世纪 80 年代末期以来，一些研究机构利用不同的方法估算了我国未来粮食的生产潜力，认为我国的粮食生产尚有足够的发展空间。综合这些成果，比较乐观的估计是 2020 年和 2030 年粮食总产量可能分别达到 6.75 亿 t 和 7.34 亿 t；比较保守的估计是 2020 年 6.25 亿 t 和 2030 年 6.77 亿 t。研究者对于 2020 ~ 2030 年我国能否满足自己的粮食消费需求存在不同的观点：乐观的估计是，如果最大限度地挖掘自身粮食生产潜力，2020 ~ 2030 年我国粮食产量能够满足本国人均 420 ~ 450kg 的消费需求；但保守观点认为，消费水平提高到人均 435 ~ 470kg，会导致 2020 ~ 2030 年我国粮食生产与消费需求间存有少量缺口，尤其是耕地资

源的急剧减少会成为潜在威胁。然而，根据中国工程院课题组的预测，2020年、2030年人均粮食消费量将分别增至510kg、550kg，粮食需求重心将由口粮转向饲料用粮，其中小麦、水稻需求量变化不大，玉米、大豆（豆粕）需求量将大幅增长。

然而，人民生活必需品不仅仅是粮食，还有棉、油、菜、果、糖、特、茶、麻、饲等各种农作物，因此，18亿亩耕地的产出总能力，尽管粮食部分估计较为乐观，可能达到7.34亿t，但扣除各种经济作物的种植面积，18亿亩耕地的食物保障能力仍然面临饲料用粮持续增长的挑战。假定到2030年，我国耕地复种指数约为130%，种植业种植总面积将达到23.7亿亩，其中：口粮占用为6.0亿～7.0亿亩，大豆为1.5亿亩，蔬菜为4.5亿亩，油料（花生、油菜籽）为2.2亿亩，果园为2.0亿亩，棉花为0.7亿亩，糖料为0.3亿亩，特用作物（如橡胶等）为0.15亿亩。剩余5.35亿～6.35亿亩用于种植饲用粮草，远不能满足日益增长的养畜、养殖业发展的需求。

2.2 60亿亩草地牧草供给能力的估计

草地资源生态环境逐步改善才能保障畜产品潜力稳步提高。我国是一个草地资源大国，草地覆盖着约2/5的国土面积，是我国面积最大的陆地生态系统。自2010年全部实现退耕种草计划以后，我国各类草地资源面积稳定保持在60亿亩左右，天然草原鲜草总产量为10.22亿t，折合干草约为3.15亿t，载畜能力约为2.48亿个羊单位。今后若有针对性地全面实施草地生态建设，包括实施天然草地保护工程措施15亿亩，实施基本草场建设措施18亿亩，被开垦草地及其撂荒地全部退耕还草，将使我国人工草场及改良草场占草地总面积的比例提高到并稳定在30%以上；草地鼠虫害基本得到控制，草地植被覆盖度显著增加，牧草产量将可大幅度提高，牧区可望实现草畜平衡。但我国相当一大部分地区传统的肉食品是以消耗饲料用粮为主的猪肉、鸡肉等，草地资源的利用解决不了日益增长的饲料用粮问题。增加食草动物，缩减食粮动物的生产是利用草地资源降低耕地压力、增强食物保障能力的一个措施。但即便如此日益增长的饲料用粮缺口仍然很难弥补，因而还必须考虑利用海洋资源。

《国家粮食安全中长期规划纲要（2008—2020年）》中规定我国粮食自给率需稳定在95%以上，其中稻谷、小麦保持自给，玉米保持基本自给。仅仅守住18亿亩耕地的红线可以保障口粮供给，但难以持续保障各类食物和饲料供给，可持续高效利用18亿亩耕地、60亿亩草地及海洋资源应是解决我国食物保障的关键所在，这势必应以耕地、草地和海洋三方面食物生产技术和科学的创新为支撑。

3. 支撑食物保障的农业科技需求分析

我国食物保障的第一瓶颈是耕地。从源头上分析，食物保障涉及耕地资源的扩展、改良与替代，耕地资源的高效可持续利用，以及非生物逆境应对等方面的科学技术出路。

3.1 非耕地资源替代耕地资源的重大科技需求

3.1.1 海洋资源可持续生产的重大科技问题

海洋资源非常丰富，海洋鱼类产品对畜产品的替代将有力地缓解食物消费结构转变导致的食物保障问题。我国有水深 200m 以内的大陆架 148 万 km^2；可供捕捞生产的渔场面积约为 281 万 km^2（42 亿亩）。沿海潮间带滩涂面积为 186 万 km^2，10m 等深线的浅海面积为 733 万 km^2，以 15m 等深线计算，有浅海面积 1200 万 km^2。据国家海洋局统计，海洋中仅生物资源已有 20 多万种，其中动物 18 万种；全球海洋每年的初级生产力约为 1350 亿 t 有机碳，占整个地球生物生产力的 88%。海洋生物资源量之浩大，很重要的特点之一，就是其可再生性的能力很强，为人类对生物资源的可持续再利用和发展提供了极为有利的条件。有科学家曾预言，人类将来蛋白质的来源，80% 以上有赖于海洋资源，而目前全球海产品的开发量只有 1 亿多 t，海洋捕捞量每年不过 6000 多万 t，绝大部分局限于浅海区域，不及世界海域可捕捞范围的 1/10，也就是说，只占世界人口动物蛋白质消费的 15%，可见海洋动植物资源开发的潜力还相当广阔。

海洋生物资源开发与利用，需根据不同的海洋生态特点，由海岸带向近海、远海依次进行。主要的技术需求包括滩涂盐生或耐盐植物开发技术、海洋生物品种培育与高效海水养殖技术、海洋生物精深加工技术、海洋远洋捕捞技术及其先进装备等。

3.1.1.1 滩涂盐生或耐盐植物开发技术

中国拥有漫长的海岸线，广阔的海岸带，盐生或耐盐植物资源十分丰富。这类植物由于其生境恶劣，生物量小，经济效益低，在过去漫长的历史岁月中一直未得到人们的足够重视。尽管耐盐植物的经济价值低，但其中也不乏具有较高开发利用价值的种类，如可供观赏和园林绿化的植物碱菀、补血草、白麻、柽柳等；供医药应用的麻黄、罗布麻；可作优质饲料的碱茅；可作为纤维板、编织优质原料的柽柳等。对这些耐盐植物的开发利用不仅会产生良好的经济效益，而且对促进区域生态平衡和社会发展也将产生良好的作用。因此，随着资源短缺日益加剧和生态保护的迫切需要，选育和开发抗盐耐海水经济植物，充分利用海水和盐土资源、改善滩涂环境、提供绿色无污染产品，成为时代和社会的迫切需要。支撑本领域发展的核心关键技术如下：①盐生或耐盐植物的品种选育技术；②盐生或耐盐植物的滩涂种植技术；③盐生或耐盐植物的高值化利用技术。

3.1.1.2　海洋生物品种培育与高效海水养殖技术

海水养殖是现代农业的重要组成部分和海洋农业的核心产业。我国海水养殖产业规模大、发展速度快、养殖种类和方式多样，但当前存在着养殖技术水平相对较低、设施技术装备落后、病害监测与控制能力薄弱等重大问题。当前，创制一批具有国际先进水平的海水养殖设施与装备，开发高效、安全、经济、方便的新型渔用疫苗和生物安全渔药，实现优质高效、资源节约和环境友好的设施养殖成为海水养殖中的迫切需求。支撑本领域发展的核心关键技术如下：①鱼类、虾蟹类、贝类、海参和藻类等的遗传改良技术，包括传统杂交选育、分子标记辅助育种、细胞工程育种等技术的应用；②海洋生物生殖调控技术、优质亲体和苗种培育技术及优良品种的快速繁育技术；③深水网箱成套装备及养殖技术；④工厂化海水养殖成套设备与养殖技术；⑤海域生态型设施养殖生态调控技术；⑥新型生物安全渔药、疫苗的研制。

3.1.1.3　海洋生物精深加工技术

我国以海洋食品为主的水产品加工产量超过 2000 万 t，成为世界上最大的海洋食品出口国之一。但我国海洋食品加工技术水平还不高，精深加工产品的比例较低，水产品加工利用率仅为 25%，其中冷冻食品粗加工就占 50% 左右，而发达国家精深加工比例已达 70%。加快海洋生物精深加工技术的研发，其目的一方面是着力培育我国海洋生物产业链，夯实海洋经济的基础，为我国海洋经济发展、海洋环境保护和海洋安全提供最重要的物质支撑；另一方面是开发我国丰富的海洋生物资源，拓展新的食物空间，改善国民营养与健康，培育新兴产业，拓展农民生产空间。支撑本领域发展的核心关键技术如下：①海洋水产品调理技术；②海洋水产品冻干技术；③海洋生物精深加工装备研发。

3.1.1.4 海洋远洋捕捞技术及其先进装备

由于缺乏先进的渔业捕捞装备，我国近海生物资源过度捕捞，资源衰退现象十分严重。此外，我国在参与全球远洋渔业资源分配和远洋渔船配额管理中的话语权与我国海洋大国的地位极不相符，甚至不如太平洋、大西洋周边经济欠发达国家。因此，高端渔业捕捞装备将是国际渔业资源竞争的重要支撑和保障，将直接推动国内渔品冷藏、运输、包装、渔品深加工、销售方式等相关产业链的迅速发展，同时也将缓解近海渔业枯竭造成的海产品短缺。支撑本领域发展的核心关键技术如下：①海洋捕捞设备研发；②海洋探测设备研发；③海洋加工设备研发。

3.1.2 滩涂资源开发利用的重大科技问题

沿海盐碱荒地和滩涂资源可作为牧草或饲料的替代耕地。我国沿海地区有3000多万亩盐碱荒地和滩涂，对其开发和利用需用海水灌溉，种植耐盐植物，因此培育既耐海水又具有经济价值的植物是关键，如此可有力缓解畜牧业发展导致草地退化的发展危机，也可缓解牧草业的发展对粮食用地的挤占。发展海水灌溉农业，在产生巨大经济效益的同时，能带来无法估量的生态和社会效益，必将引发海洋和农业产业的新一轮革命。

沿海滩涂研究是一项庞大的系统工程，对其研究涉及多学科领域。何书金指出，沿海滩涂研究分为基础研究和应用研究两个层次，基础研究包括滩涂基本概念、滩涂开发理论和滩涂动态演变三个方面，应用研究包括滩涂社会问题、经济问题和生态问题。

滩涂围垦开发相关研究总体来说应用研究较多，基础研究还不够深入。支撑本领域发展的核心关键技术如下：①发展一套对滩涂围垦区分类、效益评价、优化决策等方面的系统理论；②重点研究滩涂围垦工程的新技术、新工艺；③开展滩涂围垦与滩涂湿地保护相互协调的研究；④滩涂围垦区围垦开发模式的生态学研究；⑤3S（遥感、地理信息系统和全球定位系统）技术在滩涂围垦中的应用。

3.1.3 草原可持续饲用牧草生产的重大科技问题

我国是一个草原大国，拥有各类天然草原近 4 亿 hm^2，居世界第二位，约占全球草原面积的 13%，占我国国土面积的 41.7%，是耕地面积的 3.2 倍，森林面积的

2.5 倍。近年来我国牧草种植面积在逐年扩大，种植种类不断增加，但生态草面积大，供牲畜饲用的牧草面积小，且常含有杂草或发生霉变，供给量不稳定。此外，我国牧草良种研究和推广应用、栽培管理技术等方面与草产品市场需求还存在一定的差距，虽然开发生产了草粉、草捆、草颗粒等草产品，但许多产品还处在初级加工阶段，科技含量还比较低，不利于我国现代畜牧业的健康发展。未来针对我国牧草育种技术基础薄弱、具有自主知识产权的牧草新品种缺乏、牧草新品种覆盖和利用率低、牧草新品种选育与利用严重滞后于草业发展需求、区域发展不平衡、牧草良种的产业化程度低等问题，要加强草业良种工程建设，建立健全草种质资源保护、品种选育、草种质量监管、草原防灾减灾等工程体系。从育种技术研究、新品种选育、丰产栽培技术、草产品的加工、贮藏技术和机械配套技术等关键技术问题及产业化两个层面，支撑本领域发展的核心关键技术如下：①开展牧草种质资源的收集与创新，发掘牧草优异性状基因，扩大牧草育种的遗传基础；②通过远缘杂交、倍性育种、诱变及聚合育种等关键技术研究，提升我国牧草育种的整体技术水平，加快牧草新品种选育进程，根据全国主要生态区域的牧草生产特点和需求，开展重要牧草新品种选育，创制一批具有自主知识产权的适合于我国不同生态类型区域的牧草新品种、新品系和优异种质材料，提高我国牧草良种的自给率和覆盖率；③开展良种繁育、种子与牧草产业化生产技术体系研究，推动我国牧草良种的产业化生产进程，促进我国牧草生产向稳产、高产、优质、高效方向发展；④利用现代科学技术手段，建立草原生态环境动态监测体系，依靠科技进步，提高草地生产力水平。

3.1.4　沙漠边缘地带蚕食开发策略的重大科技问题

21 世纪人类面临的最大挑战之一就是人与自然的和谐共存，防治荒漠化。我国也把沙漠和荒漠化问题作为环境治理的头等大事。全球荒漠化土地面积达 3600 万 km²，占整个地球陆地面积的 1/4，相当于俄罗斯、加拿大、中国和美国国土面积的总和。每年造成的经济损失达 423 亿美元。更为严重的是荒漠化的扩展速度惊人，全世界每年荒漠化面积要扩大 5 万～7 万 km²。我国也是世界上荒漠化最严重的国家之一，荒漠化土地面积已达 267.4 万 km²，占国土面积的 27.9%，近 4 亿人口受到沙漠化影响，占全世界受沙漠和荒漠化困扰人口的 40%。

虽然我国为治理土地沙漠化开展了大量工作，过去几十年里，国家对沙漠化防治工作投入了大量人力、物力，但是由于科技支撑能力弱，缺乏先进的防沙治沙技术，适应于不同沙区的可持续发展模式少，多年沿袭传统技术，重大关键技术突破少，导致沙漠化的态势仍然是治理速度赶不上恶化速度，土地沙漠化和荒漠化形势依然十分严峻。长期以来，人们过度关注经济增长，忽视对环境的保护，投入相对不足，环境治理严重滞后。

防沙与治沙必须以保护为先，以防为主，以治为辅，防治结合。支撑本领域发展的核心关键技术如下：①大力发展生物隔离技术，应在沙漠前沿，尽快建立起以灌木为主的防风阻沙生物隔离带，即采取蚕食的方法，逐渐缩小沙漠范围。在一些风口或流沙活动剧烈、直接恢复植被难度大的地段，应建立草方格、防沙栅栏等人工沙障，以及采用石土压砂、环丘造林、栽插风墙、封滩育林的办法堵塞风沙口，固定流沙，而后再恢复以灌木为主的灌草植被，形成防风阻沙隔离带，遏制沙漠的扩张并且还原绿洲。②研究以生物防治为主、工程措施为辅的综合治理技术。我国西部沙区地域辽阔，气候等自然条件差异极大。在西部大开发中，必须因地施策、因地制宜，以生物防治为主，且应宜乔则乔、宜灌则灌、宜草则草，乔、灌、草结合，科研人员要打破乡村界限，统一规划，分步实施，实行乔、灌、草和带、片、网结合，大规模开展林草工程建设。同时研究气候与土壤参数，培育出避灾、高产、抗逆、耐旱的枸杞、中药材、小杂粮等新品种，穿插播进乔、灌、草、片、带、网防护林带区域。结合沙障工程措施实施综合治理。③研究草原综合开发的技术，立足于草场保护，在保护中求畜牧业发展。在我国广袤的西部地区，因过度放牧而使草地退化是沙化土地不断扩展的重要原因之一。在西部大开发中，务必处理好畜牧业发展与草场保护的关系。在某些地区可发展以柠条为主的灌木林。这类灌木林除了能起到防风固沙和保护草场的作用外，还可成为牲畜的饲料。④加强沙区产业化关键技术的研究，沙区治理要向沙区产业化方向发展。早在改革开放初期，我国著名科学家钱学森教授就首次提出了"沙产业"（deserticulture）这个词。就沙区适宜发展的主要产业来看，应包括如下几个方面。

1）沙区植物方面的开发利用：①经济植物方面的开发利用，如葡萄、沙棘、沙芥（亦名山野菜）、沙参、黑加仑等系列产品的开发与产业化；②药用植物方面的开发利用，如肉苁蓉、麻黄草、甘草、苦豆子、仙人掌等人工栽培种植技术及中药产品产业化开发技术；③木质方面的开发利用，如沙柳、柠条等灌木是防风固沙的先锋树种，又是优质牧草和饲料。沙生灌木也是木质纤维的储藏库，利用其生产纤维原料，是使沙生灌木增值的重要途径。故在沙区产业中，可以开发沙生灌木的高效节能制浆、中密度纤维板的成型制板、中密度纤维板的表面装饰等技术并促成其产业化。此外，牧草和饲用灌木的加工也将会成为有前途的产业。

2）新材料的创新与开发利用，如保水剂、释水剂等技术的引进与本土化工艺；沥青乳液、液态薄膜等固沙新材料及其产业化；天然环保型生根材料的开发与产业化等。

3）设施产业的开发与可持续经营。设施农业包括特色蔬菜、食用菌、观光农业等；设施林业包括苗木、观光花卉等；设施牧业包括一定规模的饲养牛羊等。要加强对沙生植物的抗旱性基因研究，加快发展沙培、水培等现代农业的速度，并应把这看成是解决沙区人民生活与生产问题的重要途径。

4）旅游业及相关产业的开发利用。我国西部荒漠化地区有着极其丰富的旅游资源和多姿多彩的自然景观。

3.2　耕地资源可持续利用的重大科技需求

我国突出的问题主要涉及"农业区域中低产田治理技术的重大需求"，包括水分管理与利用方式的水利工程与技术措施、有机和无机肥料培肥土壤、作物平衡施肥技术；"西北旱区水资源利用与节水技术的重大需求"，包括节水灌溉技术、旱作农业技术；"南方丘陵山区坡地利用技术的重大需求"，包括丘陵坡地水土流失控制技术、集约节约利用坡地技术，以及丘陵山区平原小型机械化技术等。

3.2.1　破解提高耕地效益的重大科技需求

（1）选育突破性品种，发展种业的科技需求

种子是农业科技的载体，是决定农作物产量和质量的根本；种子是价值链的起点，对种植业、农产品加工、食品加工等诸多产业形成了不同程度的影响，具有重要的位置。我国农作物品种很长一段时间由国家农业科研机构主导，应用研究和基础研究定位不清晰，两手都抓却两手都不强，导致市场化育种创新不足。我国种子市场规模已由 2000 年的 250 亿元增加到目前的近 1000 亿元，成为继美国之后的全球第二大种子市场。但国内种子行业过于分散，集中度低，缺乏自身科技创新能力，导致国际竞争能力弱。因此，如何发挥农业科研机构的基础性作用和种子企业的市场导向作用，选育具有突破性的品种势在必行。

选育突破性品种，发展种业的科技需求包括农作物种质资源搜集、保护、鉴定、评价、利用和重要功能基因发掘，培育品质、抗性、适应性、耐密性、适宜机械作业等综合性状优良的突破性新品种。

首先加强种业基础性公益性研究，开展农作物种质资源搜集、保护、鉴定、评价、利用和重要功能基因发掘，依法实现种质资源共享，加强现代育种理论方法和种子生产、加工贮藏、质量检测、品种鉴定、信息管理等关键技术研究，加强常规作物和无性繁殖作物的品种选育及应用技术研发。其次构建商业化育种体系。以企业为主体，以杂种作物育种为突破，实施差别化扶持措施，突出培育"育繁推一体化"种业企业，推动具备发展潜力的种业企业优先发展，引进应用生物育种技术，开展分子标记辅助育种、单双倍体诱导育种，进行新的种质资源引进、创制、改良，提高常规育种效率，提升生物育种水平，增强企业的创新能力，尽快育成品质、抗性、适应性、耐密性、适宜机械作业等综合性状优良的突破性新品种。

（2）有效合理利用耕地资源，优化作物布局、间套作复种制度的科技需求

针对间套作研究和应用中存在的问题，研究的原则思路是"两优先，两结合"，即优先解决生产应用问题，辅以相应的应用性基础研究；优先研究主体模式，辅以各区域特色模式研究；产业体系内与产业体系外相结合；试验研究与示范推广相结合，从而快速推进间套作的发展。今后研究的重点是选育适合间套作的高产品种，优化间套作复合群体结构，研究间套作的施肥技术，研发间套作的播种、管理和收获机械，研究间套作条件下的病虫草害发生规律及防治措施。

同时，科研单位要全力与地方农业部门协作，开展间套作的技术培训和高产创建试验示范。此外，深入研究提高间套作光能利用的基础理论，进而提高复种指数和光能利用率，对促进间套作大豆的可持续发展也具有重要意义。

（3）作物生长监测调控，实现品种潜力的科技需求

目前我国优良品种的潜力还没有充分发挥，关键是配套的优良技术没有或不完善，技术到位率低，大多数品种的产量潜力并未实现。品种创新成果若要快速转化实际生产力，提高农业生产效率，就必须要有一个高效的作物生长监测调控体系，挖掘品种的潜在生产力。大多数常规品种和杂交品种，其潜力产量均高于实际产量，这种差距可以分为三个组分：第一差距为理论产量潜力与实验室品种产量之间的产量差距；第二差距为实验室产量与区域试验产量之间的差距，它主要来自于环境和技术操作的差异，这些因素是非转移性的，只能在实验室可以达到，通过经济手段也难以达到；第三差距是区域试验产量与田间实际产量之间的差距，它主要是由不同的管理措施，如农户投入不足，田间管理能力不高或者栽培技术欠缺等因素导致的。所以，解决实时监测作物的生长、产量和品质状况的技术需求，有利于达到作物精确管理的目的，实现作物的品种潜力。

因此，以现代信息技术和农业科学为依托，利用遥感技术和作物生长模型，建立农作物生长动态监测与定量评价系统，提出作物长势监测、影响评价与预评估技术体系与业务流程，充分发挥现有品种潜力，涉及的前沿关键技术包括：农业生产知识库构建技术、植物环境因素监测控制技术、植物生长发育模拟模型技术、作物病虫害智能诊断技术、作物灌溉智能计划技术、农业专家系统构建技术、土壤信息智能分析技术、作物墒情苗情动态监测预警技术等。

（4）作物病虫害检测治理，挖掘品种潜力的科技需求

目前，我国粮食产量实现"十二连增"后产量基数已经很高，各种支撑要素已经绷得很紧，继续增产的压力日益增大。而且，随着全球气候变化、耕作制度变革，我国病虫害灾变规律发生了新变化，一些常发性重大病虫害发生范围扩大、危害程度不断加重，一些偶发性病虫害暴发频率增加。建设现代植保，全面增强防控能力，有效控制病虫灾害，是挖掘品种潜力、保障国家食物安全、促进现代农业发展的关键措施。该领域的科技需求包括：病虫害持续治理的前沿科技与共性技术；解决迁飞性、流行性、暴发性及新发病虫害的防控关键技术与集成应用；利用物联网、互联网技术，构建数字化监测预警平台，实现病虫害远程诊断、实时监测、早期预警和应急防治指挥调度的网络化管理；强化重大病虫害应急防控的分类指导等。

首先，要大力推进病虫害检测治理的科技创新与应用。密切关注国际植物保护科技前沿，加强病虫害发生流行规律、暴发成灾机理等基础理论研究，以及病虫害分子诊断、植物疫苗、植保互联网等高新技术的研发，着力解决病虫害持续治理的前沿科技与共性技术等问题。要紧密结合国内生产实际，加强主要粮食作物和优势经济作物重大病虫害监测预警、生物防治、生态调控、高效器械和环境友好型药剂的研发，着力解决迁飞性、流行性、暴发性及新发病虫害的防控关键技术与集成应用问题。关注农产品质量安全的需要，加强农药减量使用、安全使用、风险控制等配套技术的研究和推广应用，着力解决农药不合理使用造成的残留超标和面源污染问题。其次，大力加强重大病虫害监测预警。要加强基础设施建设，改善监测手段，加快构建以县级区域站为骨干，以主产乡镇为基点，覆盖病虫害发生源头区、孳生区和粮食主产区的病虫害监测网络体系。充分利用物联网、互联网技术，构建数字化监测预警平台，实现病虫害远程诊断、实时监测、早期预警和应急防治指挥调度的网络化管理。特别是在重大迁飞性害虫的源头区、迁飞通道和重点发生区，探索建立雷达监测网；在流行性病害的源头区和关键流行区，探索建立高光谱传感和卫星遥感监测网，把这两个网和地面监测网相结合形成立体性、多元化、综合性的监测预警体系。要学习借鉴气象预报系统在软件研究、硬件投入和整个组织体系建立方面的经验和好的做法。最后，大力加强重大病虫害应急防控。要强化重大病虫害应急防控的分类指导，对蝗虫、黏虫、水稻"两迁"害虫、小麦条锈病等远距离迁飞流行性病虫害，加强区域间的协同响应，开展联合监测、联防联控，严防病虫转场危害，确保不造成跨区域暴发成灾；对赤霉病等要抓住最佳防控时机，落实关键防控措施，确保区域内品种不受到严重危害。

（5）作物生产全程机械化的科技问题

农业部提出，到 2020 年，主要农作物耕、种、收综合机械化水平超过 65%，粮食作物生产基本实现机械化；棉、油、糖等作物田间机械化水平大幅度提高，养殖业、林果业、渔业、设施农业及农产品初加工业机械化协调推进。同时具体实施过程中，对不同作业环节、不同作业区域提出了不同的科技问题，一方面，作物生产全程机械化，包括耕、种、管、收和贮各个环节的机械化，以及要不断提高机械操作的自动化、智能化水平。另一方面，分地区发展不同类型的耕作机械，解决其中包括大平原区域的大型机械化、平原地区的中型机械化、平原水网区域的小型机械化、丘陵山区的小型机械化、设施农业的小型机电化、间套作移栽的机械化等科技需求。广泛开展农机社会化服务，对农业持续稳定发展的服务能力进一步增强。

（6）农业副产物循环利用的科技问题

农业废弃物主要是指农作物秸秆和畜禽粪便。我国 2012 年粮食总产量接近 5.9 亿 t，伴生的农作物秸秆高达 7 亿 t。长期以来，各地农村普遍对秸秆进行焚烧处理。据粗略统计，全国焚烧的秸秆约占总储量的 30%，由此带来严重的空气污染。秸秆的综合处理也就成了一个重要而又困难的问题。这些废弃物既是宝贵的资源，又是严重污染源，若不经妥善处理进入环境，将会造成环境污染和生态恶化。目前，这部分资源破坏和浪费的情况十分严重，只有小部分得到有效利用。如何充分有效地利用农业废弃物，不仅对合理利用农业生产与生活资源、减少环境污染、改善农村生态环境具有十分重要的意义，而且在世界能源日益枯竭的情况下，农业废弃物作为一种资源，它的综合利用及其资源化方面的研究也将对人类的生存产生重大影响。

研究农业副产物利用微生物转化为生物饲料的主要技术需求包括：①面广量大的秸秆处理技术，如秸秆发电的新能源开发、作为粗饲料喂养家畜，以及造纸等工业化生产技术。②大宗副产物的微生物处理技术，利用微生物处理难以利用的大宗饲料原料，如青贮饲料，提高饲料的适口性，提高消化率及营养价值等。③秸秆纤维素等糖类资源利用微生物本身及其有益的发酵产物作饲料添加剂技术等。利用广泛存在的秸秆纤维素、糖类资源与其他农作物废弃物生产菌体蛋白，如饲料酵母、固态菌体蛋白、食用菌绿体、白地霉和微型藻类，然后配制成各种预混饲料；利用微生物本身及其有益的发酵产物作饲料添加剂，如发酵生产维生素、氨基酸、酶、微生物促长剂和各种微生态制剂等，将其添加到各种饲料中，达到某种养殖的目的。

3.2.2　破解资源约束型农业科技难题，提高耕地利用效率的重大科技需求

破解资源约束型农业科技的支撑难题主要包括破解土地资源短缺的技术支撑，破解水资源约束的技术支撑，开辟食品与资源利用新领域的技术支撑。

（1）农业区域中低产田治理技术的重大需求

耕地资源质量退化严重是土壤改良技术创新的现实背景。目前，我国农业生产过程中的农药、化肥使用过量，我国的农业低产田面积广大，分布广泛。特别是一些涝洼地、盐碱地、风沙干旱地、水土流失地，以及南方红壤贫瘠地等，都成为农业低产田之所在。以黑龙江为例，连年增高的化肥使用量、"高产"的农作物结构调整和风沙侵蚀逐渐威胁"北大仓"，黑土地有机质含量最高下降了70%、黑土层厚度减少了近一半。

中低产田的理论增产潜力空间较大。从耕地供给来看，虽然我国提出了严格的耕地保护制度和耕地总量动态平衡制度，但随着城镇化水平的提高，未来耕地面积减少将是一种不可避免的长期趋势，这种趋势只能减缓而不能遏制。我国现实中低产田面积合计约占全国耕地总面积的65.08%。其理论增产潜力为现实产出能力的2.97倍，因此，如何改造我国中低产田，促进粮食单产有较大幅度的提高，是一个重要课题。该领域的科技需求包括：环境体系建设，区域水资源开发综合利用技术，农田基本水利工程与管理技术，农田精准施肥土壤改良技术，作物栽培耕作新技术，以及农业机械化等综合治理与利用中低产田的技术措施。

（2）西北旱区水资源利用与节水技术的重大需求

农田节水与旱作农业技术是缓解西北旱区水资源紧缺、提高水资源利用效率、促进农业节水增效的根本措施，也是提升农业综合生产能力、保护生态环境、促进农业可持续发展的根本保障。我国旱区耕地面积大，约为10亿亩，占全国耕地面积的一半以上。旱作农区大多有充足的光温资源，可实现的粮食生产能力高，旱作农田在我国粮食生产中占据较高地位，大约85%的小麦、90%以上的玉米和薯类是在旱地种植生产的。但是，旱作区受灌溉条件约束，自然降水少，旱作农田多为望天收，产量较低，旱作农区耕地资源远没有发挥出应有的生产潜力。因此，可以

通过节水灌溉和旱作农业技术的创新发挥旱作区的生产潜力。

今后我国水资源利用与节水农业技术重点包括：①重点研究非常规水资源利用技术，农田土壤保水、精细地面灌溉、农田水肥精量调控及非充分灌溉调控等技术和设施设备。②重点挖掘作物抗旱、耐旱、资源高效利用基因，培育抗旱节水作物新品种，研究适应不同作物、不同地区的非充分灌溉技术及其灌溉制度、化学抗旱节水技术等。③研究抗旱节水的中小型机具与设备、抗旱节水生化制剂、可降解生物材料等。

（3）南方丘陵山区坡地利用技术的重大需求

我国丘陵山区约占国土面积的 2/3，而粮食产量占全国总产量的 1/3，经济和特色作物产量占总量的 50% 以上。随着国家城镇化的深入推进，丘陵山区劳动力由农村向城市大量转移已成为必然趋势，丘陵山区适龄劳动力季节性短缺矛盾日益突出，劳动力成本迅速上升。今后该区域的农业科技需求包括：丘陵山地小型农机具和配套装备技术，适合于丘陵山区种植的杂粮、果树、林木新品种培育，适于作物间套作耐阴品种培育和配套栽培技术，以及丘陵坡地水土流失、集约节约综合利用技术等。

3.2.3 破解非生物逆境干扰食物生产可持续的重大科技需求

（1）应对气象灾害的科技需求问题

我国是一个多种灾害类型频繁发生的国家，特别是农业干旱、洪涝、低温、干热风等突发性重大自然灾害严重威胁着我国的食物安全和农业可持续发展。据统计，一般灾年，全国农作物受灾面积就达 4666.7 万 hm^2，约占总播种面积的 1/3，因灾损失粮食 500 亿 kg 以上。

因此，需要从国家层面鼓励多学科的协同创新，通过农业灾害监测新技术和检测设备的研发，建立重大自然灾害的预警监测体系；通过防灾减灾新技术，实现农业重大自然灾害防、抗、避、减技术和措施的一体化，同时培育相应的耐受气象灾害的广适性品种，形成我国农业防灾减灾的综合技术体系。

（2）应对土壤污染的科技需求问题

为了提高农产品产量以保障食物供给，我国每年都要使用大量的化学农药。2012 年我国化学农药产量为 355 万 t，同比增长了 19%，单位面积化学农药的平均用量比世界发达国家高 2.5 ～ 5 倍，每年遭受残留农药污染的作物面积超过 10 亿亩，农村面源污染严重，土壤重金属超标。化学农药滥用引发的农药残留问题，使得人畜中毒事件时常发生，也对生态环境造成了很严重的破坏。因此，应对土壤污染问题，首先发展降低、分解土壤污染物的技术；其次研究高效低毒农药、化肥或取代农药的生物防治技术；最后要挖掘耐重金属污染基因，培育耐受土壤污染的农作物品种显得尤为重要。

4. 针对重大科技需求的优先发展规划

为了解决上述非耕地替代和耕地资源可持续利用的重大科技需求问题，实现农业科技支撑可持续发展的国家总体目标，拟考虑制定以下重大科技发展规划，具体如下。

4.1 国家种植业产品供需和产业布局的动态监测与调控研究规划

作为全国农业和食物生产的组织者，必须要有专门机构和成员去系统研究近期及中长期农业和食物生产的布局和调控。种植业产品区域布局是一个具有广泛内涵和实际操作内容的系统工程，涉及面广，综合性强，不仅涉及农业内部，还涉及农业外部的诸多领域；不仅要考虑当前一个时期的发展速度，还要谋求长远的可持续发展，要将国际农业兴衰对我国的牵连效应考虑在内。

有重点地进行科研开发，加快引进、选育和推广优良品种，加速品种更新换代。大力推进优良种苗的育、繁、产、加、销一体化，把种业当作推动优势农产品发展的先导产业。适应形势发展需要，深入实施优势农产品区域布局规划，积极推进产业集聚和提升，形成一批优势突出、布局合理、协调发展的优势产业带。改善农情调度装备条件，强化信息采集、传输、储存手段，运用现代信息技术，拓展信息渠道，丰富调度内容，完善管理制度，稳定专业队伍，提升人员素质，全面提高农情工作的信息化、专业化、制度化和系统化水平。力争到 2015 年建成卫星遥感与地面调查相结合、定点监测与抽样调查相衔接、县级以上农情信息员为主体、乡村农技人员为基础的现代农情信息体系。建立健全蔬菜、水果等园艺产品生产和市场信息监测体系，完善农产品供求和价格信息发布制度，提高农产品供求信息服务水平。

4.2 全世界农作物基因资源的搜集、解析，以及重要基因的发掘与研究规划

种业是农业的根本，种业发展依赖于农作物基因资源的丰富程度。虽然我国

地大物博，有着丰富的基因资源，但是世界资源更为丰富，应该为我国所用。所以要在收集全世界农作物基因资源的基础上，发掘潜力基因，用于我国育种的突破。

围绕农学和生物学中农作物基因资源和新基因发掘的理论基础与技术创新、作物重要性状形成的分子基础及功能途径，以及作物品种分子设计的理论基础与技术体系三大主要科学问题，重点开展水稻、小麦、玉米、大豆、棉花等主要农作物基因资源鉴定、重要性状新基因发掘、功能基因组学研究、种质和亲本材料创新与分子育种。充分发挥我国农作物种质资源优势，应用作物遗传学、基因组学、生物信息学等多学科的理论和方法，构建大规模新基因发掘、种质创新与育种技术体系，进而发掘和克隆重要性状基因，创制新种质和育种新材料，培育超高产优质抗逆高效新品种。

围绕作物优异基因资源的发掘与基因组研究、作物的比较基因组研究、杂种优势比较遗传研究、作物抗逆性状相关基因的功能和表达调控机理研究、农作物重大病虫害成灾机理及调控，以及植物基因安全转化体系关键技术研究。在此基础上，发现和利用与产量相关的关键基因，挖掘作物产量遗传潜力，从而提出突破产量潜力的新的育种途径和方法。开展高产育种的分子设计理论研究，为我国玉米、水稻、小麦、大豆等主要农作物高产育种提供理论支撑。

4.3 我国农区光温资源有效利用的合理生态结构研究规划

充分利用农业生态系统的空间结构和时间结构，规划完善的全国耕作栽培制度。在农业生态系统的垂直结构应用上，注重生物与环境组分合理搭配利用，从而最大限度地利用光、热、水等自然资源，以提高生产力。同时注重农业生态系统的时间结构规划，在安排农业生产及品种的种养季节时，着重考虑如何使生物需要符合自然资源变化的规律，充分利用资源，发挥生物的优势，提高其生产力，使外界投入的物质和能量与作物的生长发育紧密协调。

目前作物利用太阳光的效率是相当低的，总的来讲不到1%，生长旺季还不到5%。但从光合作用本身的效率来看，理论上计算可达 25%～35%。因此，今后通过各种手段提高光能利用率从而提高农业产量，是农业生产和科研工作的一项重要任务。要充分利用现代育种技术手段，选育出高光合效率的高产品种。加强高光效种质资源鉴定、收集、优异基因挖掘等基础研究，通过采用 C3 与 C4 作物或植物之间远缘杂交、细胞融合、叶绿体和基因移植等技术措施，使 C4 作物的高光合基因导入 C3 作物，将高光呼吸作物品种改造为低光呼吸作物品种，是育成高光效农作物品种最为有效的途径。此外，还需充分利用农业生态系统的空间结构和时间结构，建立完善的耕作栽培制度。农业生态系统的空间结构规划：农作物、人工林、果园、牧场、水面是农业生态系统平面结构的第一层次，然后是在此基础上各业内部的平面结构，如农作物中的粮、棉、油、麻、糖等作物。在农业生态系统的垂直结构应用上，注重将生物与环境组分合理地搭配利用，从而最大限度地利用光、热、水等自然资源，以提高生产力。

4.4 我国作物生产和研究的机械化、电气化、自动化、信息化设施设备的研究规划

注重在东北地区发展大型农机设备、黄淮地区发展大中型农机设备、南方丘陵地区发展小型适合间套作的农机设备，并在此基础上向电气化、自动化、信息化扩展。到 2020 年中国农业机械化发展总体将进入高级阶段，农作物耕、种、收综合机械化水平将达到 70% 左右，小麦、玉米、水稻、大豆等主要粮食作物生产将基本实现劳动过程机械化。同时研究如何提高农业生产机械的电气化、自动化水平。在东北发展大型农机设备、在黄淮发展大中型农机设备、在南方丘陵地区发展小型适合间套作的农机设备。配套研究适合于机械化的栽培新模式和专用品种。

4.5 我国农作物秸秆和废弃物利用技术的研究规划

秸秆和废弃物的优质部分作为光合作用的产物有可能被当作饲料添加剂，变废为宝。充分利用 18 亿亩耕地的副产物，这也应该作为攻关项目去突破。

我国粮食年均产量超过 6 亿 t，养殖业用粮需求为 2.5 亿 t 左右，到 2020 年饲料用粮将达到粮食总产量的 57% 左右，所以必须扩大饲料来源，开发秸秆综合利用技术，使用秸秆压块、生物秸秆蛋白饲料，提高秸秆的营养价值和可消化性，解决"人畜争粮"的现实问题。农作物秸秆综合利用不仅可以增加农业附加值，而且符合节约资源、保护生态环境的需要，更可以促进农业增效、农民增收，是实现农业循环的有效途径。

4.6　我国海洋饲料资源的发掘与产业发展研究规划

充分利用我国广袤的海域和国际公海发展海产品饲料，这需要有总体设计和研究投入。遵循科学发展观和构建和谐社会的重要思想，以科技创新和体制创新为动力，进一步增强海洋科技创新能力。开展贝类、藻类、低值鱼类转化增值及综合开发关键技术，海洋生物活性物质及天然产物的开发利用，建立安全环保饲料产业技术体系，开展海洋海产品废弃物开发利用等渔业持续发展的研究。

4.7　我国草原修复、拓展和饲料牧草产业发展研究规划

牧草产业前景广阔，加快转变节粮型畜牧业的发展方式，加大牧草资源开发利用力度，培育优良牧草品种，研究相应的配套栽培技术，不与人争粮、不与粮争地。

我国紫花苜蓿和类似紫花苜蓿的其他牧草的年干物质产量仅占未来需求的5%，再加上韩国、日本都想从我国进口优质牧草，以及当今世界主要苜蓿产品消费市场的大多数伊斯兰国家都有可能成为我国牧草的潜在市场。可以说，牧草产业前景广阔。应加快转变节粮型畜牧业发展方式，加大牧草和秸秆等饲草料资源开发利用力度，培育优良牧草品种，研究相应的配套栽培技术，大力发展节粮畜牧业，做到"节粮型畜牧业发展不与人争粮、不与粮争地"。注重生态环境保护，大力推广农牧结合的生态养殖方式，积极推进清洁生产，促进节粮型畜牧业持续健康发展。

4.8　我国滩涂资源的形成和开发利用与沙漠治理研究规划

要制订我国滩涂资源的形成和开发利用规划，实行"先规划后围垦、先定位后建设、先试点后推广"的开发方针，高起点、高标准、高质量推进沿海滩涂围垦综合开发。

首先在对现有沿海滩涂植物资源调查分析和耐盐植物新品种选育基础上，大力发展堤外原生湿地，加速滩涂淤积关键技术、垦区海堤生态重构关键技术及垦区堤内湿地生态建设等关键技术研究，并对其进行集成示范，为我国沿海滩涂围垦与开发利用提供技术支撑。

其次大力发展规模高效农业、海产品精深加工、生物医药、船舶修造、新能源及湿地旅游等产业，适时发展石化等临港产业，建设低碳经济区和生态滨海新城。大力发展水产品和畜禽产品深加工、水产品批发市场、新能源与特种水产品养殖及耐盐特种经济作物种植等产业。重点发展高效设施渔业、农业种植业、农产品及水产品深加工等，加强苏台合作，建设现代高效农业园区；集成科技资源，共同建设耐盐植物研究试验基地；积极发展休闲度假旅游。

关于沙漠治理，以往主要着眼于沙漠外的防护林阻挡，现在已经着手从沙源上考虑根本性的沙漠治理。新疆麦盖提县的塔克拉玛干沙漠百万亩防风固沙生态林工程和内蒙古腾格里沙漠万亩光伏工程是从沙漠边缘蚕食治理的典型。

麦盖提县的百万亩防风固沙生态林工程的主要环节包括推土机平沙丘，地下淡水勘测与钻井抽水滴管，耐旱物种胡杨、红柳等的优选，以及落实栽培管理措施与责任。如果能对沙漠地区进行地下水资源的勘测和安排相应的资金，则可能从源头上治理风沙问题，这需要有大胆的研究和开发规划。

腾格里沙漠万亩光伏工程的实施中发现原来寸草不生的沙漠在光伏架下长出了绿草。说明沙漠中存有可发芽的种子，遮阴条件下沙漠可先在光伏架下长草，然后再进一步治理。

从长远出发，规划滩涂资源的开发和沙漠边缘的蚕食治理应该从当下开始。

5. 重大农业科技创新与常规产业技术改进互动的科技发展战略

以上科技需求许多带有根本性的难题，突破需要时间和投入，生产不等人，可以先考虑现有农业技术的改造、升级，满足产业发展的现时需求，以此作为重大农业科技创新的缓冲期。同时作物生产涉及土壤、作物品种、生物与非生物环境等多方面因素的综合调控，一个因素的突破需要多方面因素的互动，尤其还涉及不同地理生态区域的特异性，因而一种农业科技的创新，相应地要形成各区域新的技术常态，重大农业科技创新要和新条件下产业技术模式的常规化相互推动。上升到理念，我国食物保障的科技支撑要力求突破前瞻性源技术及其相应的源科学，与此同时必须将它们转换为常规性技术体系，直接应用于生产的改进与提高。对应于前瞻性科学技术创新和区域性常规技术的改进，国家和省行政部门应组织好创新性科学与技术和区域性产业技术两大研发体系。

国家食物保障最根本的科技需求是全国各地农业科技转型升级的需求，区域性常规技术的转型升级是食物保障可持续全面发展的关键。要构建完善的从中央到地方的农业产业技术体系，与国家公益性农业技术推广体系相对接，加强常态应用性生产技术的适时组装更新，满足持续发展的农业科技需求。我国于2007年开始建立现代农业产业技术体系，是一项创举，但力量仍显不足。因此，有必要建立健全中央和地方分工、互补的农业产业技术研发组装体系，突出农业的区域性特征，注重农艺与农机相结合，注重农艺与病虫害防治相结合，形成从种到收的规范化技术组合模式，定期、持续更新技术组合，实现农业技术进步对农业生产的实时驱动。在这个过程中，要改造原有的推广站体系，使之与地方产业技术体系相衔接，保证农业生产技术的持续更新。

同时，围绕食物保障可持续发展的关键问题，满足全国性、区域性、产业性和环节性的前瞻重大科技需求，包括涉农源科学、源技术的需求（参见上文的重大科技需求）。创新性农业科学与技术的探索和突破是产业技术更新的源泉，要按产业组织相应的学科群体系分头攻关。技术突破的创新与探索是持续性的，不宜看作短期行为，要组织中央与省农业科学院和高等院校的科技力量开展这种中长期的创新与探索。

实施重大农业科技前瞻性创新与常规产业技术改进互动的科技发展战略可以兼顾近期和长远的食物保障对科技支撑的需求。农业科学和技术的创新是以基础科学知识的创新为依据的，植根于生物学、物理学和化学的科学发现，所以农业科学和技术创新的上层研究人员必须与基础科学的研究衔接。高等院校具有较广、较深的基础科学知识和平台，具有基础性研究的优势，要鼓励高等院校和农业产业技术研究院所的紧密结合，使农业产业技术的水平建立在现代基础科学之上。

6. 支撑重大农业科技发展的农业科技体制与机制改革

前瞻性重大科技难题的破解和常规性科技持续转型升级，必须要有谋划和推动力。近期我国农业发展因为缺乏谋划和推动力导致严重影响社会经济发展的教训是深刻的。例如，改革开放后我国制造业和第三产业的发展推动了农村劳动力向城镇大量转移，农业生产必须以机械化来支持这种转移；随着农作物产量提高，秸秆和农业废弃物相应大幅度增加，农村燃料又大量转向煤和气，结果是收获季节全国大范围燃烧秸秆，既浪费了光合产物又导致了环境的严重污染。改革开放已经接近

40 年，这个问题的发现也至少有 20 年，但在漫长的时间内还没有将其作为难题，组织攻关去解决它，从科技方面看至少我国科技主管部门和农业主管部门两个部门有责任管理这件事。这个事实说明农业科技需求问题的解决应有全局的顶层设计、长远谋划和持续监督，要有预见性地纳入国家经济发展大局计划，形成稳定健全的破解重大农业科技问题的长效机制。实现这个目标，必须要从农业科技体制、机制的改革上着眼，要建立健全能支撑国家重大农业科技发展的体制和机制。

6.1 影响农业科技支撑作用的体制机制障碍

机制是指在一个系统中，各元素之间相互作用的过程和功能。在农业领域中，农业科技支撑作用的发挥，需要从基础研究、应用研究、应用技术到农业科技推广各个环节有机结合，建立一种协同机制，使其形成既能发挥各自优势，又能优势互补；既有利于农技转化，又有利于促进研发的上下相通、左右相连、专群结合、多层次、多渠道的农业科技创新推广网络，并且在每个环节都能有效率地运转，形成科技支撑的合力。只有这样才能产生协同效应，即 1+1 ＞ 2 的效应，才能形成适应新时期强化农业科技支撑作用要求的体制机制，才能为我国农业科技的发展带来规模递增式的机遇。目前我国农业科技生产"两张皮"问题仍然突出，就是因为在农业科技体制机制上仍然存在较大的障碍，主要表现在以下几个方面。

6.1.1 农业科技管理体制不协调

（1）国家涉农科研管理部门职能设置不合理

在中央层面缺乏专门机构负责对农业科技问题进行顶层设计。因为缺乏中央层面的常设科技决策咨询和评估机构，在研究农业科技发展战略规划、重大经费安排等重大问题时，难以进行充分的讨论，导致"顶层设计"的指导能力不足。我国农业科技项目来源于中央和地方的多个部门，目前，涉及农业科技的职能部门有农业部、科技部、林业局、财政部、水利部、全国供销总社、国土资源部、住房和城乡建设部、教育部、商务部、民政部、环境保护部、国家粮食总局、中国气象局等十余个。各部门对农业科研多头领导，职能设置重叠，相互争夺资源，课题设置重复，管理办法众多，管理机制不协调，经费分散，有限科研资源得不到高效利用，导致低水平重复，使得农业科技与经济社会发展相结合的问题没有得到真正的解决。科技部抓产业技术往往不能抓到要害，隔靴搔痒，对产业部门常规问题、重大问题都未能起到应有作用。产业部门不抓产业技术及其应用基础,致使产业发展停滞不前,重大问题得不到解决。例如,中国的农机化问题和秸秆处理问题至今未能得到解决、区域治理半途而废、水利设施缺乏维修等问题,都是产业部门未能抓好产业技术研究的典型例子。

（2）国家农业科研机构体系和农业大学体系分工及联系不明确

中央、省（市）农业科研机构之间缺乏明确的分工,研究内容呈现"上下一般粗"的格局；农业科研机构与农业大学之间相互竞争,使基础科学知识的探索和农业产业技术的研发推广无法充分结合。首先,国家级农业科研机构与农业大学各层次机构在基础研究、应用研究、开发研究,以及成果转化、科技推广、应用与示范等方面分工不够细致,相互竞争、缺乏协作；其次,农业科研机构体系中各层次科研机构之间的职能定位不明确、协作机制不健全、科研领域分工不明晰,研究的内容有重叠交叉。地方政府缺乏提高地区产业技术的体系和实力,耽误产业发展。分工不明确还表现在资源分配上,各级科研机构农业科技资源条块分割、重复分散,难以整合创新,不能有效集成投入,难以形成研究合力,这些情况严重制约农业科技研发效率,阻碍产业技术水平的全面提升。

（3）农业科研上中下游之间缺乏有机结合

目前我国农业应用技术研究、应用基础研究、基础研究之间缺乏有机结合的顶层设计。农业应用技术研究、应用基础研究、基础研究之间等缺乏相对明确的分工和定位,彼此衔接和协同不够,缺乏统筹考虑,缺乏专家的真实评价,影响了农业科技研发能力和产业技术水平的提高。在农业科研优先领域和重点课题的确定、组织、管理方面缺乏有效的规划机制,往往是重学术价值、轻实际生产应用价值。一些科研人员在课题立项时没有对现有生产实践和市场需求进行深入调查研究,往往只是依据文献资料闭门造车,文献信息往往存在滞后性,导致研究课题与生产实践、市场需求相脱节。立项的课题中,一般性的应用基础研究比较多,突破性、具有重大的跨学科和影响全局的理论方法的突破少。

（4）农业产业技术缺乏组装配套

在政策方面,虽然国家已经出台了许多法规,但是配套的实施细则、协调监督机制和良性循环机制尚不完善,农业领域协同组装创新模式尚未形成。农业产业技术具有很强的地域性特点,地理气候、自然资源、环境条件的制约会影响农业科研成果的大面积推广和应用,农业科研成果必须通过因地制宜的组装集成配套工作,才能适应地方农业生产需求。现有很多科研成果仅停留在实验室小试阶段,和大规模生产的要求相比，仍有相当长的一段发展距离。此外，大量科研成果被管理部门束之高阁，缺乏专门机构对已有成果的整合组装集成，未能形成配套实用技术，无法运用到农业生产中，造成科研生产"两张皮"。

6.1.2 科研项目分配和管理机制不科学

（1）项目稳定性支持比例过低

目前中国的科技计划和行业科技计划基本上都是采用竞争性的投入方式，过度竞争导致了科技活动中一系列不符合科研规律的现象，使农业科研机构的科技研究与试验发展（R&D）经费投入过度分散，R&D活动中的非研究活动成本居高不下。过度使用基金制，项目稳定性支持比例过低，科研人员忙于申请项目，把农业长久持续性研究变为短期行为，导致高水平、重大科技成果迟迟无法获得突破。项目主持人在申请课题等方面，花费了过多的时间和精力。近20年来骨干科研人员直接从事科研的时间比以前要减少23%，科研拔尖人才疲于争项目、揽活干。

（2）项目经费分配机制不合理

在现有的科技立项中，很多是各级管理人员有实质性的决定权，专家评审机制越来越敷衍了事。一些重大战略性项目的决定和巨大资金的分配带有明显的部门利益，存在没有经过充分、全面的讨论就由少数人实现内定的情况。这种情况使得一些"学术带头人"把花气力搞关系、跑经费作为主要任务，没有时间致力于研究科学问题，这不仅有损科学家的社会形象，也是导致学术浮躁、学术风气不正的重要原因。

（3）项目管理机制不符合科学规律

农业科研项目跳过基层单位，近似于主持人负责制。基层单位被架空，各个主持人各自为战，相关科研项目之间缺乏团队合作，难以形成有实力有影响的积累。另外，科研项目一般由主持人召集专家组成核心团队，并设计子项目，再把相应子项目分包给相关专家，分包的子项目负责人几乎就是项目主持人说了算。因此，部分科研人员的主持项目，实际从事项目研究的却是学生和其他专家，水平参差不齐，导致有些科研成果水平取决于学生和其他专家的水平，而不是项目主持人的水平。项目管理中则存在过度行政干预、官僚主义严重、搞"时间点"检查过多等问题，使科研人员疲于应付检查，浪费大量人力、物力、财力，耽误宝贵的研究时间。经费划拨不能及时到位，经费管理不符合科研规律，需要支付项目无从支付，有钱买设备，无钱养兵，致使科研人员经费使用自主性低。

6.1.3 科技评价机制不合理

（1）对科研项目绩效评价缺乏监督

我国对农业科研项目绩效评价监督机制不健全。一些科研项目只要通过了政府的评审立项，研究经费下拨到位之后，无论项目完成情况如何，研究成果质量高低不等，基本上通过同行专家评审都能通过验收，对项目执行情况的评价无有效监督，造成农业科研项目研究执行过程中，存在"重申报、轻研究"的风气，严重影响到我国农业科研水平的提高。

（2）评价指标存在误区

当前，我国实行的专业技术职称评审和农业科技成果评价一直在沿用计划经济时期的管理模式和标准，同时高校和科研机构十分重视科研资源的占有，很多农业高校和研究机构将科研项目级别、资金总量、项目数量、在 SCI 期刊发表论文数等作为职称评定与晋升的主要考核指标，而忽视科研成果产生的实际社会效益和经济效益，或者仅作为权重较低指标来进行考核，缺乏产业化意识，从而不能正确引导符合市场需要的科技创新。科研评价体系标准单一，评价导向过于重视文章。科技定量评价因文献计量学的应用而方便了许多，但量化评价的简单化和绝对化使科技研究中重刊物级别、轻论文档次，重数量、轻内容。文献计量学方法也只适合农业科研的基础研究或应用基础研究，而在农业科技应用研究领域，成果价值主要应体现经济和社会效益，科技推广报告有别于理论研究的论文，具有技术指导和科学普及的特点，主要阐述农业技术操作方式及方法的系统性、可行性和实用性。农业推广无法用文献计量评价，又没有形成好的评价体系，造成农业科研人员服务农业生产的积极性未能得到有效调动，直接导致农业科技创新不足、农业科技成果转化率低、农业科研与农业生产脱节等问题出现。

（3）评价体系忽视实际效益和长远效益

目前，我国许多科研活动围绕申报项目、开展研究、报奖、鉴定进行，科研评价体系重短期效益、轻长期积累，考核评价期短，每隔一段时间就要检查汇报，以求有"最新、最近"的科研成果，使科研人员乐于从事一些周期短、难度小、时间快的低水平重复研究与开发工作，导致单干而形不成真正的团队和合力，出不了前瞻性的突破性成果，致使有影响力的高水平科研成果越来越少。事实上，对于科研成果的价值难以在短时间内做出准确判断，长期的实践检验才是唯一的标准。这种科研评价机制违背了科学研究活动的内在规律。通常科研当中的基础研究是一种战略性研究，研究周期长短不一，不具有近期经济效益，研究成果多以论文形式发表，而传统管理模式是一种技术合同制，在时间、结果上限制了知识创新活动的开展。尤其是农业科研因为农业生产的特殊性，表现为季节性和周期长，短期的研究根本出不了实质性的成果。具体的如作物良种研发，往往需要培育很多代才能出现研究者想要的结果。

（4）奖励设置的形式主义

目前，我国涉农科技项目来源渠道越来越广泛，相应的科技奖励名目种类与数量繁多，有国家最高科学技术奖、国家自然科学奖、国家技术发明奖、国家科学技术进步奖、国际科学技术合作奖及地方政府的相应奖项，有各级农业行政与科技管理部门的技术推广奖和丰收奖（推广成果奖、推广贡献奖、推广合作奖）、中华农业科技奖、中华农业英才奖、高产奖、成果登记奖、粮食生产奖等，有优秀成果奖、技术改进奖、成果转化奖、技术创新奖、袁隆平农业科技奖、大北农科技奖等社会组织、学术团体、基金会和农业科研院所、高校内部设立的各种非政府性或准政府性科技奖励。这些奖励几近涵盖了科技项目奖与人才奖、集体奖与个人奖、国内奖与国际奖，以及政府性、准政府性与非政府性奖励等。奖项设置的形式主义、过多过滥使得中国农业科技领域的获奖成果数量惊人、规模宏大。据统计，仅近半个世纪以来获国家和部门政府性奖励的农业科技成果数量已突破 10 万项。近 30 年来，各省（自治区、直辖市）确认的农业类政府性科技成果数量达 5 万多项，每年通过鉴定的农业科技成果数量高达 6000 ～ 7000 项，稳居全球首位。同时，庞大的农业科技人员群体、个人或单位获得表彰奖励并从中受益。过频过度的评奖还进一步使奖励与荣誉严重贬值或使其"含金量"大打折扣，科技成果的泡沫急剧膨胀、质量下降，原创性质量型成果寥若晨星，评优评先与奖励表彰愈益变得名不副实，乃至与其初衷渐行渐远或背道而驰。与西方发达国家的科技评价制度相比，最大的不同就在于我国的农业科技评价奖项是由官方做出的，或由"自己"做出的，而很少是由第三方做出的。

6.1.4 农技推广体系缺乏效率

（1）农技推广资金不足

《中华人民共和国农业技术推广法》中明文规定，国家全民事业单位是农业技术推广单位的根本属性，全国所有区域各级财政部门应为所在管辖范围内各项农业技术推广工作的正常、稳定化开展提供大量的专项资金予以扶持。县乡两级农技人员是农业技术推广体系的主要服务力量，农业技术推广体系发挥其服务功能也主要体现在县乡两级。由于大部分县级财政不宽裕，乡镇财政十分困难，即使不少基层党政领导认识到农业技术推广体系建设的紧迫性和重要性，可支配财力也往往不足，无法满足农业技术推广工作的需要。一般发达国家农业科技推广经费占农业总产值的 0.6% ～ 1.0%，发展中国家在 0.5% 左右，我国农业技术推广投资强度（农业技术推广投资占农业国内生产总值的比例）长期仅为 0.42%，低于发展中国家平均水平。许多基层农技推广机构的财政状况只能维持农业技术推广工作人员基本工资的发放。由于投入不足，现在许多基层农业技术推广机构在设施设备上还停留在 20 世纪的水平，服务设施和手段落后，而且服务水平低下；现有的农技人员人头经费和工作经费水平低，难以吸引大中专毕业生。2012 年国家实施"一个衔接两个覆盖"政策后，基层农技推广人员的工作待遇和工作条件有所提高，但是对农技推广的投入仍然不足。

（2）农技推广队伍素质不高

农技推广队伍整体专业素质不高表现在推广队伍的年龄结构偏大、整体文化水平低等方面。由于基层农技推广机构的工作环境差，加之待遇偏低，许多高学历人才毕业后直接进入经济发达的大城市从事相关工作，基层农技推广机构则很难吸引高学历人才，造成推广队伍的整体知识水平较低。2011 年年底，基层农技推广机构具有技术职称资格的人员占其编制内人员的 76.5%，其中高级职称仅占 10.2%，中级占 32.7%，初级占 33.6%，初级以下占 23.5%。在年龄结构上基层农技推广人员年龄偏大。2011 年年底，基层农技推广机构编内人员中，35 岁以下人员数仅占 24.8%，50 岁以上的达到 17.8%。由于基层经费紧张，基层农技工作多而繁杂，缺乏更新知识的机会、时间，导致农技人员知识陈旧，整体素质无法得到提高。这些问题的存在都影响了基层农技推广的效率和积极性。

（3）农技推广机构职责不清

从 20 世纪 90 年代开始，经过几次改革后，乡镇级别的农业服务中心管理权限归属出现了混乱现象。机构下划乡镇后，农技推广机构的管理因公益职能有所弱化而存在较多问题。而且由于乡镇编制较少，基层农技推广人员兼职工作多，往往过多地承担乡镇政府的其他事务，存在农技推广人员在编不在岗的现象，因此农业科技推广工作难以有效的开展。据统计 2012 年在全国乡镇农技推广机构中，有 38% 归县农业部门管理，35% 归乡镇政府管理，27% 实行县乡双重管理机制。而在归乡镇政府管理的机构中，经常抽调农业技术推广人员去从事政府政务工作，他们也要像乡镇干部一样必须参加诸如人口普查、计生突击、村级换届选举、征地拆迁、征兵修路等中心工作，据统计这些行政中心工作的时间占到他们总工作时间的70%以上，严重影响了农业技术推广工作人员对本职工作投入的时间。在县级机构，这种本末倒置的现象也普遍存在，乡镇农业各站"三权"下放的地区，县级农业推广部门的有关文件、通知难以迅速传达到乡镇农业技术推广人员。而且，一个乡镇农业服务中心一般对应几个县级业务主管部门，各个业务主管部门都认为本部门的工作更重要，有时会出现各找各的人的现象，导致农业技术推广工作很难布置，县乡农技推广工作沟通不畅、不协调，会导致农业新技术停留在县级，难以传授到农民手中的局面，对基层农技推广工作产生了不利影响。

（4）推广运行机制不合理

我国现有的基层农技推广体系是伴随对计划经济和传统管理体制的改革逐步形成的。以政府主办的专业推广机构为主体、多层次的农业推广体系，采用以行政手段、自上而下发动普及的运行机制，其市场作用发挥不大，不利于发挥科技人员和农民各自的积极性，容易造成农业科研成果与生产、农民需求脱节。目前农技推广站采取的技术推广方式仍是比较传统的，如依托现场会、发放"明白纸"等，信息传递速度慢，缺乏时效性，无法确保农民对技术、信息的有效掌握，推广的技术比较落后、不适用等现象比较普遍；另外，分散的小农户多半按经验种田，除了"随大流"，也只在选种、用肥、打药等问题上有些许技术需求，但他们更倾向于求助于农资店，种养大户、合作社等机构则对技术需求更高，不愿接受农技推广站的服务。即农技推广站的现行运行机制既不能满足种养大户强烈的技术服务需求，又不能引发小农户对技术服务指导的兴趣。

6.1.5 区域地方性农业产业技术创新体系尚未形成

（1）国家农业科技组织设置和运行机制不尽完善

农业科技体系高度分散，隶属关系多样，各级农业科研机构的组织机构基本按专业、学科设置，领导体制复杂，缺乏协调，不仅导致了科研项目的重复设置，造成了无谓的浪费，而且造成了地区之间在科技力量上的强弱差别，进一步使贫困恶化。此外，中国还存在科研管理多元化，在国家层次上，由科技部会同其他部委共同管理，在省级与地区层次上，农业科技的多头管理机制基本上是国家层次上相应模式的一个延伸。横向水平上，各部委之间、各局之间，以及同一地区内的不同地方研究所之间缺乏必要的协调；纵向层次上，中央与地区之间、地区与基层农民之间阻碍了信息的有效反馈，造成了农业技术创新多头、多部门、分割管理的局面。

（2）国家农业科研体系的区域性特征不明显

中国的农业科研体系基本上是按照行政区划设立的，而不是按照自然资源、农业生态和农业区划设立的，部门单位条块分割；国家、省、地市三级农业科研单位的机构，学科专业重复设置，分工不明确，跨部门、跨专业合作项目少，科技资源配置浪费较大,总体运行效率不高。因此,应当从中国具体国情和遵循农业区域性特征出发，借鉴美国的经验，在构建国家农业科技创新体系的过程中，按照农业科技创新的区域性特征，以农业生产区域为基础，建设全国公共农业科研体系，使农业科研工作更适合本地区的特点和发展需要，促进农业科研与生产的紧密结合，避免目前农业科研机构之间的低水平重复和恶性竞争，提高农业科技资源的利用效率，同时以区域性的农业科研中心为基础，构建新型农业教育体系和农业推广体系，促进研究、教育和生产的紧密结合，促进不同区域特点的农业科技创新体系的互动合作。

（3）农技推广体系与建设现代农业、保障国家食物供给和农民持续增收的要求不适应

中国建立了从农业部到县一级的四级农业技术推广体系，农业技术推广队伍数量远远超过世界上任何国家，但该体系有强烈的自上而下意识和倾向，体现了政府的手段和政府的意志，很少考虑农村、农民的经济、社会因素，很少考虑到农民的真正需求。20世纪90年代中期以后，为了适应农业发展形势的变化及政治体制改革的需要，政府农业技术推广体系进行了多次改革，但由于国家事业经费的减少和农业技术推广部门创收能力不足造成一些农业技术推广部门"缺钱养兵,无力打仗"的局面。

6.2 农业科技体制与机制改革的领域和关键

农业科技体制与机制是长期积累所形成的，涉及面广量大的内涵，有待改革的领域至少包括以下三个方面。

6.2.1 农业科技创新管理体制方面

①明确农业科技创新包括相互衔接的农业产业技术转型升级创新、农业应用源技术与源科学创新，以及农业有关基础科学创新，而农业产业技术转型升级创新是落到产业实处、真正体现农业科技创新链价值的关键环节。农业科技创新管理体制应该与这个创新链相一致，要面向覆盖全国的农业产业技术转型升级创新，同时又

要梳理出难度大的前瞻性源技术与源科学创新问题，组织专家攻关。农业科技创新的顶层设计和实施要由熟悉农业生产、农业科技的管理科学家承担。②明确中央各部门的科技管理职能分工。将农业产业技术及其源技术与源科学创新纳入与各地区紧密联系的农业产业部门统一谋划与推动。科技主管部门要主抓具有多行业共性的基础性、探索性、战略性高技术创新，只有科技主管部门将面广量大的产业技术创新管理交给各个产业部门，才能把目标和精力集中投向超越世界的高科技、高科学，从而为各产业部门科技的发展奠定高水平、新平台。③明确中央与地方农业科研机构分工。省级或区域性农业科研机构负责本省（区）产业技术创新和资源条件改造，市级科研机构负责利用各种已有技术，针对地方性特点和需求进行组装、集成、更新、配套，直接服务于地方农业的发展。④农业产业技术转型升级创新要和农业科技推广服务体系相衔接。要深化公益性农技推广机构的改革与建设，构建以农业机械为枢纽的社会化农技服务体系。拓宽融资渠道，加大农业推广投入。建立农业科研教育机构开展农技服务的机制，提高农技推广人员素质。

6.2.2　农业科技创新管理机制方面

①农业产业技术转型升级创新、农业应用源技术与源科学创新，以及农业有关基础科学创新三个环节加上农业科技推广服务体系，这四者之间的相互衔接是农业科技创新管理机制上首先要做好顶层设计的命题。②农业科技创新管理中，立项与组织落实是最基本的环节。农业科技面向广大农民，区域性、公益性、服务性、延续性是其基本特点，农业产业技术转型升级、创新应该是要给予稳定支持的，农业应用源技术与源科学创新应该为稳定支持辅之以少量的竞争性支持，即便农业有关基础科学创新也应该是稳定性支持与竞争性支持相结合。滥用竞争性支持导致了科学研究中的短期行为和文牍泛滥，腐败行为也乘虚而入。③科技创新研发项目管理要加强科学家的责任感，尊重项目主持人的管理职能，精简会议表报，保证将时间用在研究上。科学家要组织攻关优秀团队，按照目标要求完成科学研究和攻关任务，并对主管部门负责。

6.2.3　改革农业科技评价制度方面

这是管理机制方面的一个内容，此处另立一点是为了强调其重要性。国家应革新激励创新的原则和机制，奖励应重视荣誉性，奖励的重点在于奖励工作条件。奖励要远离金钱和腐败，取缔时时、事事与金钱挂钩的滥发奖金机制，取缔以金钱为诱饵的人员流动投机机制。要精简政府奖励，调整奖励结构，接轨国际科技奖励办法，多发展市场化和社会力量奖励、公益性科技奖励。相应地要改革科技奖励评价机制，分类建立科学的农业科技绩效评价制度。

6.3 重点建议

6.3.1 设立国家农业可持续发展研究与监管机构

作为全国农业和食物生产的组织者，必须有专门机构和成员系统研究每年、短期和中长期农业和食物生产的布局及调控。作为常设机构，密切掌握国家农业产业全方位的动态，根据国内外农业产业动态，每年提出农业产业结构布局的建议和相应的政策建议，就全国食物保障（安全）的可持续发展为中央领导提供咨询，其中包括全国农业发展的合理布局、跟踪国内外食物生产的动态调整策略、农业科技发展的重大支撑咨询等一系列问题，总观全国农业可持续发展的大局。农业作为国民经济的基础，农民占全国人口的一半以上，所以，为"三农"建一个持之以恒、纵观全国农业持续发展的机构是合适的。进一步的建议是扩大建设农业部，在"三农"的全局上总管国家农业的可持续发展，这样可将国家农业可持续发展研究与监管机构设在农业部。各省应在省政府或农业厅设有相应机构。

6.3.2 国家农业主管部门应承担管理产业应用技术研究及其转化为生产力的责任，而国家科技主管部门应为农业源技术、源科学创新奠定基础

农业科学技术涉及三个层面：农业应用技术、农业应用技术的源技术与源科学、基础性科学。国家农业主管部门要切实担起农业产业技术转型升级创新和农业应用源技术与源科学创新的责任，通过技术推广体系转化成生产力；国家科技主管部门要为农业源技术、源科学创新奠定高技术、高科学的基础。能深入细致地了解产业动态和技术需求的还是产业部门，非产业部门往往不能深入实际、深入细致，解决不了涉及全国农户（企）紧迫的食物保障的科技支撑问题。农业主管部门拥有最大规模的行政和技术力量，要利用其对各省（区）、各地域农业生产掌握第一手认知的优势，组织好相应地区常规产业技术改进和重大农业科技前瞻性创新互动的设计和实施，适时适地不断形成、落实技术的新常态。农业主管部门组织耕地资源可持续利用的重大科技需求项目的规划、论证与组织实施。农业主管部门联合其他相关部委和省份组织非耕

地资源利用策略重大科技项目的规划、论证与组织实施。农业主管部门负责重大科技需求必需的科技规划项目编制、论证并与其他相关部委联合将其作为国家重大专项组织实施。当前农业机械和秸秆处理的问题应立攻关专项，限期解决。农业科技基础性的生物学、物理学、化学的共性研究，应由国家科技主管部门或国家自然科学基金委员会组织和管理，要为农业源技术、源科学的创新奠定高技术、高科学的基础。

6.3.3 农业科技研究要以产业发展需求为首要目标，建立健全两大科技研究体系：产业技术研究与组装体系和前瞻性源技术源科学研究体系

要不计官级，全国统归农业主管部门、省级统归农业厅管理，以保证服务于产业发展的导向。省级建立产业技术体系服务于省级农业产业技术的研发，国家建立产业技术体系服务于全国和区域性农业技术的创新。省农业科学院要和农业大学联合，重点研发前瞻性的源技术和涉农源科学，中国农业科学院、农业部重点实验室和农业大学相结合，重点研发全国性、区域性的源技术和涉农源科学。

整合地区农业科研机构和农业技术推广体系资源，统筹建立地区性农业产业技术体系。为了满足常规性的农业科技组装更新需求，探索公益性农业技术推广机构改革，要重新界定地区农业科研机构的作用边界，将地区农业科研机构与基层农业技术推广体系的资源进行系统整合，建立地区性农业产业技术体系，服务于地方农业产业发展。

6.3.4 完善农业科研投入机制，建立长期稳定的科技资助体系

加快建立以政府为主导、社会力量广泛参与的多元化农业科研投入体系，形成稳定的投入增长机制。科学基金制适合自由探索式研究；稳定性支持有助于对服务地区应用科技的持续发展做长远安排。要探索建立符合科研规律、有序竞争与相对稳定支持相结合的经费资助机制，提高稳定资助比例，基础研究可以更多地倾向于实行自由竞争的资助方式，应用研究方面应该偏向于围绕产业问题，实行长期稳定资助。产业技术研究和组装体系应由国家或省的专项经费支持；前瞻性源技术、涉农源科学研究体系应以拨款为主，辅以自由基金竞争。

6.3.5 引导中国农业科学院、高等农业院校和中国科学院有关研究所发掘提炼农业科技支撑的高技术、高科学命题，用以推动我国农业科技的跨越发展

要引导中国农业科学院，高等农业院校和中国科学院有关研究所熟悉全国农业

生产，不断发掘、提炼农业科技创新的新方向、新问题，上升到基础科学层面上研究与农业科学有关的高技术、高科学命题。农业科学涉及多方面的基础学科，不仅是生物学科，农业现代化涉及的机械化、自动化、信息化、集约化与化学学科、物理学科等密切相关。要根据中国的国情、农情利用高技术、高科技新成果推动我国农业科技跨域发展。

第 6 章　食物生产方式向机械化和信息化转变战略研究

1. 食物生产方式向机械化和信息化转变是国家食物安全可持续发展的必然选择

1.1　机械化和信息化是提高劳动生产率的必然选择

由于工业化、城镇化的快速发展，农村劳动力大量向第二、第三产业转移，只有通过机械化和信息化才能提高农业劳动生产率，支撑劳动力的大量转移。反过来，机械化和信息化提高了农民的劳动生产率，就能进一步促进劳动力向第二、第三产业转移，促进国家工业化和城镇化建设。研究表明，20 世纪 90 年代以来，我国农业机械化水平每提高 1 个百分点，第一产业从业人员占全社会从业人员的比例大约下降 1 个百分点，可减少约 389 万农业劳动力。

1.2　机械化和信息化是提高土地产出率的重要途径

中国的人均耕地面积远低于世界平均水平，要保障粮食安全，将饭碗牢牢端在自己手上，提高土地产出率是目前我国粮食生产面临的突出问题。采用农业机械化可以大幅度提高土地产出率：一是通过深耕深松和深施肥，改造低产田，提高地力；二是通过机械化作业抢农时，提高复种指数，或换用生长期较长的高产品种，提高土地的利用率和产出能力；三是采用高水平的农业机械，提高作业质量；四是提高抗拒自然灾害的能力，减少损失；五是减少产后损失。

1.3　机械化和信息化是提高资源利用率的重要举措

机械化作业的高效性、精确性和可控性,可使农业生产中节水、节油、节肥、节种、节药和农业资源综合利用等先进技术措施得以大面积推广实施。信息化技术则能大幅度提高农业机械的智能化和自动化水平，提高资源利用效率。

1.4 机械化和信息化是保证食物安全的必然之路

一般而言，一个国家的食物安全包括生产安全、流通安全和消费安全，在国际视野中表现为一定的国际竞争力。生产安全包括数量安全、质量安全和结构安全，是食物安全的根基。一个国家只有生产出一定数量的符合质量要求和品种要求的食物，必要时能进口到所需要的食物，才能最终实现该国的食物安全。一个国家的食物安全，一般需要依靠食物生产能力、国内食物流通能力、国际食物进口能力等方面来保障。其中食物生产能力是核心内容，而生产能力由生产方式决定。因此，生产方式是保障食物安全的核心。

1.5 机械化和信息化是新型农业经营主体发展的重要支撑

新型农业经营主体是农业机械化和信息化的重要组织载体，农业机械化和信息化是新型农业经营主体发展的重要技术支撑。随着组织规模和经营规模的不断扩大，仅靠人工和简单的生产工具已经不能满足农业生产规模化、标准化、专业化的要求与需要，必须借助先进的生产工具和信息化手段，提高生产效率和管理效率。通过机械化技术与装备的应用，提高农业生产效率，实现规模经营；通过信息化技术手段，提高生产和管理效率，降低生产成本。

2. 食物生产方式向机械化和信息化转变的发展历程及现状

2.1 发展历程

我国食物生产方式从人畜力向机械化的发展，可以追溯到 20 世纪 30 年代。1932 年，美国康奈尔大学的里格斯（C. H. Riggs）在我国金陵大学开设了农具与农艺、机器与动力两门课程，将现代的农具与农艺介绍到中国。

1945 年和 1946 年，中央大学和金陵大学先后开始招收农业工程（农业机械）

专业四年制本科生，并分别于 1948 年和 1949 年正式建立农业工程系。这些努力，为新中国农业机械化的发展准备了人才。

新中国成立初期，我国农业机械化的发展水平很低。主要集中在粮食生产及初加工机械化、农村电气化及农田水利排灌设施的建设方面，对我国农村和农业生产恢复发展和农民生活水平改善，起到了至关重要的作用。

1959 年 4 月，毛泽东主席提出了"农业的根本出路在于机械化"的战略思想，1966 年国家提出了"1980 年基本上实现农业机械化"的奋斗目标。在当时经济实力有限的条件下，国家投入巨资促进农业机械化的快速发展。1949 ～ 1979 年的 31 年间，国家投入的农业机械化事业费和财政拨款合计约为 90 亿元，在全国初步建立起了比较完整的农业机械化管理、流通、科研、教育与制造工业体系，为我国农业机械化发展积累了宝贵的经验，打下了坚实的基础。

从 1979 年起，随着经济体制逐步向市场化机制转变和农村实行家庭联产承包责任制，农机作为商品进入市场，农机代耕、代收、代运等社会性服务开始兴起，农民逐步成为了投资和经营农业机械的主体。

从 1995 年起，联合收割机跨区收获小麦的兴起和发展，加快了农业机械化服务的社会化和市场化步伐。

2004 年，《中华人民共和国农业机械化促进法》颁布实施农机购置补贴政策，极大地激发了农民购买农机具的热情，带动了农民对农业机械化的投资，农机作业水平快速提高，主要农作物耕、种、收综合机械化水平 2014 年达到 61%，机械化生产方式已经基本取代人畜力生产方式，成为食物生产的主导方式，实现了历史性跨越。农机社会化服务快速发展，服务环节从产中向产前、产后扩展。农机工业快速发展，我国已经跃居世界农机制造大国之列。除了粮食作物外，机械化生产技术逐步向园艺作物和经济作物生产拓展。

2.2 主要农作物和产业生产机械化现状

自 2004 年《中华人民共和国农业机械化促进法》颁布实施以来，我国粮食耕、种、收综合机械化水平有了长足发展。截至 2014 年年底，我国粮食耕、种、收综合机械化水平达到 61.6%，其中机耕水平达到 77.5%，机播水平为 5%，机收水平为 51.3%。

园艺和经济作物主要包括蔬菜、水果、甘蔗、油菜、棉、麻类等六大类作物，机械化还处于较低水平。

我国水果生产机械化虽已取得一定进展，但总的来说，机械化水平仍很低。目前水果生产仍以人工为主，果园环境监控系统及辅助设施不完善。

目前我国蔬菜生产方式仍主要以家庭为生产单位，基本上靠人工种植，蔬菜生产作业模式粗放，机械化和信息化水平很低。劳动力成本、生产资料成本不断攀升，蔬菜生产效益连年下降。蔬菜生产质量安全问题突出，集约化生产的商品种苗缺口大。蔬菜冷链物流不健全，流通损失严重。

设施园艺中机械移栽应用不广泛，仍以人工移栽为主。

经济作物综合机械化总体水平低下，其中棉花较好，2014 年棉花生产综合机械化水平为 70.7%，高于全国综合机械化平均水平，油菜耕、种、收综合机械化水平仅为 40.5%，低于全国综合机械化平均水平 21.1 个百分点；甘蔗耕、种、收综合机械化水平约为 40%，但机种水平仅为 5%，机收水平不到 1%，麻类生产综合机械化水平更低。

我国畜禽及水产生产整体机械化水平较低，信息化程度更低，且不同养殖品种间存在较大的差异。

养猪业中机械送料和机械饮水平均使用率较高，但机械清粪和机械饲料搬运平均使用率较低。

养鸡业机械饲料搬运拥有率最低，其次是机械饮水和机械送料。机械清粪的拥有率较其他的稍高。

奶牛养殖业除环境控制特别是机械环控外，其他指标如饲料收获、饲料加工、饲喂、清粪、挤奶等机械化程度均已经接近或达到 100%，但信息化程度较低。

肉牛养殖业饲料采集、加工、饲喂的机械化程度很高，几乎达到 100%。机械清粪相对较低，只有 53%，而环控及机械环控都为空白。

羊养殖业机械化程度相对于其他养殖品种更低，机械的应用还基本上停留在简单的打草及饲草料粉碎，其他劳动均以手工劳动完成，信息化还基本是个概念。水产养殖业中，大型企业的机械化和信息化程度较高，在中小型养殖场中，除机械增氧设备外，其他的还基本以人力操作为主。

畜牧及水产养殖业中机械化的另外一个特征是规模化的养殖企业机械化和信息化程度较高，而小规模散养机械化及信息化程度较低。

2.3 农机工业发展现状

产业规模不断壮大。我国农机工业企业总数超过 8000 家，2014 年全国 2207

家规模以上农机企业主营业务收入超过 3950 亿元，我国已经成为世界农机制造和使用大国。

产品结构不断优化。种植业机械方面，能生产 14 个大类、113 个中类、468 个小类、近 4000 种农机产品。国产农机的市场满足度已达到 90% 以上。

产业体系逐步健全完善。我国农业装备产业已经初步形成了涵盖科研、制造、质量监督、流通销售、行业管理等方面较为完整的体系。

国际贸易竞争力逐步提升。近年来，我国农机企业实施了国际化发展战略，进出口成效显著。出口产品类别增加，在数量和金额快速增长的同时，出口结构也从以小型产品为主向大、中、小型产品相结合转变，大、中型产品所占份额逐步提高。

2.4 信息化发展现状

我国农业信息化建设取得明显成效，信息技术在农业领域的应用不断深入，信息化和农业现代化融合发展步伐加快。一是农业信息化基础条件不断夯实；二是农业信息资源建设水平明显提高；三是农业信息服务体系不断完善。

从应用领域看，在 5 个环节应用成效明显：一是农业资源的精细监测和调度；二是农业生态环境的监测和管理；三是农业生产过程的精细管理；四是农产品质量溯源；五是农产品物流。

从应用情况看，全国很多省（市）开展了相关研究和应用试点。

从研发情况看，我国在关键技术和产品研发方面取得一定进展，为农业信息化的集成应用奠定了基础。

2.5 机械化和信息化发展问题分析

我国食物生产机械化和信息化的发展仍然存在一些急需解决的问题，主要包括如下 5 个方面。

一是适应食物生产机械化和信息化发展的基础条件薄弱。我国耕地细碎化问题十分突出。目前我国户均耕地仅为 $0.47 \sim 0.53 \text{hm}^2$，农业人口人均耕地 0.13hm^2，几乎是世界上最小的，大约是美国的 1/200、阿根廷的 1/50、巴西的 1/15、印度的 1/2。由于耕地细碎化，全国现有耕地中田坎、沟渠、田间道路等设施的占地面积比例高达 13%。

农田水利基础设施落后。目前我国的农田水利基础设施大多数是 20 世纪六七十年代兴建的,排灌渠道以泥渠为主,经过长期使用,大量农田水利基础设施老化、年久失修、渠道渗漏、堵塞严重,导致灌溉效益不断降低,有效灌溉面积下降,易旱易涝耕地面积加大。

经营规模小。1983 ～ 2006 年,全国农户劳均经营耕地面积从 0.247hm² 减少到 0.204hm²。2008 年恢复到 0.407hm²/ 人,相对于机械化生产方式的大规模经营差距很大。

畜牧及水产养殖业中,尽管不同养殖品种间有较大的差异,但总体趋势是小规模散养模式仍占较大比例。

农业生产比较效益低。农业生产成本上升,比较效益下降,2013 年全国小麦 / 水稻 / 玉米三大粮食作物单位面积产值、成本、利润分别为 1099.13 元 / 亩、1026.19 元 / 亩和 72.94 元 / 亩,粮食生产效益连年下降极大地影响了农民的生产积极性。

劳动者素质整体偏低。目前,我国农业劳动力数量不断减少、素质结构性下降。据统计,全国农业从业人员中,初中文化程度以下的男性从业人员占 83.9%,女性从业人员则占 88.1%,95% 以上的从业人员基本上仍属于体力型和传统经验型农民,已不适应农业现代化的发展。

二是全程全面机械化发展顶层设计不完善。农业机械化发展是一个系统工程,具有显著的复杂性、区域性、季节性、长周期性特征,需要完善的包括区域布局、技术路线、作业模式、服务体系、装备配备、扶持政策的全程全面机械化发展的顶层设计。但是,目前对于农业机械化及装备区域布局不甚清晰,全程全面机械化的概念范围也不甚明确,如农业全程机械化的内容是什么,农业全面机械化的内涵是什么,农机装备基础应如何强化,农业机械化发展如何可持续,这些都是农业机械化健康发展的政策保障。

三是农业科技创新亟待加强。目前我国农业机械化科技创新的公益性地位不明确,政府对公益性农业机械化科技创新持续稳定的支持机制尚未建立;农业机械化科技创新的基础理论和关键共性技术研究不足,难以支撑重大农机产品创新和农艺制度变革;农机、农艺融合还有待改进;农机专业人才匮乏,教育与技术培训落后。

四是农机工业转型升级发展迫切。目前我国农机工业核心技术缺乏,高端产品缺乏;企业创新能力不足,同质化严重,缺乏竞争力;制造技术落后,效率低,质量不稳定;外国品牌垄断高端市场,国际化竞争优势弱。

五是信息化发展的需求动力不足，产业层次低下。农业产业化程度不高，难以形成巨大的信息需求；农业信息化技术储备不足，高端技术产品依靠进口，现有农业信息技术产品难以满足农业生产的实际需求；农业信息化意识不强，基础设施落后，应用信息技术能力不高；政府对农业信息化投入少，信息化对农业产业引领的促进作用难以发挥。

3. 食物生产方式向机械化与信息化发展的趋势和需求

3.1 我国已基本具备农业机械化和信息化进一步发展的条件

一是国家已具有较强的经济实力。经过近 10 年的经济总量持续高速增长，我国的经济实力大大增强，为农业机械化的发展提供了有力保障。中央财政对农机的购置补贴力度逐年加大，2014 年达到了 237.5 亿元。

二是农业机械化发展的技术基础已基本具备。近 10 年来，农业机械化关键技术与机具的研发取得了较大进展，一些制约农业机械化发展的关键技术和机具趋于成熟，正在向主要作物全过程机械化发展，薄弱环节机械化步伐加快，为农业机械化的发展打下了技术和物质基础。

三是信息化技术在农业机械化的应用中不断扩大。我国农业机械正在扩大吸收和应用信息技术发展的成果，提高机械作业技术性能，精量播种、精准施肥、精准调控、精准喷洒、精准收获、产量检测等关键技术取得了突破，农业航空技术正在兴起，各种信息化生产管理方法正在研究或应用，信息化与机械化的融合成为农机发展趋势。

四是农业装备制造业支撑能力增强。我国已成为农机制造大国。2014 年农机工业总产值达到了 3950 多亿元，能够生产目前需要的 4000 多种产品，产品品种和产量已能基本满足当前我国农业生产的需要，具备支撑农机化稳步发展的产业根基。

五是食物生产区域不断集中，为机械化、规模化生产创造了条件。随着现代农业规模化生产的发展，我国区域食物生产格局近年来正在发生新的结构性变化。区域化和规模化改善了机械化生产的条件，促进了机械化水平的提高。

六是机械化生产方式已得到多数农民认可，农机社会化服务体系初步形成。在农村劳动力转移和国家农业机械购置补贴政策的带动下，农业机械化生产方式已得到多数农民认可，形成了购买和使用农业机械的热潮，农业机械化发展速度明显加快。农机社会化服务组织发展迅速，农机服务产业化成为实现市场资源配置的重要形式，极大地推动了农业机械化的发展。

七是中央对农业机械化的重视。2004年11月1日正式颁布实施的《中华人民共和国农业机械化促进法》，确立了农业机械化在农业、农村经济发展中的地位和作用，使农业机械化发展有了法律依据。从2004年起连续10年的中央"一号文件"，提出了一系列强农惠农支农政策，为农业生产和农业机械化发展提供了政策保障。

3.2 机械化和信息化进一步发展的趋势和需求

农业机械化和信息化的发展趋势和需求，主要表现为如下几个方面。

保障粮食安全，需要机械化、信息化的技术，包括产前的农田基本建设和种子生产，产中的耕整、种植、田间管理、收获和产后加工。

保障环境安全，化肥、农药减施需要机械化、信息化的技术，包括各种适合我国国情的中等规模、经济实用的精量施肥、精量喷药设备。

适度规模经营，需要机械化、信息化的技术。适度规模经营需要根据各地情况，因地制宜地制订土地整治规划和与规模适应的机械化、信息化技术。

丘陵山区需要发展轻简型农业机械，包括发展丘陵山区农机化所需的动力底盘和各种农业机械，产前、产后作业机械化所需装备。

发展农业生产需要信息化技术的支撑，包括对农业生产的各种要素实行数字化设计、智能化控制、精准化运行、科学化管理，促进生产要素的优化配置，改善农业生产信息技术装备条件，加速信息技术和产品在新型农业生产经营组织中的深入推广和应用。

3.3 典型国家与地区的发展经验与借鉴

分析美国、澳大利亚、英国、日本、韩国、印度和中国台湾农业机械化和信息化的发展经验，可为我国农业机械化和信息化发展提供重要的借鉴。

（1）根据国情，因地制宜地发展农业机械化

世界各农业发达国家和地区并不一定都是农业资源优越的国家和地区，关键是根据自身条件因地制宜地发展农业。美国靠机械化和信息化发展大宗低值农产品，取得了巨大成功。澳大利亚靠出口农产品发展成了一个集生态农业、加工农业、出口农业和服务农业为一体的新型农业发达国家。日本、韩国和我国一样，人多地少，他们靠发展适合自身条件的农机化和信息化技术，发展中小规模农业机械，成为农业发达的国家。

（2）在全面完成农业机械化以后，向高水平机械化和信息化农业发展

纵观国外发达国家的农业机械化发展历程和取得的成就，不难发现，他们都是在发展机械化的同时，积极推进信息化建设，在全面完成机械化后，加速向信息化发展，大力发展精准农业技术，真正实现了"精耕细作"。

（3）适应新的生态环境形势，探索以绿色、智能和可持续为特征的新型农业机械化技术

为应对气候变化，以及资源和环境保护等新形势，探索以绿色、智能和可持续为特征的新型农业机械化技术，包括生物质能源材料的收集、使用、管理、开发的技术和装备；农机化节能减排包括机器本身的节能和作业方式的节能；农业资源的利用向更深更宽范围发展，如海洋、草原等的开发；生态农业和农业可持续发展所需技术与装备；农机、农艺相结合向纵深发展，为机械化高效生产创造条件；重视开发适应人口老龄化的机器。另外，当前我国农民丢荒耕地的现象严重，欧美国家的耕地休闲与复耕技术值得我们学习；荷兰在有限的土地资源的基础上大力发展设施农业，采用信息技术，使该国的设施农业产品在世界上有广泛的市场，值得我们发展设施农业学习；我国是一个严重缺水的国家，以色列发展节水农业的经验，值得我们学习；优化农、林、牧、副、渔产业结构，提高经营效率和效益。

以机械化为基础和手段实现农业的现代化，在发达国家已是不争的事实。农业机械化道路是农业现代化不可逾越的必经之路，不论是人少地多的北美洲和大洋洲，还是人多地少的日本和韩国，机械化的形式和道路可能不一样，但用机器代替人畜力进行农业生产是一致的。因此，只有加快农业机械化和信息化发展，才能加快农业现代化的进程，使农业科技成果不断得以实现。

3.4 可持续发展战略构想

3.4.1 战略思路

围绕新形势下"以我为主、立足国内、确保产能、适度进口、科技支撑"的国家粮食安全和可持续发展战略，按照"稳粮增收、提质增效、创新驱动"的要求，适应我国由粮食和经济作物为主的"二元结构"向粮食作物、经济作物、饲料作物的"三元结构"调整的需要，以转变农业发展方式、提升发展质量效益为主线，以机械化、信息化相结合，农机、农艺相融合为抓手，协同推进食物生产机械化与信息化发展。充分发挥农业机械化的引领带动作用，采用两步走战略，第一步实现主要粮食作物、主要环节的机械化生产向农业生产全程全面机械化推进，粮食安全向食物安全的转变；第二步完成机械化农业目标，向农业机械装备生产、市场管理的高度信息化发展，提高土地产出率、资源利用率、劳动生产率和农业竞争力。

3.4.2 战略目标

加速食物生产向机械化和信息化转变，以机械化发展引领和带动农艺制度的改革，促进农业现代化发展和农业生产方式改变；以信息化技术提升农业机械化水平，实现食物生产技术和装备的智能化和节能环保，最终实现生产手段智能高效、生产资源节约持续、食物供给安全优质的目标，提升农业可持续发展能力，促进农牧结合和一、二、三产业融合。

（1）第一阶段（2020 年以前）

到 2020 年，主要农作物耕、种、收综合机械化水平提高到 70% 以上。主要粮食作物、主要环节的机械化生产向农业生产全程全面机械化推进，实现粮食安全向食物安全的转变，包括粮食生产主要环节基本实现机械化，棉、油、糖等主要经济作物生产机械化水平大幅度提高，养殖业生产机械化快速发展，农产品初加工机械化取得明显进展，饲料作物生产机械化取得突破性进展，农业机械化发展布局进一步优化，信息化技术在食物生产中的应用范围进一步拓展。

（2）第二阶段（2030 年以前）

到 2030 年，农作物耕、种、收综合机械化水平提高到 80% 以上。实现由农业机械化高级阶段向机械化农业的转变，农业机械装备生产、市场管理高度信息化，包括主要作物机械化生产全面发展，养殖业生产关键环节基本实现机械化，农产品初加工机械化水平显著提升，区域农业机械化全面推进，信息化技术在食物生产中广泛应用（表 6.1）。

3.4.3 发展重点

（1）第一阶段（2020 年以前）的发展重点

探索和建立主要作物全程机械化生产模式，实现生产技术高度集成、资源要素科学配置与高效利用，生产力和生产关系协调发展，农机、农艺融合，社会、经济及生态效益明显提高。

表 6.1　2020 年和 2030 年农业机械化水平　　　　　　　　　　（%）

发展产业/项目名称			2013 年	2020 年	2030 年
农作物耕、种、收综合机械化水平			59.48	70	80
粮食	水稻	耕、种、收综合机械化水平	73.14	75	85
	小麦	耕、种、收综合机械化水平	93.71	95	98
	玉米	耕、种、收综合机械化水平	79.76	85	90
	马铃薯	耕、种、收综合机械化水平	37.34	50	60
	大豆	耕、种、收综合机械化水平	62.93	75	85
棉、油、糖等主要经济作物	棉花	耕、种、收综合机械化水平	61.06	65	75
	油菜	耕、种、收综合机械化水平	39.18	50	60
	甘蔗	耕、种、收综合机械化水平		40	50
	花生	耕、种、收综合机械化水平	50.49	55	65
	果、茶、桑	耕、种、收综合机械化水平		40	50
	设施园艺	耕、种、收综合机械化水平		40	50
养殖业	畜牧业	综合机械化水平		40	50
	水产养殖业	综合机械化水平		50	60
农产品初加工		综合机械化水平		45	60

1）主攻大宗作物薄弱环节机械化。构建主要农作物机械化生产技术体系，重点解决小麦、水稻、玉米、马铃薯、大豆、棉花、油菜、花生、甘蔗九大田间农作物，以及水果、蔬菜生产薄弱环节的机械化。

2）大力发展精准农业技术。重点解决种、肥、药精准施用，激光平地和农业航空应用技术，实现化肥、农药减施与资源高效利用。

3）大力提升新型高效农机装备生产制造能力。重点突破多功能、智能化、经济型高效节能动力和配套农机具技术，全面提升数字化设计和高端制造能力。

4）加快发展丘陵山区农业机械化技术及装备。重点解决适应丘陵山区机械化作业的轻简化动力底盘和作业机具。

5）大力推进畜禽与水产养殖业机械化。重点解决环境控制、智能饲喂、疫病防控、废物处理、信息化管理和饲草生产机械化。

6）促进大宗粮食作物和鲜活农产品初加工机械化。重点发展粮食烘储和果蔬商品化处理等产地加工技术，减少损失，保证品质，提高效益。

7）大力推进设施园艺机械化。大力发展基于清洁能源的设施园艺机械，特别是种、管、收和土壤处理机械。

8）完善农机社会化服务体系。探索适应不同经营规模的农机化与信息化服务模式，大力培养新型职业农民。

（2）第二阶段（2030年以前）的发展重点

到2030年，围绕新形势下国家粮食安全和可持续发展战略，形成科学、合理的农业机械化区域布局，完善的机械化农业生产技术体系和适合不同作物、不同区域的机械化生产模式及装备配备方案；农机、农艺融合，机械化、信息化融合。大力发展智能化农机装备，特别是农业机器与农艺融合互作机制及配套装备、现代种植业智能化农机化技术与装备、现代畜禽水产业健康养殖设施与技术装备、农产品产地商品化处理关键技术与智能装备，全面提高农业机械的设计、制造、作业、管理等环节的信息化水平，努力实现农业生产提质增效，培养新型农民。

3.4.4 发展战略路线图

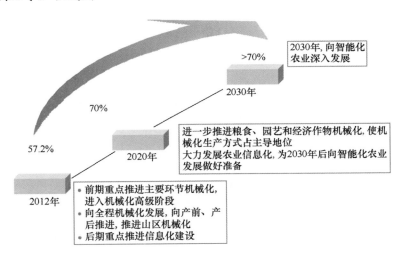

3.5 发展对策与政策建议

3.5.1 发展对策

围绕实现食物生产全程全面机械化，大力推进食物生产的规模化、专业化、机械化、信息化、标准化、社会化、安全化。规模化是提高食物生产效率的基础，机械化是食物生产的技术保障，专业化和标准化是机械化的基本要求，社会化是食物的生产组织保障，安全化是食物生产的要求，信息化是"六化"的重要支撑。"七化"

协调推进，是实现新形势下国家粮食安全和可持续发展战略的重要基础。

（1）大力发展农田建设机械化装备，促进农业基础建设

大力发展农田建设机械化装备，提升田、土、水、路、林、电、管的整治水平，推进高标准农田建设；着力构建不同经营主体需求的机械化生产模式，促进新型农业经营主体发展，推进土地流转。

（2）加快食物生产全程全面机械化，促进产业结构调整

构建粮、棉、油、糖等主要农作物生产和主要生产区域全程机械化模式并进行试验示范。以连片示范、全面提升为目标，加快普及应用成熟的主要粮食作物全程机械化生产技术；以突破瓶颈、探索模式为目标，示范推广棉、油、糖等经济作物全程机械化生产技术；大力推进饲草料机械化生产，以食物生产的产业化和规模化促进粮食作物、经济作物"二元结构"向粮食作物、经济作物、饲料作物"三元结构"调整的需要，实现"三元结构"全面机械化。

（3）加强农机化科技创新，支撑农业现代化发展

进一步明确农业机械化科技创新的公益性、基础性地位，构建支持农业机械化科技创新的稳定投入机制，支持相关科研机构和高等院校加强农业机械化科学技术研究，开发先进适用的农业机械；建立以政府为主导、项目为纽带的政产学研推的农业机械化协同创新机制，设立农机科技重大专项，围绕产业链，完善资金链，构建价值链，提高农业机械化协同创新水平；支持农业机械科研、教学与生产、推广相结合，促进农业机械与农业生产技术的发展要求相适应；做好农业机械化科技创新的顶层设计，实现主要粮食作物、经济作物和饲料作物全覆盖，产前、产中、产后全环节，平原地区、丘陵地区机械化都兼顾的协调推进格局，促进粮食增产、农业增效、农民增收。

（4）加强农机信息化建设，提升农业机械化水平

以信息化技术进一步提高农业机械化水平，包括采用智能农业机械和以信息化为特征的农业机械化生产和管理方式。大力提高水稻、小麦、玉米等大田作物生产的主要环节、设施园艺和畜禽水产生产全程信息化水平；促进农业信息获取、智能决策，以及农业物联网、精准技术装备等在农业产前、产中、产后各环节的应用；大力提升农业企业、家庭农场、农民专业合作社等农业生产经营主体信息技术应用能力；加快发展农产品电子商务，显著提高农产品质量和效益。

（5）支持农机工业发展，提升农机企业创新能力

坚持自主开发和引进、消化、吸收、再创新相结合的发展道路，逐步建立以企业为主体、市场为导向、产学研相结合的农机工业技术创新体系，加快产业升级和产品更新换代，增强农机工业自主创新和核心竞争力；优化农机工业产业组织结构，提高农机产业集中度，形成若干个具有先进制造水平和较强竞争力的大型农机企业集团和产业集群。提升关键基础性技术的创新能力，提高农机产品先进性、适用性、安全性、可靠性、科技含量和售后服务水平。

（6）创新农机社会化服务体系，提升农业综合生产能力

推进农机服务组织建设，提高社会化服务水平，创新农业机械化服务组织形式，大力发展农机专业合作社，培育发展一批设施完备、功能齐全、特色鲜明的示范农机合作社，带动大型、复式、高性能农机和先进农业技术的推广应用。鼓励发展农机合作社、家庭农场、专业大户和联户合作，促进农机服务主体多元化。培育农机作业、维修、中介、租赁等市场，扶持引导各类农机服务组织购置先进适用的农业机械，提高农机作业效率和利用率，提升农业综合生产能力。

3.5.2　政策建议

（1）加大农机化科技创新力度

加强农机化科技创新条件的建设支持。加大对农业机械化学科群建设及基地平台建设，建议增设土壤-机器-作物系统的互作规律、农机载荷谱、设计理论基础研究、基础工艺/材料/部件、电控、液压等共性技术研究国家级重点实验室，为基础性共性技术研究和人才培养创造条件。加强顶层设计，增加基于农机、农艺融合的机械化生产技术体系，基础性共性技术的研究投入，发挥高等院校、科研机构和生产企业的各自优势，分工协作，提高自主创新能力。加强农机化科技队伍建设，一是增加农业产业体系中的农机岗位专家，将体系中的农机岗位专家由现在的不到3%增加到10%，包括农机化技术研发、管理运用及技术经济方面的专家，加强基于全程化、全面化的农机装备区域与布局研究；二是加强农机化技术推广队伍建设，鼓励高校毕业生从事农机化技术推广工作，并提供相应待遇；在高校和科研机构增设农机化推广研究员岗位，充实农机化技术推广力量。

（2）强化农机化财政扶持力度

优化制度设计，加大补贴力度，完善农机化财政扶持力度。一是创新农机购置补贴机制。进一步发挥和强化市场在资源配置中的作用，全面推行重点补贴机具类型下的普惠制，强化补贴高性能、先进的农业机械，集中引导和推广粮、棉、油、糖等大宗农作物关键环节生产机械及产后处理机械，提高生产效率，降低生产成本，提高产品附加值，提高政策的指向性和针对性。二是推进相关配套政策措施的出台，构建完善的政策扶持体系。加大农机报废更新补贴、农机作业补贴的支持力度；实施农用燃油补贴和农用燃油税减免制度；对农业生产急需的新产品、新技术，以及农机化基础设施建设（如农机库、棚建设等）实施补贴政策。

（3）加快农机金融体系建设

构建完善的农机化金融信贷体系。开展农机租赁、贷款、贴息、保险等金融服务，创新抵（质）押担保方式，并将农机相关的金融活动制度化，逐步建立健全农村相关的交易市场，使农机拥有者在食物生产中的经营方式更加灵活。通过农机金融租赁业务加强农机购置者的购机能力，通过创新型抵（质）押担保方式，建立支农惠农过程中的良好金融秩序，解决现阶段购机中部分购机者购机款项不足而造成的无法购机问题。鼓励农村信用社、相关金融机构设立农机信贷、租赁业务，财政对农机信贷、租赁、保险等予以贴息补助，增强农机合作社等服务组织的发展潜力，促进现代农业发展。

（4）加强农业工程人才培养和职业教育

一是在农林院校实施卓越农林教育培养计划，进一步办好涉农学科专业。加大高等院校对农村经济落后地区的定向招生力度，对攻读农业工程的定向培养学生，实施减免学费的政策，鼓励毕业生到农村工作。二是农业工程招生名额向生产一线倾斜，向村干部、农民专业合作社负责人、农机大户等农村发展带头人倾斜。三是恢复和扶持农机职业教育，加快农机类中等职业教育免费的进程，鼓励涉农行业兴办农机职业教育，努力使每一个农村后备劳动力都掌握一门技能。四是广泛开展基层农技推广人员分层分类定期培训，加大农村教育投资力度，建立农民教育培训补贴制度，保证农民免费接收教育，壮大农技推广队伍。五是加强基层农机站建设，强化基层农机化技术推广人才队伍建设。

第7章 转变食物生产方式战略研究

1. 转变食物生产方式的意义

粮食与食物安全始终是关系我国国民经济发展、社会稳定的全局性重大战略问题。党中央、国务院始终高度重视粮食与食物安全工作并将其摆在突出位置。

当前，我国经济社会发展处在转型期，随着工业化、城镇化不断加速，农业科技不断进步，原有一家一户分散经营的模式已不能满足需要，转变生产方式是现阶段我国农业发展的必然选择。

转变生产方式有利于提高我国农业的生产力和竞争力，有利于改善和保障我国粮食安全和食品质量，有利于促进农民增收和改善城乡关系，有利于促进我国"四化"协调发展。

专业化、规模化和组织化都是现代农业的基本特征，是我国农业生产方式转变的基本内容。

2. 转变食物生产方式战略研究的主要发现

2.1 专业化

农业专业化是地域分异规律和分工理论发挥作用的必要条件，主要表现在三个方面：区域专业化、服务（生产环节）专业化和农户专业化。

区域专业化是在空间层面表现出的专业化，体现在两个方面：一是各地区生产的农产品种类减少，主产品的比例上升；二是各类农产品在中心产区（主产区）的产量占总产量的比例上升。

服务专业化是指农业生产的产前、产中、产后作业服务，以及技术服务、销售服务、加工储藏、流通运输等过去由单一主体完成的工作分解为由不同的专业化主体完成。与之相伴的是，农民的生产技能与技能应用的专业化。

农户专业化既包括农业生产品种减少的专业化，又包括农户减少在整个生产环节中所从事的活动内容的专业化。

每个方面的专业化有如下主要发现。

2.1.1 区域专业化的主要发现

2.1.1.1 粮食生产越来越集中

粮食产出的分布非常集中，并且有进一步集中的趋势。2009 年，规模最大的 124 个县完成了 25% 的粮食产量，235 个县完成了另外 25% 的产量，404 个县完成第三个 25% 的产量，1286 个县完成最后 25% 的产量。与 2000 年相比，完成前 50% 粮食产量的县从 419 个减少到 359 个，减少了 60 个，完成前 75% 产量的县从 834 个减少到 763 个，减少了 71 个（图 7.1）。

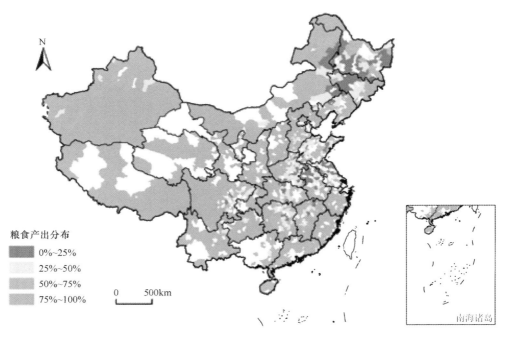

图 7.1　2009 年粮食产出的空间分布（彩图请扫描文后末页二维码阅读）

分品种来看，稻谷、小麦、玉米三种粮食作物的集中程度高于粮食总体。三种作物中，玉米生产覆盖的空间最广，小麦其次，集中程度最高的是小麦，玉米其次（表 7.1）。

表 7.1　粮食与三种主要作物的空间集中程度

比例	粮食		稻谷		小麦		玉米	
	县数	比例 /%	县数	比例 /%	县数	比例 /%	县数	比例 /%
0% ～ 25%	124	6.05	76	5.47	54	3.36	47	2.43
26% ～ 50%	235	11.47	134	9.64	95	5.92	138	7.14
51% ～ 75%	404	19.72	235	16.91	172	10.71	282	14.59
76% ～ 100%	1286	62.76	1631	67.99	1755	80.01	1466	75.84
总计	2049		1390		1606		1933	

2.1.1.2　粮食产出的重点地区经历了明显的北移

　　2010 年与 2000 年相比，完成粮食 75% 产出的县在分布上发生了明显的北移。新进入的县主要分布在黄河以北，特别是东北地区和西北地区，退出的则主要分布在长江以南，特别是东南沿海地区（保持的县 672 个，新进入的 82 个，退出的 160 个）（图 7.2）。

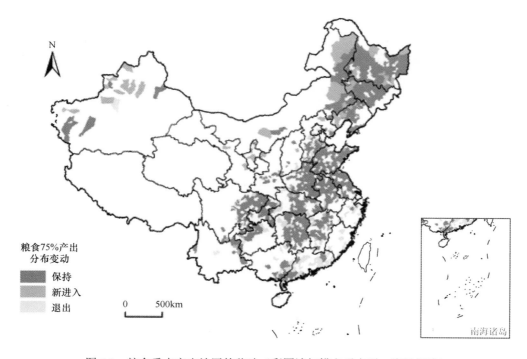

图 7.2　粮食重点产出地区的移动（彩图请扫描文后末页二维码阅读）

2.1.1.3 重点产区与中心产区发生偏离

总体上，主产区在粮食生产中占有越来越重要的地位。2000～2010年，完成75%粮食产出的县中，来自主产区的县所占比例趋于增加，产出在总产出中所占的比例也趋于上升（图7.3）。

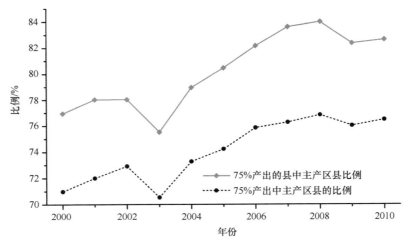

图7.3 主产区县在粮食重点产区中的占比

但是，分省来看，这种变化并不是均衡的。2000～2010年，完成75%产出的县中，主产区县的分布也快速变化，除了东北三省有较大增加，内蒙古有少量增加外，其他主产区省份都是减少的。如果说，主产区的划分体现了粮食生产的资源禀赋特征，那么重点产区的分布与资源禀赋发生偏离（图7.4）。

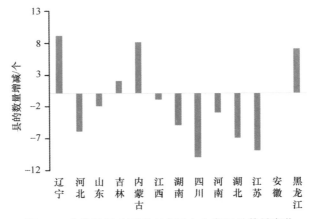

图7.4 分省级行政区重点产区中主产区县数量变化

2.1.1.4 三种粮食作物变动不均衡，主产品（最大产出）更替明显

各县的三种粮食作物中产出最大的品种称为主产品。2009 年，主产品是稻谷的县占县总数的 43.98%，小麦和玉米的县分别占 19.80% 和 36.22%。与 2001 年相比，主产品是稻谷和小麦的县所占比例都有下降，尤其是小麦，主产品是玉米的县有明显增长（图 7.5）。

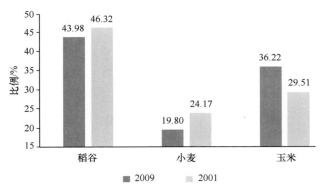

图 7.5 2001 年与 2009 年不同主产品的县占县总数的比例

2001 ～ 2009 年，主产品由稻谷变为小麦的有 8 个县，由小麦转为稻谷的有 33 个县，稻谷、小麦之间主要是小麦转稻谷。稻谷、玉米之间主要是稻谷转玉米，小麦、玉米之间主要是小麦转玉米，主产品由小麦转玉米的县高达 133 个。小麦转玉米的地区主要分布在山东、河北和陕西一线，稻谷转玉米的地区主要在西南和东北地区（图 7.6）。

2.1.2 区域专业化的主要发现

2.1.2.1 主产区在粮食生产中的作用增加

2012 年，全国 13 个粮食主产区的粮食产量占全国粮食总产量的 75.7%，与 2003 年相比提高了 5.7 个百分点。2003 ～ 2012 年，全国粮食总产增量中的 88.3% 来自粮食主产区；其间，粮食主产区粮食产量的增长速度是非主产区的 3.08 倍。

2.1.2.2 重点地区的单产优势更加明显

粮食向重点产区集中反映了重点产区的单产优势。2009 年，完成粮食 75% 产出的县的单产中位数是 6.02t/hm²，比完成另外 25% 产出的县高出 28.6%。分品种

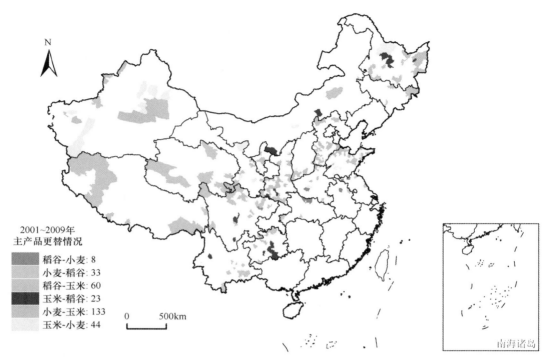

图 7.6　主产品更替情况的空间分布（彩图请扫描文后末页二维码阅读）

来看，稻谷重点产区单产的中位数比其他产区高 10.8%，小麦重点产区单产的中位数比其他产区高 89.2%，玉米重点产区高 36.9%（图 7.7）。

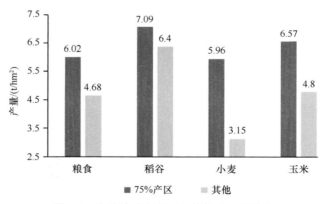

图 7.7　分品种重点产区与其他地区的单产

将过去三年产出占总产出的比例都稳定在 0.8‰ 以上的县（2009 年累积总产量接近粮食总产量的 50%）划为粮食核心产区。核心产区的单产水平高于非核心产区，并有扩大趋势。2009 年，核心产区的县单产中位数为 6.36t/hm²，比非核心产区中位数高 28.0%，2003 年的差距为 21%。

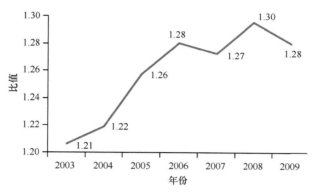

图 7.8　核心产区与非核心产区粮食平均单产比值

2.1.2.3　核心产区的进入和退出体现了单产优势

根据 2003 年与 2009 年是否为核心产区的划分，将各县划分为 4 组，分别是保持在核心产区（2003 年与 2009 年都在核心产区）、新进入核心产区（2009 年在核心产区，而 2003 年不在）、退出核心产区（2003 年在核心产区，而 2009 年不在）、都不在核心产区（2003 年与 2009 年都不在核心产区）。从 4 组地区平均单产及变化情况看：① 4 组地区粮食平均单产都有增长；②保持在核心产区的县与新进入核心产区的县比其他地区增长更快；③保持在核心产区的县单产水平一直最高；④新进入的县与退出的县相比，2003 年的单产较低，2009 年则较高（图 7.9）。

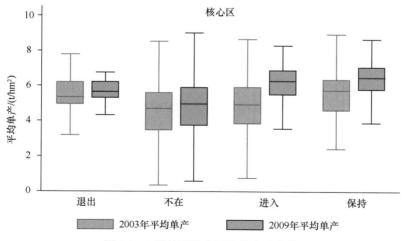

图 7.9　4 组地区粮食平均单产及变化

2.1.3 农户专业化的主要发现

农业专业化过程中，微观资源配置最为显著的特征是种植业与养殖业分离，农户的农产品供给与农产品需求高度不一致。

2.1.3.1 规模经营专业大户的比例在提高

截至 2011 年年底，全国经营耕地面积在 50 亩以上的种植大户达到 276 万户，其中 100 亩以上的近 80 万户。目前，全国共有种粮大户 68.2 万户，占全国农户总数的 0.28%；经营耕地面积占全国耕地面积的 7.3%，粮食产量占全国粮食总产量的 12.7%。在单产方面，种粮大户粮食平均亩产 486kg，高出全国平均水平 133kg。

2.1.3.2 一般农户混合经营的比例在下降

根据中国社会科学院农村发展研究所多年的村庄调查数据，既种又养的混合型农户占比有下降趋势，2008 年为 67.89%，2011 年降至 48.12%，2012 年进一步降至 40.58%。同时，只种不养的专业型农户的比例有上升趋势，从 2008 年的 29.43% 增长到 2012 年的 56.04%（表 7.2）。

表 7.2　农户结构　　　　　　　　　　　　　　（%）

年份	农户类型占比			农户类型占比	
	既种又养	只种不养	只养不种	兼业	只从事农业
2008	67.89	29.43	2.68	41.41	58.59
2009	59.82	37.50	2.68	45.17	54.83
2010	65.19	34.81	0	49.59	50.41
2011	48.12	42.86	9.02	23.99	76.01
2012	40.58	56.04	3.38	35.92	64.08

2.1.4 服务专业化的主要发现

2.1.4.1 用工与机械服务日益专业化

根据国家统计局的农业成本收益数据，在机械化的作用下，粮食生产（三种粮食作物平均）亩均劳动投入持续减少，从 2000 年的 12.2 日下降到 2012 年的 6.43 日。农户的机械作业主要通过社会服务获得，具体体现是租赁作业费中的机械作业费在直接费用中的比例持续上升，从 2000 年的 14.9% 上升到 2012 年的 29.57%。逐渐减少的劳动投入也有社会化的趋势，劳动总投入中雇工所占比例缓慢上升，从 2000 年的 4.1% 上升到 2012 年的 4.98%（图 7.10）。

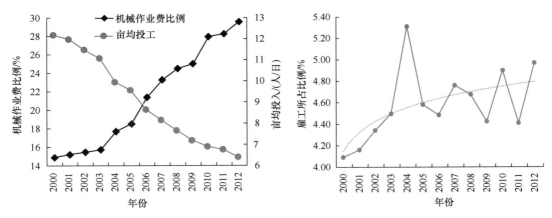

图 7.10　粮食生产的用工和成本结构

2.1.4.2　农机合作社与农机跨区作业快速发展

农机合作社及农机跨区作业是农业服务专业化的重要途径，近年得到快速发展。2011 年，全国农机合作社数量已经达到 2.8 万个，服务农户 2422 万户，占全国农户数的 9%；农机合作社年作业服务面积 6.5 亿亩，占全国农机作业总面积的 12.1%。在农机跨区作业方面，以小麦为例，实行小麦跨区作业的联合收割机数量从 1997 年的 5 万台增长到 2012 年的 32.5 万台，小麦主产区县域内的收割时间由半个月缩短为一周左右。由于机收和机耕作业代替了人力作业，在"三夏"农忙季节，我们再也看不到农民工为了抢收、抢种而出现的"返乡潮"了。

2.1.5　专业化的主要问题

农业专业化的问题体现在以下几个方面：①农户专业化与服务专业化水平还有待进一步深化；②区域专业化仍在进一步发展，但农业与资源禀赋、人口（需求）分布偏离日益突出，资源与农产品的双向流动导致浪费。

2.1.5.1　粮食生产布局与需求（人口）偏离

粮食产出在全国占比与人口在全国占比的比值，反映了地区粮食供求关系、粮食生产与人口分布的协调性。分地区看：①北京、上海、广东、浙江等发达地区的粮食产出比例与人口比例明显失衡；②大多数地区的粮食产出比例与人口比例之比趋于下降，包括主产区与平衡区的多数省（自治区、直辖市）（表 7.3，图 7.11）。

表 7.3　2011 年粮食产出比例与人口比例之比

产出比例 / 人口比例	地区
＞1.2（7 个）	黑龙江（3.41）、吉林（2.71）、内蒙古（2.26）、河南（1.39）、安徽（1.23）、宁夏（1.32）、新疆（1.3）
0.8～1.2（11 个）	辽宁（1.09）、山东（1.08）、江西（1.07）、湖南（1.05）、河北（1.03）、江苏（0.98）、湖北（0.97）、四川（0.96）、甘肃（0.93）、重庆（0.91）、云南（0.85）
＜0.8（13 个）	山西（0.78）、陕西（0.75）、广西（0.72）、西藏（0.72）、贵州（0.59）、青海（0.43）、海南（0.50）、福建（0.42）、浙江（0.34）、广东（0.3）、天津（0.28）、北京（0.14）、上海（0.12）

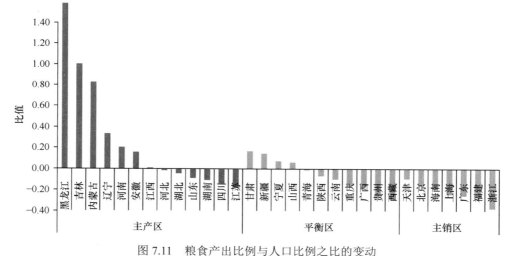

图 7.11　粮食产出比例与人口比例之比的变动

2.1.5.2　粮食生产与水资源偏离

粮食播种面积比例与水资源比例之比衡量粮食生产与水资源禀赋的协调性。用 2003～2011 年的水资源比例均值来衡量各地的水资源比例（图 7.13），根据 2011 年播种面积比例与水资源比例之比将各地划分为 6 个组，从结果来看：①宁夏、山西、河北、山东等地比值较高，粮食生产与水资源存在明显偏离；②从 2000 年和 2011 年粮食播种面积比例的变化看，比例增加的主要是比值较高的地区，这些地区的粮食生产与水资源供给的矛盾在加剧。

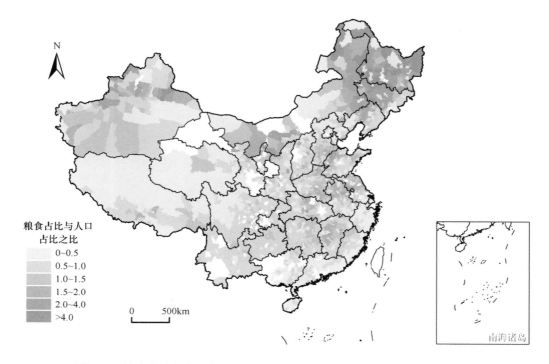

图 7.12　粮食占比与人口占比之比示意图（彩图请扫描文后末页二维码阅读）

表 7.4　2000～2011 年粮食播种面积比例与水资源比例之比的分布和变动

粮食播种面积比例与水资源比例之比	增长	下降
＜0.5	新疆	广东、福建、海南、青海、西藏
0.5～0.8	江西	浙江、广西、四川、湖南、云南
0.8～1		贵州
1～2		重庆、湖北
2～5	辽宁、安徽、吉林、河南、内蒙古、黑龙江	陕西、北京、江苏、上海、甘肃
＞5	宁夏、山西	河北、山东、天津

2.2　规模化

2.2.1　土地流转快速发展

　　"十一五"末期，农户承包土地的流转面积增加到 18 668 万亩，与"十五"期末相比增加 13 201 万亩，平均每年增加 2640 万亩，年均增长 27.8%，比"十五"

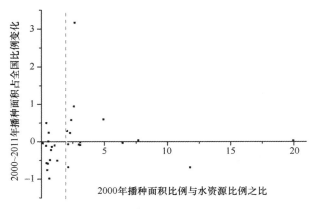

图 7.13　水资源与粮食生产匹配状况

时期年均增速高 3.2 个百分点。流转面积占家庭承包耕地面积的比例提高到 14.7%，与"十五"期末相比增加 10.1 个百分点。

截至 2012 年年底，全国家庭承包耕地流转总面积为 2.78 亿亩，占家庭承包经营耕地面积的 21.2%。分省来看，耕地流转面积占耕地承包面积 25% 以上的前 10 个省（市）分别是：上海 60.1%、江苏 48.2%、北京 48.2%、浙江 42.9%、重庆 36.1%、黑龙江 35.7%、广东 28.9%、河南 26.9%、安徽 25.7%、湖南 25.7%。

根据我们的调研，2012 年有 13.8% 的耕地进行了流转经营，而 2009 年这一比例只有 5.6%。耕地流转经营现象越来越多，但目前仍然只占少数（低于农业部的数据）。土地流转为规模化发展奠定了坚实基础。

2.2.2　经营规模逐渐增大

根据两次全国农业普查资料，在 1996 ～ 2006 年，我国规模化经营农户的比例有所上升，但仍以 1hm² 以下小规模经营为主，他们合计占整个农户总数的 93% 左右。1hm² 以下的农户占比 10 年间仅下降了 0.72 个百分点。而日本 1995 年时，1hm² 以下的农户占比为 60.4%。1996 ～ 2006 年，经营规模在 1 ～ 2hm² 的农户呈缓慢增长趋势；2hm² 以上、6.6hm²（100 亩）以下的农户的数量和占比呈现快速增加趋势，特别是经营规模在 50 ～ 100 亩的农户呈现较快增长态势，10 年间几乎翻了一番；6.6hm²（100 亩）以上的农户数量和占比呈现出高速增长趋势，这类农户的数量在 10 年间增长了 3 倍。

根据农业部调查，目前经营规模在 50 亩以上的大户全国有 270 多万户，其中超过 100 亩的有七八十万户。全国家庭农场经营 50 亩以下的有 48.42 万个，占 55.2%；

50～100 亩的有 18.98 万个，占 21.6%；100～500 亩的有 17.07 万个，占 19.5%；500～1000 亩的有 1.58 万个，占 1.8%；1000 亩以上的有 1.65 万个，占 1.9%。

根据我们的调研，户均经营规模为 88.4 亩，最小为 2 亩，最大为 1458 亩。其中，10 亩以下农户数占 38.4%，10～50 亩的占 27.5%，50～100 亩的占 12.1%，100 亩以上的占 22%。

2.2.3　经营主体迅猛发展

近些年来，随着工业化、城镇化、信息化和农业现代化进程加快，农业机械化水平和农业种植技术的不断提高，大量农村劳动力从土地中解放出来，向城镇和非农产业转移，农村土地开始向少数农民手中转移，地块逐步集中，经营规模逐渐增加，自发地出现了种田大户、家庭农场、农民专业合作社、农业龙头企业等新型经营主体。

例如，课题组在黑龙江、上海、浙江调研发现，至少出现了如下几种经营主体：①传统的农户，即继续耕作二次承包地的农户。②种粮大户。由农民按其意愿，选择性地将其土地以转包、转让、出租等形式，流转给种田专业大户进行经营。他们通过引用新品种、运用新技术、使用大机械作业，降低了生产成本，提高了粮食产量，亩均纯收益比普通农户高 100 多元。③家庭农场。以家庭为单位，以家庭成员为主要劳动力，从事农业规模化、集约化、商品化生产经营，并以农业收入为家庭主要收入来源的新型农业经营主体。④土地合作社。这种模式以入股组建注册合作社的形式，通过带地、带机、带资金、带技术入股等方式，将分散生产的农户组织起来，统一生产、统一经营，提高了农产品的市场竞争力和农民的收入水平。⑤龙头企业经营。主要是社会资本进入农业，承包一定规模的土地，进行规模化经营。

另外，根据湖北农业厅的统计资料，土地最先流转给农户，然后流转给专业大户，包括现在流行的家庭农场，接着流转给农民专业合作社，最有规模的是流转给产业化龙头企业，最有争议的是流转给那些与三农"沾不上边"的工商企业。据湖北省农业厅统计，目前流转入农户的土地比例为 61.2%，合作社、企业和其他主体分别占 15.7%、14.8% 和 8.4%。据荆门市农业局统计，全市土地流转面积为 89.39 万亩，主要流向分三大块，流入农户、家庭农场和种养大户的为 53.98 万亩，占 60.2%，流入专业合作社的为 16.58 万亩，占 18.5%，流入龙头企业的为 16.83 万亩，占 18.8%。

家庭农场这种新型经营主体取得了快速发展。截至 2012 年年底，全国家庭农场有 87.7 万个，经营耕地面积达 1.76 亿亩，占全国承包耕地面积的 13.4%。平均每个家庭农场有劳动力 6.01 人，其中家庭成员 4.33 人，长期雇工 1.68 人。在全部家庭农场中，从事种植业的有 40.95 万个，占 46.6%；从事养殖业的有 39.93 万个，占 45.5%。家庭农场生产经营规模较大，平均经营规模达到 200.2 亩，是全国承包农户平均经营耕地面积 7.5 亩的近 27 倍。

根据课题组的调研资料：上海从 2007 年开始出现家庭农场，目前有 1368 家家庭农场，户均 110 亩左右。浙江省于 1989 年发展家庭农场，2006 年之后快速发展。2012 年，宁波就有 2750 多家工商登记的家庭农场，涉及粮食、蔬菜、水果等类别。湖北省 2013 年也有 44 370 个家庭农场。湖北省的地市政府发展家庭农场的积极性很高，比省政府还早地就出台了相关文件。湖南省常宁市的家庭农场发展也很迅速，据初步统计，截至目前，该市已发展各类家庭农场 461 个，家庭农场发展态势较好，特征明显。

2.2.4 服务体系发展迅速

除了上述经营主体的快速发展外，为经营主体进行各种市场化、非市场化的服务体系也发展迅速，而且这些服务体系也呈现规模化趋势。

课题组在四川崇州的调研表明，当地已经建立了四大服务体系：农业科技、农业社会化、农业品牌、农村金融服务体系。这些服务体系与当地的土地股份合作社形成了独特的"1+4"新型农业经营体系，有效地推动了粮食规模生产，促进了农业生产方式的转变。而且，据调查，这些服务体系主要有三家公司或合作社在运行，它们服务于当地 10 万亩的粮食生产，服务体系的规模化形势喜人。

例如，课题组调研的成都蜀农昊农业有限公司在崇州市桤泉、隆兴、济协等片区建成了农业服务超市 9 个，超市服务面积达 20 余万亩。整合农机专业合作社（大户）22 个、拥有大中型农机具 320 套、专业从业人员 662 人；整合农资供应商（企业）15 家，为合作社提供肥料 7560t，种子 100t 以上；整合劳务合作社 6 个、从业人员 1000 多人；整合植保专业合作社（植保机防队）16 个，拥有植保机械 700 余台（套）；整合专业育秧公司，建成工厂化育秧中心 2 个、水稻集中育秧基地 25 个，年供秧能力 10 万余亩；建成库容 2000t 的粮食就仓干燥仓库；试点探索"粮食银行"服务，建成"粮食银行"兑换点 8 个；为土地股份合作社和土地规模经营业主提供农业生产环节中的全程"保姆式"服务，从而推动了农业专业化生产，使大量农民从农业生产中解脱出来，实现向城镇和二三产业转移。

2.2.5 规模效益逐渐体现

课题组根据两次农业普查数据发现，随着经营规模的扩大，农业从业人员的劳动能力逐步提高，使用青壮年劳动力的比例更高，农业从业者的教育水平同步提高，男性劳动力的比例逐步增加，同时，外来从业者比例也有所提高。

随着经营规模的增大，大中型拖拉机拥有比例显著提升，农业生产设施投资明显增加。规模化经营促进了机耕、机播、机收作业和其他现代农业技术的推广和使用。规模化也促进了专业化的发展。课题组在黑龙江、吉林调研表明，规模化经营使得大型机械化作业成为可能（深耕），也使得新的生产农艺技术（变换垄的方向）成为可能，这些都使得产量增加 20% 左右。

课题组在四川崇州的调研表明：基于土地股份合作社的职业经理人规模化经营，有效降低了生产资料等投入成本。根据调研，崇州当地普通农户种一亩水稻的成本约为 613 元，若亩产 1000 斤，价格 1 元 / 斤，最后的利润约为 400 元左右；而经过土地股份合作社实现规模化经营后，一亩水稻的成本约为 521.8 元，若亩产 1000 斤，价格 1 元 / 斤，最后利润为 560 元。

课题组的调研表明，从 2013 年土地股份合作社的生产经营情况看，土地股份合作社存在如下优势：①提高了粮食产量。据对 2013 年由现代农业职业经理人管理的土地股份合作社种植水稻产量的调查统计，土地股份合作社水稻亩产平均为 561kg，明显高于四川省、成都市的水稻平均单产水平，比当地未入社农户平均每亩增加 52kg。②促进了农业增收。据测算，2013 年土地股份合作社在提取公积金和农业职业经理收益后，入社社员平均每亩多收入 100 元以上。例如，隆兴镇青香土地股份合作社在按照约定提取公积金和现代农业职业经理人收益后，入社社员每亩水稻分配 692.2 元，比当地未入社农户种植水稻每亩增收 100 多元。③增加了农民收入。农户入社后，不仅能分红，而且可以在土地股份合作社打工挣钱，安心从事二三产业。例如，隆兴镇黎坝村杨柳土地股份合作社郭秀英用自家入股的 3.03 亩地算了一笔账：原来种一年地收入不到 1800 元，2013 年全年土地股份合作社分红 2724 元，她在土地股份合作社打工又挣了 4500 元。同样的 3.03 亩地，入社后比原来多收入 5424 元。

2.2.6 警惕规模非粮经营

根据农业部相关资料，流转耕地用于种植粮食作物的比例上升。农户流转出的承包耕地中，用于种植粮食作物的面积为 1.56 亿亩，占流转总面积的 55.8%，比 2011 年增加 1.1 个百分点。分省来看，流出耕地用于种植粮食作物的比例较高的地区有：吉林 90.5%、黑龙江 87.5%、内蒙古 72.7%、安徽 69.0%、河南 64.4%、江西 58.6%、青海 56.5%。

但课题组在很多地方调研同时表明，不少规模化经营过程中存在非粮化问题。例如，课题组 2014 年在合肥调研的一个农业科技有限责任公司，2014 年经营 240 亩。经营范围包括有机水稻、有机蔬菜和水果等，种植结构如表 7.5 所示。非粮化比例约为 50%。

表 7.5　课题组调研的农业科技有限责任公司经营概况

序号	经营项目	占地面积 / 亩	概况
1	有机水稻	120	不用化学合成的农药、化肥、生长调节剂等物质，施用有机肥，完全遵循自然规律和生态原理，采用一系列可持续发展的农药技术进行生产 品牌：XXX 有机米
2	欧洲大樱桃	100	
3	有机蔬菜	20	经过认证的有机蔬菜

无论如何，我们需要警惕规模化经营中的非粮化行为。

2.3　组织化

农业组织化以提高农业生产效率为首要目标，农业生产经营组织通过一定的社会经济组织形式与制度来协调社会经济分工，从而使其成为一个相互联系、相互依赖的有机整体的发展过程。

2.3.1　龙头企业不断增加

龙头企业的数量不断增加，规模不断扩大，基地投入不断增加，带动农户创收能力不断增强。2009 年，国家重点龙头企业通过合同带动农户 4668.4 万户，平均每家企业带动 5.22 万人，相比 2007 年增加 16.5%。

分类来看，粮油类龙头企业利润小、资产规模大；畜禽类龙头企业销售收入高、发展速度快；果蔬企业利润率高，市场集中度低；乳制品行业增加值高，市场集中度较高。

组织方式主要是龙头企业与农业产业链上的其他各经济主体通过契约形式，将产前、产中、产后连接起来，实现生产链的纵向一体化。契约内容涉及生产产品的种类、数量、用途、生产技术和方法、产品销售等。采用模式有龙头企业＋农户和龙头企业＋农民合作社＋农户等。

政府通过各种方式对龙头企业进行大力扶持，各种龙头企业的自身业绩和带动效益有所差别，总体来说效率较高。

2.3.2　农民合作社快速发展

农民合作社数量不断增加。2013 年，农民合作社的数量在 2008 年的基础上增加了 785.6%，从 11.1 万家增加到 98.2 万家；带动农户作用不断增强。全国范围内的农民合作社成员总数从 2008 年的 141.7 万人增加到 2013 年的 2951.0 万人，约占全国农户数量的 11.1%，年均增长率为 89.8%；合作社还出现了规模不断扩大、业务范围多样化等趋势。

政府积极鼓励、大力支持农民专业合作社发展。农民合作社有很多不同的发展模式，不同模式的运行绩效存在差别，但在带动农民增收，促进农业标准化、规范化、信息化、科技化和品牌化等方面都起到了很好的作用。

2.3.3　产业间组织化程度不同

种植业、养殖业，乃至不同的农业产品采取的组织化模式有所不同，各自的组织化程度也有所区别，这些区别在很大程度上与各个产业自身的产品特性、生产方式和市场结构等密切相关。

2.3.4　总体组织化率逐步提高

我国农业组织化水平在近 20 年来取得了快速发展，按照国家统计局及国家工商总局提供的相关数据显示，2009 年，我国国家重点龙头企业带动农户 4668.4 万户，农民合作社带动 380.5 万户（参与成员总数是 391.7 万户），组织化率分别是 17.9% 和 1.5%，19.4%。2011 年，我国农民合作社参与农户达到 1175.5 万户，组织化率上升到 4.4%。2013 年，农民合作社成员农户增加到 2899.4 万户，而国家重点龙头企业以 2009 年数据为依据计算，我国农业组织化率最少应该达到 28.8%。考虑到农民合作社的成员数量远远高于实际报送数据这一现实情况，2013 年，我国农业组织化率应该在 35% 左右。

2.3.5　不同组织方式相互交织

目前，在以各类农业经济组织为带动的产业化组织模式中，主要是农业经济组织与农业产业链上的其他各经济主体通过契约形式，将产前、产中、产后连接起来，实现生产链的纵向一体化，契约内容涉及生产产品的种类、数量、用途、生产技术和方法、产品销售等。由于我国各地经济发展的差异及行业特点的不同，以龙头企业为核心的农业组织化模式主要可以分为：种养植龙头企业＋农户、销售企业＋农户、加工企业＋农户三种形式。近年来，随着农民合作社的发展，还出现了龙头企业＋农业合作社＋农户的新模式。这种模式降低了企业与农户的违约风险，有利于农民收益的提高，发展势头迅猛。

2.3.6　组织化问题

农业组织化面临的问题包括：①组织制度缺陷，表现为利益联结较弱，契约缺乏约束力；②技术层次低、专业人才不足；③辐射范围小、带动能力低；④企业和农户的市场地位不对称，农户往往处于被动的弱势地位，利益容易被侵害；⑤管理和运营不规范，制度不完善；⑥筹资、融资能力弱，制约发展壮大；⑦政府扶持有待调整和加强。

3. 转变食物生产方式的目标

3.1　专业化目标

根据建设现代农业与农业可持续发展的要求，未来农业专业化的发展目标如下。

3.1.1　稳定区域专业化水平

稳定粮食生产布局，避免粮食生产进一步向局部地区集中。同时，通过节水、节地技术等的发展与应用，着力解决粮食生产与资源之间存在的背离与矛盾；完善区际转移支付制度，确保粮食安全战略具有合理的区际利益关系基础。

3.1.2　加快推进农户专业化与服务专业化

到 2020 年，培育约 3000 万户规模经营的专业化农户，届时占农户比例的

30%；另外，培育 1000 万从事专业化的农业社会化服务人员。

3.2 规模化目标

3.2.1 农户规模经营发展目标

根据中国农户自身变化规律，并结合类似国家如日本的变化规律，预期经过约 10 年时间，到 2015 年时经营 2hm² 以上的农户比例将比 2006 年时增加 1 倍；再经过快速发展的 5 年，到 2020 年再实现翻倍，达到 10%；到 2030 年时，再翻倍达到 20%。

3.2.2 家庭农场发展目标

到 2030 年，一个家庭农场的规模需要达到 179 亩方能使经营者的收入达到同期城镇居民家庭的收入；如果种植玉米，农场规模需要达到 214 亩；如果种植稻谷，农场规模需要达到 217 亩；如果种植小麦，需要达到 282 亩。

到 2030 年，全国要发展到 156.63 万个家庭农场。其中主要种植玉米、小麦、稻谷的家庭农场个数分别为 131.06 万个、99.5 万个和 129.06 万个。

3.3 组织化目标

3.3.1 总体目标

充分利用各种资源、进一步完善、创新农业组织化方式，提高龙头企业和农民合作社的带动作用，保障农业生产效率的持续提高和农民收入的稳步增加。

3.3.2 具体目标

（1）提高农业组织化程度

构建自上而下、民主管理的全国性农业组织化体系，吸收农户、龙头企业、农民合作社等各种农业经济组织积极加入，到 2030 年年末，农户覆盖率达到 100%。

（2）丰富农业经济组织功能

进一步赋予农民合作社更为丰富的服务功能，使其成为农资、农技、金融产品及农村生活服务供给者。

（3）提升农业经济组织竞争力

完善法律体系并提出相应的负面清单，通过各种财政、法律杠杆，允许其在惠农领域局部垄断，以更为优惠的价格优势服务农民。

（4）理顺与农民利益合作和分配机制

加强政府监管和指导，彻底解决农民合作社的异化和弱化问题，使其成为真正的民建、民管、民受益的农业经济组织，使成员切实分享到生产、流通环节的利润，增加农业收入。

4. 转变食物生产方式的战略举措

4.1 专业化举措

第一，加快建立粮食调出、调入地区之间的利益补偿机制，包括生态补偿与粮食调销补偿，使各地区在保障和实现粮食安全过程中面临的外部性得以内部化，建立均衡的权责利益关系。

第三，加强对土地流转前后土地用途的管制与监督，特别是具有丰富、优质农业资源的沿海发达地区，确保有意愿从事农业生产（规模经营）的大户或投资者能够获得土地，而那些掌握一定行政资源、有能力获得土地的资本即使获得土地也不能将其转为他用。

第三，加快资源节约型农业生产技术的开发与应用，特别是节约水资源利用与更加环境友好的农业生产技术，克服农业区域专业化过程中的资源约束与生态环境问题。

第四，粮食生产在空间上的集中增加了总体食物安全的脆弱性，需要加强风险预警与应对风险的缓冲机制建设。

4.2 规模化举措

4.2.1 培养壮大新型农业经营主体

大力培育专业种养大户和家庭农场。家庭经营在任何时候都是农业生产最基本的经营形式。专业大户和家庭农场是促进家庭经营集约化、专业化、规模化的有效形式。

加快发展农民合作社。支持农民合作社规范化发展，支持和引导农民合作社做大做强，不断增强自身实力、带动能力和竞争能力。引导和支持兴办多元化、多类型的合作组织，充分发挥土地、劳动力、资金等生产资料和资源的聚集效应，优化农村资产资源的市场配置效率。

做大做强农业产业化龙头企业。鼓励龙头企业与农民、专业合作社等建立紧密型的利益联结机制，充分发挥龙头企业对现代农业发展的引领和带动作用。

4.2.2　加快培养新型职业农民

加大农村实用人才培养力度，对农业生产、技术指导、市场营销等不同类别的农村实用人才实行差别补助。加快推进职业农民培养。吸引和支持年轻人务农，从根本上解决我国农业后继乏人的问题。

4.2.3　重构农业社会化服务体系

主要包括 4 类服务体系：农业科技服务、农业社会化服务、农业品牌服务、农村金融服务。积极探索各类服务体系的市场化运作机制、建立高效的服务人员激励机制。

4.2.4　稳步推进土地流转

推进农村土地确权登记颁证，建立土地流转信息平台，降低流转的交易成本，提高流转合同的规范性。激励规模经营者可持续性使用转入地，积极保持土壤肥力。

4.2.5　确保粮食种植收益

坚持实施主要品种粮食最低收购价政策和生产资料综合补贴，加强科技创新，提高粮食单产，将粮食种植收益保持在一定水平之上。采取适当政策应对非粮化等问题。

4.3　组织化举措

4.3.1　完善以家庭经营为主体的农业经营体系

坚持以家庭经营为基础，逐步完善以生产经营组织体系和社会化服务体系为主体的农业经营体系，分别赋予家庭农场、农业企业及农民合作社在农业发展中不同的功能。

4.3.2 完善农民身份界定制度

构建以农地家庭承包经营权为基础的农民身份认定制度，细化拥有的家庭承包经营权，但实际从事农业生产经营的生产者的认定、扶持制度。

4.3.3 完善农业经营组织与农户的利益联结机制

鼓励发展"工商资本＋合作社＋农户""工商资本＋生产基地＋农户"的新型合作方式，使农民联合起来形成合作，可以对工商资本形成有效约束和制衡。

4.3.4 完善农民合作社各项规章制度

完善农民合作社资金互助制度，严格遵守资金内部封闭运营原则、资金使用对象和用途，严格监管制度；完善联合社制度，明确联合社存在与成员社的关系问题，涉及股权结构、决策原则、分配制度和业务范围等；逐步完善农民合作社监管制度。

4.3.5 完善农业组织化政策体系

明确政府定位，加强法律制定和市场监管功能；加快公益性服务体系建设，扶持农民合作社、研究单位的发展，鼓励科技创新；政策应适当向中小企业、农民合作社倾斜；加强监管政策资金用途；进一步拓宽农业经济组织的融资渠道。

主要参考文献

白静. 2011. 黑龙江西北部玉米膜下滴灌试验研究. 邯郸: 河北工程大学硕士学位论文

白军飞, 闵师, 仇焕广, 等. 2014. 人口老龄化对我国肉类消费的影响. 中国软科学, (11): 17-26

白人朴. 2014. 我国农业机械化十年巨变凸显四大特点. 南方农机, (2): 9-11

蔡昉. 2007. 中国劳动力市场发育与就业变化. 经济研究, (7): 4-14

蔡秀萍, 周宁. 2009. 我国农田污水灌溉现状综述. 水利天地, (11): 11-12

曹宝明, 李广泗, 徐建玲. 2011. 中国粮食安全的现状、挑战与对策研究. 北京: 中国农业出版社: 30-80

曹庆军, 崔金虎, 王洪预, 等. 2011. 玉米拔节后不同水分处理对植株性状和水分利用效率的影响. 玉米科学, 19(3): 105-109

曹云者, 宇振荣, 赵同科. 2003. 夏玉米需水及耗水规律的研究. 华北农学报, 18(2): 47-50

常丽英. 2004. 晋西旱塬地玉米间作马铃薯种植模式产量与水分效应研究. 晋中: 山西农业大学硕士学位论文

陈百明. 2000. 中国农业资源综合生产能力与人口承载能力. 北京: 气象出版社

陈百明. 2002. 未来中国的农业资源综合生产能力与食物保障. 地理研究, (3): 294-304

陈博, 欧阳竹, 程维新, 等. 2012. 近50a华北平原冬小麦-夏玉米耗水规律研究. 自然资源学报, 27(7): 1186-1199

陈科灶. 2010. 关于发展林业低碳经济的几点思考//中国科学技术协会, 福建省人民政府. 经济发展方式转变与自主创新——第十二届中国科学技术协会年会(第一卷)

陈敏. 2011. 中国知识型失业基本原因分析. 广西师范学院学报(哲学社会科学版), 32(2): 136-140

陈琼, 王济民. 2013. 我国肉类消费现状与未来发展趋势. 中国食物与营养, 19(6): 43-47

陈如凯. 2011. 甘蔗产业与科技发展战略研究(2001—2010). 北京: 科学出版社

陈锡文. 2010. 我看当前的粮食安全问题. 学习月刊, (10): 17-18

陈晓华. 2013. 加强农业资源环境保护 促进农业可持续发展. 行政管理改革, (3): 10-15

陈永福. 2004. 中国食物供求与预测. 北京: 中国农业出版社

陈永福. 2005. 中国粮食供求预测与对策探讨. 农业经济问题, (4): 8-13

陈永生, 胡桧, 肖体琼, 等. 2014. 我国蔬菜生产机械化现状及发展对策. 中国蔬菜, (10): 1-5

陈志. 2011. 我国农业可持续发展与农业机械化. 农业机械学报, 32(1): 1-4

程国强. 2010. 粮价异常波动亟须综合调控. 发展, (6): 5

崔欢虎, 王娟玲, 马步州, 等. 2009. 茌口和灌水对小麦产量及水分利用效率的影响. 中国生态农业学报, 17(3): 479-483

崔瑞娟. 2008-1-2. 植物油市场宏观调控政策解析. 期货日报, 第006版

代快, 蔡典雄, 张晓明, 等. 2011. 不同耕作模式下旱作玉米氮磷肥产量效应及水分利用效率. 农业工程学

报, 27(2): 74-82

丁声俊, 彭松森. 2004. 变"国家粮食安全"为"国家综合化食物安全". 调研世界, (12): 9-11

杜建军, 李生秀, 李世清, 等. 1998. 欠水年底墒和水肥施用时期对冬小麦产量的影响. 干旱地区农业研究, (3): 15-19

杜建民, 王峰, 左忠, 等. 2009. 旱地马铃薯根际补灌栽培最佳补灌时期及适宜补灌量研究. 干旱地区农业研究, 27(2): 129-132

段应碧. 2011. 推进"三化"的着力点是加快农业的现代化. 农村工作通讯, (17): 16-17

樊廷录, 宋尚有, 徐银萍, 等. 2007. 旱地冬小麦灌浆期冠层温度与产量和水分利用效率的关系. 生态学报, 27(11): 4491-4497

樊向阳, 齐学斌, 郎旭东, 等. 2002. 不同覆盖条件下春玉米田耗水特征及提高水分利用率研究. 干旱地区农业研究, 20(2): 60-64

方福平, 程式华. 2012. 论中国水稻生产能力. 中国水稻科学, 23(6): 559-565

封志明. 2007. 中国未来人口发展的粮食安全与耕地保障. 人口研究, (2): 15-29

封志明, 刘宝勤, 杨艳昭. 2005. 中国耕地资源数量变化的趋势分析与数据重建. 自然资源学报, (1): 35-43

冯瑞云, 杨武德, 王慧杰, 等. 2012. 秸秆扩蓄肥对土壤水分和马铃薯产量品质及水分利用的影响. 农业工程学报, 28(2): 100-105

冯应新, 陈炳东, 王生录, 等. 1999. 氮肥不同用量及集雨补灌对旱地地膜玉米产量的影响. 甘肃农业科技, 9: 37-39

高金虎, 孙占祥, 冯良山, 等. 2011. 秸秆与氮肥配施对玉米生长及水分利用效率的影响. 东北农业大学学报, 42(11): 116-120

高聚林, 王志刚, 桑丹丹, 等. 2008. 春玉米行间覆膜田间土壤水分时空动态及水分高效利用机理研究. 玉米科学, 16(4): 39-45

高玉红, 郭丽琢, 牛俊义, 等. 2012. 栽培方式对玉米根系生长及水分利用效率的影响. 中国生态农业学报, 20(2): 210-216

葛结根. 2004. 粮食安全: 一个基于持续、稳定发展的经济学发展框架. 农业经济问题, (4): 21-25

谷洁, 李生秀, 高华, 等. 2004. 有机无机复混肥对旱地作物水分利用效率的影响. 干旱地区农业研究, 22(1): 142-151

国家发展和改革委员会价格司. 2012. 全国农产品成本收益资料资料汇编2012. 北京: 中国统计出版社

国家发展和改革委员会. 2012. 全国农产品成本收益资料汇编. 北京: 中国统计出版社

国家发展和改革委员会. 2013. 全国农产品成本收益资料汇编. 北京: 中国统计出版社

国家发展计划委员会. 2002. 全国农产品成本收益资料汇编. 北京: 中国物价出版社

国家粮食局. 2014. 中国粮食发展报告. 北京: 经济管理出版社

国家农业部. 2014. 中国农业发展报告. 北京: 中国农业出版社

国家统计局. 2008. 中国统计年鉴2008. 北京: 中国统计出版社

国家统计局. 2010. 中国统计年鉴2010. 北京: 中国统计出版社

国家统计局. 2012. 中国统计年鉴2012. 北京: 中国统计出版社

国家统计局. 2013a. 中国农村住户调查年鉴. 北京: 中国统计出版社

国家统计局. 2013b. 中国统计摘要. 北京: 中国统计出版社

国家统计局. 2013c. 中国统计年鉴2013. 北京: 中国统计出版社

国家统计局. 2014. 中国统计年鉴2014. 北京: 中国统计出版社

国家统计局城市社会经济调查司. 2013. 中国城市(镇)生活与价格年鉴. 北京: 中国统计出版社

海关信息中心. 2013. 海关统计月报. http://www.haiguan.info[2014-5-11]

韩俊. 2004. 当前我国粮食供求形势分析. 中国农垦推广, (2): 11-12

韩俊, 潘耀国. 2005. "十一五"期间我国畜牧业发展的前景和重点. 中国禽业导刊, 27(15): 1-4

韩长赋. 2011. 加快推进农业现代化, 努力实现"三化"同步发展. 中国农业经济学会2011年学术研讨会

韩长赋. 2012-5-26. 玉米论略. 人民日报, 2版

侯方安. 2009. 耕地细碎化对农业机械化的影响研究. 中国农机化, (2): 68-72

黄季焜. 2004. 中国的食物安全问题. 中国农村经济, (10): 4-10

黄季焜, 杨军. 2009. 本轮粮食价格的大起大落: 主要原因及未来走势. 管理世界, (1): 72-78

黄山松, 田伟红, 李子昂, 等. 2014. 外资蔬菜种子企业的现状与发展趋势. 中国蔬菜, (1): 2-6

黄祖辉, 俞宁. 2010. 新型农业经营主体: 现状、约束与发展思路——以浙江省为例的分析. 中国农村经济, (10): 12-16

贾晶霞, 杨德秋, 李建东, 等. 2011. 中国与世界马铃薯生产概况对比分析与研究. 农业工程, (2): 84-86

姜杰, 张永强. 2004. 华北平原灌溉农田的土壤水量平衡和水分利用效率. 水土保持学报, 18(3): 61-65

姜长云. 2004. 我国粮食供求平衡问题的现状与展望. 经济研究参考, (41): 21-36

蒋乃华, 辛贤, 尹坚. 2002. 我国城乡居民畜产品消费的影响因素分析. 中国农村经济, (12): 48-54

蒋乃华, 张雪梅. 1998. 中国粮食生产稳定与波动成因的经济分析. 农业技术经济, (6): 40-44

降蕴彰. 2013. 粮价危机还未远离. 农产品市场周刊, (2): 28-29

焦居仁, 史立人, 牛崇桓, 等. 2006. 我国水土保持"十一五"建设目标与任务. 中国水土保持科学, 4(4): 1-5

康敏. 2012. 粮食价格上升对农民增收的影响分析. 中国物价, (12): 3-6

亢秀丽, 马爱平, 靖华, 等. 2012. 晋南盆地灌水、秸秆还田对小麦产量及水分利用效率的影响. 农学学报, 2(12): 1-5

柯炳生. 2004. 关于我国粮食安全的若干问题. 农业发展与金融, (3): 52-53

蓝海涛, 王为农. 2008. 中国中长期粮食安全重大问题. 北京: 中国计划出版社: 40-70

冷石林. 1996. 北方旱地作物自然降水生产潜力研究. 中国农业气象, 17(2): 11-14

李海燕, 张芮, 王福霞. 2011. 保水剂对注水播种玉米土壤水分运移及水分生产效率的影响. 农业工程学报, 27(3): 37-42

李井云, 赵立群, 苏江顺, 等. 2009. 雨养耕地抗旱蓄水保水玉米高产栽培技术研究. 吉林农业科学, 34(6): 26-28

李静, 李晶瑜. 2011. 中国粮食生产的化肥利用效率及决定因素研究. 农业现代化研究, 32(5): 565-568

李久生, 饶敏杰, 张建君. 2003. 干旱区玉米滴灌需水规律的田间试验研究. 灌溉排水学报, 22(1): 16-21

李莉. 2010. 我国园艺产业三十年的回国与展望. 北方园艺, (19): 201-205

李连英, 郭锦墉, 汪兴东, 等. 2015. 江西省粮食综合生产潜能及对策研究. 农林经济管理学报, (1): 62-67

李玫. 2014. 山东耕地质量告急：政府将投近千亿提升土地质量. http://news.sohu.com/20141225/n407260029.shtml[2014-6-19]

李涛, 白静. 2012. 大田玉米膜下滴灌推广应用研究. 节水灌溉, 9: 30-32, 36

李兴, 史海滨, 程满金, 等. 2008. 集雨补灌区谷子种植方式对产量及水分利用效率的影响. 灌溉排水学报, 27(2): 106-109

李哲敏. 2007. 近50年中国居民食物消费与营养发展的变化特点. 资源科学, (1): 27-35

廖允成, 温晓霞, 韩思明, 等. 2003. 黄土台塬旱地小麦覆盖保水技术效果研究. 中国农业科学, 36(5): 548-552

林建新. 2010. 我国土壤中残留有机氯农药的研究. 价值工程, 29(27): 225

林毅夫. 2000. 再论制度、技术与中国农业发展. 北京：北京大学出版社: 23-87

刘斌, 王秀东. 2013. 我国粮食"九连增"主要因素贡献浅析. 中国农业资源与区划, (4): 5-10

刘春光, 高洪军, 李强, 等. 2009. 吉林省西部半干旱区玉米需水规律及生长发育动态探讨. 吉林农业科学, 34(6): 16-19

刘恒新, 范伯仁, 陈立丹, 等. 2007. 日韩水稻生产机械化发展情况考察报告. 北方水稻, (2): 73-77

刘华, 钟甫宁. 2009. 食物消费与需求弹性——基于城镇居民微观数据的实证研究. 南京农业大学学报(社会科学版), 9(3): 36-43

刘化涛, 黄学芳, 黄明镜, 等. 2011. 不同种植方式对旱地玉米耗水规律及水分利用效率的影响. 现代农业科技, 17: 74-78

刘星, 郑贵廷. 2013. 东北地区粮食安全影响因素和保障措施分析. 长春师范学院学报, (3): 11-15

刘秀梅, 秦富. 2005. 我国城乡居民动物性食物消费研究. 农业技术经济, (3): 25-30

刘旭. 2011. 依靠科技自主创新 提升国家粮食安全保障能力. 科学与社会, (3): 8-16

刘旭. 2013. 新时期我国粮食安全战略研究的思考. 中国农业科技导报, (1): 1-6

刘彦随, 王介勇, 郭丽英. 2009. 中国粮食生产与耕地变化的时空动态. 中国农业科学, 42(12): 4269-4274

刘颖. 2006. 市场化形势下我国粮食流通体制改革研究. 武汉：华中农业大学博士学位论文: 43-98

刘玉杰, 杨艳昭, 封志明. 2007. 中国粮食生产的区域格局变化及其可能影响. 资源科学, 29(2): 8-14

刘振伟. 2004. 我国粮食安全的几个问题. 农业经济问题, (12): 8-13

刘忠堂. 2013. 关于中国大豆产业发展战略的思考. 大豆科学, 32(3): 283-285

龙方, 曾福生. 2008. 中国粮食安全的战略目标与模式选择. 农业经济问题, (7): 32-38

卢良恕. 2003. 中国农业新发展与食物安全. 中国食物与营养, (11): 11-14

卢彦超. 2010. 对我国粮食流通体制改革历程的简要回顾与思考. 河南工业大学学报(社会科学版), (2): 1-5

陆文聪, 黄祖辉. 2004. 中国粮食供求变化趋势预测——基于区域化市场均衡模型. 经济研究, (8): 94-104

罗锡文, 臧英, 周志艳. 2006. 精细农业中农情信息采集技术的研究进展. 农业工程学报, 22(1): 167-173

罗晓燕, 欧阳克氙. 2013. 以创新和质量为导向的高校科研评价机制改革. 安徽农业科学, (5): 2349-2350

马恒运, 黄季焜, 胡定寰. 2001. 我国农村居民在外饮食的实证研究. 中国农村经济, (3): 25-32

马九杰, 张象枢, 顾海兵. 2001. 粮食安全衡量及预警指标体系研究. 管理世界, (1): 154-162

马晓河, 黄汉权, 王为农, 等. 2011. "七连增"后我国粮食形势及政策建议. 宏观经济管理, (6): 11-13

马晓河, 蓝海涛. 2008. 中国粮食综合生产能力与粮食安全. 北京：经济科学出版社: 37-86

买自珍. 2011. 不同膜色和覆盖方式对马铃薯地温及水分效应的影响. 宁夏农林科技, 52(5): 3-4, 25

毛树春, 谭砚文. 2013. WTO与中国棉花十年. 北京: 中国农业出版社: 52

梅方权. 2009. 2020年中国粮食的发展目标分析. 中国食物与营养, (2): 4-8

孟凯, 张兴义, 隋跃宇, 等. 2005. 黑土农田水肥条件对作物产量及水分利用效率的影响. 中国生态农业学报, 13(2): 119-121

秘相林. 2008. 构建我国北粮南运现代物流体系的必要性和难点与对策. 粮油食品科技, (A02): 37-43

闵师, 白军飞, 仇焕广, 等. 2014. 城市家庭在外肉类消费研究——基于全国六城市的家庭饮食消费调查. 农业经济问题, 35(3): 90-95

穆中杰. 2011. 共和国粮食收购政策的演变及其启示. 经济研究导刊, (20): 12-14

倪凤萍, 魏固宁, 宋秀玲, 等. 2010. 覆膜玉米氮肥不同用量试验初报. 内蒙古农业科技, (6): 41, 61

年鉴编辑委员会. 2003—2013. 中国农业机械化年鉴. 北京: 中国农业科学技术出版社

聂振邦. 2009. 高度重视粮食安全大力扶持粮食生产——加强粮食宏观调控保障国家粮食安全. 财经界, (3): 78-85

农村社会经济调查司. 2005. 我国粮食安全评价指标体系研究. 统计研究, (8): 3-9

农业部. 1981—2012. 中国农业年鉴. 北京: 农业出版社

农业部. 2012a. 国家发改委、农业部关于印发全国蔬菜产业发展规划(2011—2020年)的通知. http: //njs.ndrc.gov.cn/gzdt/201202/t20120227_463479.html[2014-6-19]

农业部. 2012b. 中国农业发展报告. 北京: 中国农业出版社

农业部. 2013. 中国农业统计资料. 北京: 中国农业出版社

农业部发展计划司. 2009. 新一轮优势农产品区域布局规划汇编. 北京: 中国农业出版社

农业部南京农业机械化研究所. 2007—2014. 中国农业机械化年. 北京: 中国农业科学技术出版社

潘岩. 2009. 关于确保国家粮食安全的政策思考. 农业经济问题, (1): 25-28

钱克明. 2010. 进一步加强和完善农产品价格调控体系. 中国经贸导刊, (10): 9-10

秦舒浩, 张俊莲, 王蒂, 等. 2011. 半干旱雨养农业区集雨补灌对马铃薯田水分运移的影响. 水土保持学报, 25(4): 179-182

秦欣, 刘克, 周丽丽, 等. 2012. 华北地区冬小麦-夏玉米轮作节水体系周年水分利用特征. 中国农业科学, 45(19): 4014-4024

区颖刚. 2009. 甘蔗生产机械化//农业部农机化司. 中国农业机械化科技发展报告(1949—2009). 北京: 中国农业科学技术出版社: 132-140

瞿晗屹, 张吟, 彭亚拉. 2012. 农业源头污染对我国农产品质量安全的影响. 食品科学, (17): 331-335

设施园艺发展对策研究课题组. 2010. 我国设施园艺产业发展对策研究. 长江蔬菜, (3): 1-5

沈贵银, 张雯丽. 2016. 新常态、新趋势与我国现代农业发展. 现代经济探讨, (2): 68-72

沈国舫, 汪懋华. 2008. 中国农业机械化发展战略研究——综合卷. 北京: 中国农业出版社

史向远, 周静, 张晓晨, 等. 2012. 不同种植密度对旱地玉米农艺性状及产量的影响. 山西农业科学, 40(5): 459-461, 469

水利部. 2011. 2011年中国水资源公报

水利部. 2012. 中国水利统计年鉴2012. 北京: 中国水利水电出版社

水利电力部水文局. 1987. 中国水资源评价. 北京: 水利电力出版社

苏建国, 王春燕, 韩兴斌, 等. 2011. 旱地马铃薯不同覆膜方式对土壤水分及产量的影响研究. 宁夏农林科技, 52(2): 19-20, 83

谭砚文, 关建波. 2014. 我国棉花储备调控政策的实施绩效与评价. 华南农业大学学报, 13(2): 69-77

唐华俊. 2014. 新形势下中国粮食自给战略. 农业经济问题, (2): 4-11

唐华俊, 李哲敏. 2012. 基于中国居民平衡膳食模式的人均粮食需求量研究. 中国农业科学, (11): 2315-2327

万宝瑞. 2012. 科技创新: 中国农业的根本出路. 求是, (17): 35-37

万宝瑞. 2013. 当前农业科技创新面临的问题与建议. 湖南农业科学, (10): 1-5

汪德平. 2004. 浅谈中国粮食流动格局的新变化. 粮食问题研究, (3): 28-31

王柏, 李芳花, 黄彦, 等. 2012. 寒地黑土区玉米高效调亏灌溉制度的试验研究. 灌溉排水学报, 32(1): 113-115

王海波, 刘凤之, 王孝娣, 等. 2013. 我国果园机械研发与应用概述. 果树学报, 30(1): 165-170

王鹤龄, 牛俊义, 王润元, 等. 2011. 气候变暖对河西走廊绿洲灌区主要作物需水量的影响. 草业学报, 20(5): 245-251

王红茹, 郭芳, 李雪. 2013. 中国粮食地图: 从"南粮北运"到"北粮南运". 中国经济周刊, (25): 32-34

王济民. 2014a. 粮食安全的挑战与应对. 中国农业信息, (2): 8-9

王济民. 2014b. 如何应对粮食安全的挑战. 农经, (5): 11

王济民, 肖红波. 2013. 我国粮食八年增产的性质与前景. 农业经济问题, (2): 22-31

王婧, 逄焕成, 任天志, 等. 2010. 黄淮海地区主栽作物水分供需平衡分析. 灌溉排水学报, 29(5): 106-109

王立为, 潘志华, 高西宁, 等. 2012. 不同施肥水平对旱地马铃薯水分利用效率的影响. 中国农业大学学报, 17(2): 54-58

王丽学, 汪可欣, 吴琼. 2009. 残茬覆盖对旱地土壤水分影响的试验研究. 农机化研究, 5: 167-169

王璐. 2014. 中国油菜产业安全研究. 武汉: 华中农业大学博士学位论文: 151

王庆杰, 李洪文, 何进, 等. 2010. 大垄宽窄行免耕种植对土壤水分和玉米产量的影响. 农业工程学报, 26(8): 39-43

王瑞元. 2014. 2013年中国食用油市场供需分析. 粮食与食品工业, 21(3): 1-6

王绍美, 金胜利, 王刚. 2010. 半干旱区全覆膜双垄沟播技术对玉米产量和水分利用效率的影响. 甘肃农业大学学报, 4: 100-106

王双正. 2008. 粮食流通体制改革30年: 回顾与反思. 财贸经济, (11): 111-124

王同朝, 常思敏, 刘作新, 等. 2002. 水磷耦合效应对玉米苗期生长和水分利用效率的影响. 河南农业大学学报, 36(3): 214-217

王晓娟, 贾志宽, 梁连友, 等. 2012. 旱地施有机肥对土壤水分和玉米经济效益影响. 农业工程学报, 28(6): 144-149

王晓娜. 2013. 加入WTO以来中国水果出口分析. 世界农业, (8): 77-79

王秀东, 王永春. 2008. 基于良种补贴政策的农户小麦新品种选择行为分析——以山东、河北、河南三省八县为例. 中国农村经济, (7): 24-31

王仰仁, 李明思, 康绍忠. 2003. 立体种植条件下作物需水规律研究. 水利学报, (7): 90-95

王永春, 王秀东. 2013. 世界粮食安全及中国形势分析. 经济研究导刊, (31): 39-40

王永刚. 2008. 中国粮食产销、贸易格局变动及其对粮食物流体系的影响. 粮食流通技术, (8): 1-4

王在阳. 1992. 小麦需水规律及节水灌溉初探. 陕西农业科学, (1): 38-40

温铁军, 刘怀宇, 李晨婕. 2009. "被动闲暇"中的劳动力机会成本及其粮食生产的影响. 新华文摘, (4): 59-62

吴普特, 王玉宝, 赵西宁. 2013. 2011中国粮食生产水足迹与区域虚拟水流动报告. 北京: 中国水利水电出版社

吴普特, 赵西宁, 操信春, 等. 2010. 中国"农业南水北调虚拟工程"现状及思考. 农业工程学报, 26(6): 2-6

吴琼. 2014. 中外农业补贴政策的对比研究. 世界农业, (8): 100-105

武朝宝, 任罡, 李金玉. 2009. 马铃薯需水量与灌溉制度试验研究. 灌溉排水学报, 28(3): 93-95

夏晓平, 李秉龙. 2011. 中国城市居民户外食品消费行为的实证研究——以对内蒙古自治区呼和浩特市和包头市的调查为例. 内蒙古社会科学(汉文版), 32(3): 110-115

肖继兵, 杨久廷, 宗绪, 等. 2009. 风沙半干旱区旱地玉米提高降水生产效率的栽培技术研究. 玉米科学, 17(5): 116-120

谢惠民, 石峰, 张晓科, 等. 2005. 我国北部不同生态区冬小麦新品种水分利用效率的研究. 西南农业学报, 18(5): 557-561

谢萌, 付强, 汪可欣, 等. 2012. 东北黑土区覆膜种植对土壤水分及玉米产量的影响. 中国农村水利水电, 11: 38-42

辛良杰, 李秀彬. 2009. 近年来我国南方双季稻区复种的变化及其政策启示. 自然资源学报, 24(1): 58-64

熊晓锐, 廖允成, 高茂盛, 等. 2008. 黄土高原东南部旱作农田一年二熟种植模式水分效应初探——以杨凌为例. 干旱地区农业研究, 26(3): 44-49

闫琰. 2014. "四化同步"背景下的我国粮食安全研究. 北京: 中国农业科学院博士学位论文: 15-89

杨敏丽. 2015. 新常态下中国农业机械化发展问题探讨. 农机质量监督, (1): 7-11

杨曙辉, 宋天庆, 欧阳作富. 2013. 试论中国农业科技奖励制度的利与弊. 农业科技管理, (1): 42-46

杨兴国, 刘宏谊, 傅朝, 等. 2004. 甘肃省主要农作物水分供需特征研究. 高原气象, 6: 821-827

杨正周. 2010. 极端气候对我国粮食生产安全的影响及保障措施. 现代农业科技, (21): 329-330

叶兴庆. 2016. "十三五"时期农产品价格支持政策改革的总体思路与建议. 中国粮食经济, (1): 28-32

易中懿. 2009—2014. 中国农业机械化年鉴. 北京: 中国农业科学技术出版社

尹成杰. 2009. 粮安天下: 全球粮食危机与中国粮食安全. 北京: 中国经济出版社: 32-79

尹光华, 沈业杰, 亢振军, 等. 2011. 辽西半干旱区抗旱高产玉米品种筛选. 中国农学通报, 27(1): 195-198

游艾青, 陈亿毅, 陈志军. 2009. 湖北省双季稻生产的现状及发展对策. 湖北农业科学, 48(12): 3190-3192

于亚军, 李军, 贾志宽, 等. 2006. 不同水肥条件对宁南旱地谷子产量、WUE及光合特性的影响. 水土保持研究, 13(2): 87-90

昝欣. 2010. 产业安全责任是企业社会责任的升华. 生产力研究, (11): 1-3

翟虎渠. 2004. 粮食安全的三层内涵. 中国粮食经济, (6): 34

张春雷, 李俊, 余利平, 等. 2010. 油菜不同栽培方式的投入产出比较研究. 中国油料作物学报, 32(1): 57-64

张冬梅, 池宝亮, 张伟, 等. 2012. 不同降水年型施肥量对旱地玉米生长及水分利用效率的影响. 西北农业学报, 21(7): 84-90

张昊, 朱建飞, 施群荣. 2008. 基于过程和评价激励的高校科研创新机制研究. 江苏工业学院学报(社会科学版), (4): 40-43

张基尧. 2001. 水资源可持续利用. 中国可持续发展战略研究. 北京: 中国农业出版社

张琳, 张凤荣, 姜广辉, 等. 2005. 我国中低产田改造的粮食增产潜力与食物安全保障. 农业现代化研究, 26(1): 22-25

张强. 2013. 我国拖拉机与农机具配套发展前景堪忧. 高端农业装备, (2): 33-35

张仁陟, 李小刚, 胡恒觉. 1999. 施肥对提高旱地农田水分利用效率的机理. 植物营养与肥料学报, 5(3): 221-226

张瑞娟, 武拉平. 2012. 我国农户粮食储备问题研究. 中国农业大学学报, (17): 176-181

张睿, 文娟, 王玉娟, 等. 2011. 渭北旱塬小麦高效施肥的产量及水分效应. 麦类作物学报, 31(5): 911-915

张树兰, Lars Lovdahl, 同延安. 2005. 渭北旱塬不同田间管理措施下冬小麦产量及水分利用效率. 农业工程学报, 21(4): 20-24

张晓山. 2015. 新常态下农业和农村发展面临的机遇和挑战. 学习与探索, (3): 1-9

张晓勇, 李刚. 2001. 上海市居民的农产品消费行为研究. 中国农村观察, (6): 23-29

张扬勇, 方智远, 刘泽洲, 等. 2013. 中国蔬菜育成品种概况. 中国蔬菜, (3): 1-4

张真和. 2012. 我国蔬菜产业发展现状. 山东蔬菜, (3): 2-7

张真和. 2014. 我国发展现代蔬菜产业面临的突出问题与对策. 中国蔬菜, (8): 1-6

张忠学, 温金祥, 吴文良. 2000. 华北平原冬小麦夏玉米不同培肥措施的节水增产效应研究. 应用生态学报, 11(2): 219-222

赵其国, 黄季焜. 2012. 农业科技发展态势与面向2020年的战略选择. 生态环境学报, 21(3): 397-403

赵姚阳, 刘文兆, 胡梦珺. 2003. 旱作条件下川地与梯田谷子水量平衡过程的比较. 干旱地区农业研究, 21(4): 109-112

赵志坚, 胡小娟, 彭翠婷, 等. 2012. 湖南省化肥投入与粮食产出变化对环境成本的影响分析. 生态环境学报, (12): 2007-2012

郑志浩, 赵殷钰. 2012. 收入分布变化对中国城镇居民家庭在外食物消费的影响. 中国农村经济, (7): 40-50

中共中央国务院. 2012. 关于加快推进农业科技创新持续增强农产品供给保障能力的若干意见(2012中央一号文件)

中国科学院学部《中国科技体制与政策》咨询项目组. 2011. 关注科技发展的多元化与持久性价值体现——对我国科技体制与政策问题的思考与建议. 科学与社会, (1): 4-9

中国农药工业协会. 2011. 中国农药工业年鉴. 北京: 中国农业出版社

中国农业机械流通协会. 2013. 中国农机市场发展报告(2012—2013). 北京: 中国财富出版社

中国农业资源综合生产能力与人口承载能力课题组. 2001. 中国农业资源综合生产能力与人口承载能力. 北京: 气象出版社: 72

钟甫宁, 朱晶, 曹宝明. 2004. 粮食市场的改革与全球化. 北京: 中国农业出版社: 17-67

周津春. 2006. 农村居民食物消费的AIDS模型研究. 中国农村观察, (6): 17-22

周少平, 谭广洋, 沈禹颖, 等. 2008. 保护性耕作下陇东春玉米-冬小麦-夏大豆轮作系统土壤水分动态及水分利用效率. 草业科学, 25(7): 69-76

周涛, 惠开基. 2000. 施肥提高旱地作物水分利用效率的机理和效果. 土壤通报, 31(2): 85-87

周洲. 2016. 从国家粮食安全新战略视角看国内谷物供需状况. 中国粮食经济, (1): 24-27

朱晶, 李天祥, 林大燕, 等. 2013. "九连增"后的思考: 粮食内部结构调整的贡献及未来潜力分析. 农业经济问题, (11): 36-43

朱丽娟. 2013. 农业机械化发展的国际经验及启示. 世界农业, (8): 23-25

朱希刚. 2004. 中国粮食供需平衡分析. 农业经济问题, (12): 12-19

朱兆良, David Norse, 孙波. 2006. 中国农业面源污染控制对策. 北京: 中国环境科学出版社

邹凤羽. 2007. 国家粮食产业政策和法律法规体系建设初探. 河南工业大学学报(社会科学版), (3): 5-8

Costanza R, d' Arge R, de Groot R, et al. 1997. The value of the world's ecosystem services and natural capital. Nature, 387(15): 253-260

Food and Agriculture Organization. 2014. Global Food Losses and Food Wastes. http://www.fao.org/docrep/014/mb060e/mb060e00.htm [2011-12-1]

Liu H B, Parton K A, Zhou Z Y, et al. 2011. Away-from-home meat consumption in China. Asian Journal of Agriculture and Development, 8: 1-15

Munkholm L J, Heck R J, Deen B. 2012. Long-term rotation and tillage effects on soil structure and crop yield. Soil & Tillage Research, 127: 85-91

Ou Y G, Wegener M, Yang D T, et al. 2013. Mechanization technology: the key to sugarcane production in China. International Journal of Agricultural & Biological Engineering, 6(1): 1-27

Wang J M, Zhou Z Y, Yang J. 2004. How much animal product do the Chinese consume? Empirical evidence from household survey. Australasian Agribusiness Review, 12: 1-16